# Maßstab 10 A

## Mathematik

### Hauptschule

Herausgegeben von

Max Schröder

Bernd Wurl

Alexander Wynands

Schroedel

# Maßstab 10A

## Mathematik

Hauptschule

Herausgegeben und bearbeitet von

Kerstin Cohrs-Streloke, Klaus Frankenberg, Dr. Martina Lenze, Anette Lessmann, Hartmut Lunze, Ludwig Mayer, Jürgen Ruschitz, Dr. Max Schröder, Prof. Bernd Wurl, Prof. Dr. Alexander Wynands

sowie

Christian Baier, Jost Baier, Erich Fischer, Monika Mattern, Peter Ploszynski

in Zusammenarbeit mit der Verlagsredaktion

| | | |
|---|---|---|
| Zum Schülerband erscheint: | Lösungen: | Best.-Nr. 84340 |
| | Materialien: | Best.-Nr. 84350 |
| | CD Rund um ...: | Best.-Nr. 84360 |

ISBN 978-3-507-**84330**-1



Druck A [1] / Jahr 2008

Alle Drucke der Serie A sind im Unterricht parallel verwendbar.

Illustration: Hans-Jürgen Feldhaus
Zeichnungen: Michael Wojczak
Satz: media service schmidt, Hildesheim
Druck und Bindung: westermann druck GmbH, Braunschweig

## Hinweise zum Umgang mit dem Buch

### Merksätze
Merksätze stehen auf einem grauen Hintergrund und sind durch rote Balken gekennzeichnet.

### Beispiele
Musterbeispiele als Lösungshilfen stehen auf einem grauen Hintergrund und sind durch einen gelben Balken gekennzeichnet.

### Tipp
Nützliche Tipps und Hilfen sind besonders gekennzeichnet.

TIPP

### Testen, Üben, Vergleichen (TÜV)
Jedes Kapitel endet mit einer TÜV-Seite, bestehend aus den wichtigsten Ergebnissen und typischen Aufgaben dazu. Die Lösungen dieser Aufgaben sind zur Selbstkontrolle für die Schülerinnen und Schüler am Ende des Buches angegeben.

TESTEN · ÜBEN · VERGLEICHEN

### Diagnosetest
Zur Vorbereitung auf Klassenarbeiten gibt es nach jeder TÜV-Seite eine Seite mit Grund- und Wahlaufgaben zu Inhalten des jeweiligen Kapitels. Die Lösungen sind zur Selbstkontrolle im Anhang angegeben.

DIAGNOSETEST

### Diagnose: Fit für die Abschlussprüfung?
Am Ende enthält der Schülerband eine umfangreiche Sammlung von Aufgaben zur Vorbereitung auf die Abschlussprüfung in Klasse 10.
Im ersten Teil werden Aufgaben zum Basiswissen angeboten, dann folgen Seiten mit komplexen Aufgaben zur Auswahl, in denen besonders die prozessbezogenen Kompetenzen angesprochen werden. Die Lösungen dieser Aufgaben befinden sich ebenfalls im Anhang.

DIAGNOSE

### Prozessbezogene Kompetenzen
Bei den mit diesem Logo versehenen Seiten oder Aufgaben steht die Schulung der prozessbezogenen Kompetenzen Argumentieren, Problemlösen, Modellieren und Verwenden von Werkzeugen besonders im Vordergrund. Aber auch bei der Bearbeitung nicht gekennzeichneter Aufgaben, bei denen das Augenmerk vorwiegend auf inhaltlichen Kompetenzen liegt, werden diese Kompetenzen benötigt und gefestigt.

!!!!

### Bleib fit
Zum Wiederholen gibt es regelmäßig Aufgabenseiten zu Inhalten aus früheren Kapiteln.

Bleib FIT!

### Differenzierung
Bei besonders schwierigen Aufgaben ist die Aufgabennummer mit einem gelben Quadrat unterlegt.

4.

**Bildquellenverzeichnis**

Umschlagfoto: mauritius images GmbH: Jiri

Dieter Rixe, Braunschweig: S. 6, 13, 27, 49 (2, Kläranlage, Dart), 50 (3), 51, 53, 63, 78 (Nurdachhaus), 92 (3, Christbaumkugel, Gastank, Ball, Golfball, Kugelstoßen), 93 (Bälle), 94 (Handball), 115;

Helga von Graefe, Helmstedt: S. 23, 26, 77 (3, Kegel basteln), 78 (2, Acryl-Kartuschen, Brot), 82 (3, Turm, Glaspyramide, Metallpyramide), 110 (7), 112; Peter Ploscynski: S. 28; Bilder Box – Eugen Wodicka, Thening (Österreich): S. 30; Fotostudio Druwe & Polastri, Weddel: S. 36; Corbis, Düsseldorf: S. 41 (eckige Felder), 90; Ulrich Mertens, Bad Wünnenberg: S. 41 (Kornfeld mit Traktor); Associated Press GmbH, Frankfurt/M: S. 42; © United Feature Syndicate Inc. 1969: S. 43; Michael Fabian, Hannover: S. 47, 86 (Sandhaufen), 94 (Discokugel); Frank Laumen, Leverkusen: S. 49 (Kornkreis); Corbis – Damm, Düsseldorf: S. 56; Kartografie Westermann: S. 57 (Karte); Deutsche Stiftung Weltbevölkerung, Hannover: S. 57(Fotocollage), 74; Corbis – Rose, Düsseldorf: S. 61; Corbis – Eugen, Düsseldorf: S. 64; Reisefotografie Bildarchiv – Werner Otto, Oberhausen: S. 77 (Holstentor); Bildagentur-online GmbH – Kröner, Burgkunststadt: S. 78 (Flughafen); Bildagentur Hamburg – Rainer Waldkirch : S. 78 (großes Gebäude); Tatonka GmbH, Dasing: S. 82 (Zelt); akg images GmbH, Archiv für Kunst und Geschichte, Berlin: S. 86 (Pyramiden), 90; Corbis – Dave G. Houser, Düsseldorf: S. 91; Astrofoto – Motomaro Shirao: S. 92 (Mond); Astrofoto – NOAO: Sonne; S. Numazawa: S. 94 (4, Planeten); Sven Simon, Essen: S. 103; action press GmbH & Co.KG – von der Laage, Hamburg: S. 104; Alexander Wynands, Königswinter: S. 117.

Trotz entsprechender Bemühungen ist es nicht in allen Fällen gelungen, den Rechtsinhaber ausfindig zu machen. Gegen Nachweis der Rechte zahlt der Verlag für die Abdruckerlaubnis die gesetzlich geschuldete Vergütung.

# 1 Basiswissen

Abschluss•
prüfungen•10

**Aufgaben zum 1. Prüfungsteil** **Klasse 10A.1**

**a)** $4x - 13 = 27 - 4x$
Welche Zahl ist Lösung dieser Gleichung: 1, 2, 3, 4, 5 oder 6?

**b1)** Bestimme den Flächeninhalt des Quadrats.

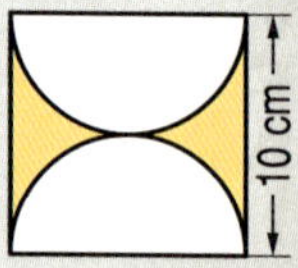


**b2)** In das Quadrat sind zwei Halbkreise eingezeichnet.
Welchen Flächeninhalt hat der hier gelb gefärbte Teil?

**c)** Ein Dampfer legt erfahrungsgemäß in einer Stunde 40 km Seeweg zurück. Wie viel Zeit benötigt dieser Dampfer voraussichtlich (ohne Halt) für einen Seeweg von 140 km Länge? Notiere deine Rechnung.

**d)** Zum Warenpreis von 423,40 € werden noch 19 % Mehrwertsteuer (MwSt) hinzugerechnet. Berechne den Endpreis.

**e)** Bestimme den Median (Zentralwert) und den Mittelwert der Daten:
45 € 51 € 53 € 67 € 74 €

**f)** Berechne die Zinsen:
Kreditsumme 8 000 €, Zinssatz 9,5 %, Laufzeit ein Jahr.

**g)** Wie groß ist die abgebildete Tischfläche ungefähr?
Schätze die Maße und berechne damit die Tischfläche.

**h)** Wie groß ist die Wahrscheinlichkeit, mit einem normalen Würfel eine Zahl zu werfen, die größer als 2 ist?

**i)** Im Diagramm sind die vier Sportarten mit den meisten Unfällen in Deutschland im Jahr 2000 dargestellt.

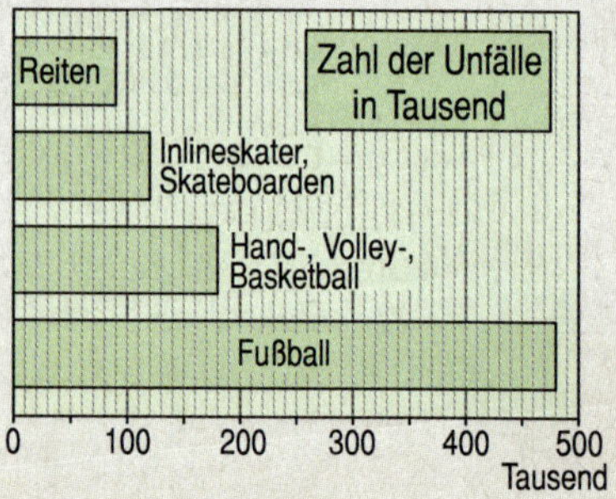


**i1)** Wie viel Reitunfälle ereigneten sich im Jahr 2000?

**i2)** Wie viel Unfälle in diesen vier Sportarten gab es insgesamt im Jahr 2000?

# Abschluss•prüfungen•10

**Aufgaben zum 1. Prüfungsteil** **Klasse 10A.2**

**a)** Kreuze zwei Angaben an, die zu der Aussage recht gut passen.
Die Stadt Hagen hat nur ☐ der Einwohner von Köln.
☐ ein Zehntel ☐ ein Fünftel ☐ ein Drittel ☐ ein Viertel
☐ 50 % ☐ 40 % ☐ 30 % ☐ 20 % ☐ 10 %.

| Einwohner | |
|---|---|
| Köln | 983 347 |
| Hagen | 203 151 |
| (Stand 31.12.2005) | |

**b)** In einer Gärtnerei kosten 7 Tulpen 5,95 €. Wie viel kosten 3 Tulpen?

**c)** Die gelb gefärbte Fläche ist ein 25 $cm^2$ großes Quadrat.
Bestimme das Volumen des abgebildeten Körpers.

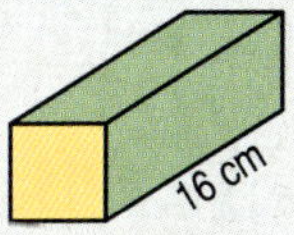


**d)** Wie viel Prozent sind 1 200 m von 5 km?

**e)** Berechne den Mittelwert und den Median (Zentralwert) der folgenden Längen:
3,70 m 8,70 m 4,90 m 3,20 m 7,40 m

**f)** In einem Kartenspiel befinden sich 4 Buben, 4 Damen und 4 Könige.
Wie groß ist die Wahrscheinlichkeit, aus diesen 12 Karten einen Buben oder einen König zu ziehen?

**g)** Welche der Zahlen 3, 7, 13, 17, 23 und 27 ist Lösung der Gleichung
$31 + 3y = 2y + 44$?

**h)** Im Jugendheim findet um 20.00 Uhr eine Party statt. Felix und Nils machen sich mit dem Fahrrad gleichzeitig auf den Weg. Ihre Fahrten sind im Koordinatensystem dargestellt.

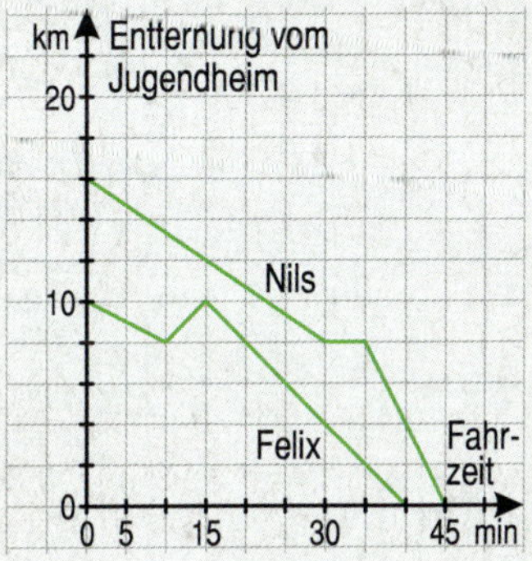


**h1)** Wie weit wohnt Nils vom Jugendheim entfernt?

**h2)** Felix trifft 10 Minuten vor Partybeginn im Jugendheim ein. Wie viel Minuten vor Partybeginn trifft Nils ein?

**h3)** Wer machte eine Pause? Wie lange dauerte sie?

**i)** Ein Betrag von 1 000 € wird genau 2 Jahre zu 4,25 % p. a. verzinst.
Wie hoch ist das Guthaben nach 2 Jahren, wenn zwischenzeitlich nichts eingezahlt und auch nichts abgehoben wird?

Auf dieser Seite rechne ich ohne Taschenrechner

## Grundrechenarten mit Brüchen und Dezimalbrüchen

**1.** Welcher Bruchteil ist gefärbt, welcher nicht?

a) 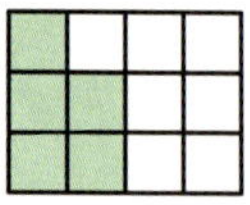 b)  c) 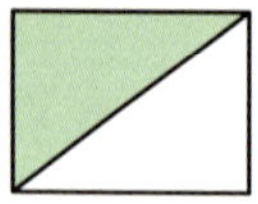

**2.** Berechne den Bruchteil.

a) $\frac{2}{3}$ von 60 g  b) $\frac{3}{4}$ von 48 km
c) $\frac{5}{6}$ von 120 €  d) $\frac{3}{10}$ von 90 kg

**3.** Von 60 kontrollierten Pkws hatte ein Drittel leichte Mängel, $\frac{2}{5}$ wiesen erhebliche Mängel auf. Wie viele Pkws waren das jeweils?

**4.** Addiere bzw. subtrahiere.

a) $\frac{2}{9}+\frac{5}{9}$  b) $\frac{5}{7}+\frac{4}{7}$  c) $\frac{3}{5}-\frac{1}{5}$
d) $\frac{5}{14}+\frac{11}{14}$  e) $\frac{7}{10}-\frac{5}{10}$  f) $\frac{7}{8}-\frac{3}{8}$

**5.** Berechne das Ergebnis. Vergiss das Kürzen nicht.

a) $4\frac{2}{3}+3\frac{2}{3}$  b) $6\frac{7}{9}+3\frac{4}{9}$  c) $9\frac{1}{2}+4\frac{1}{2}$
d) $2\frac{1}{8}+7\frac{5}{8}$  e) $4\frac{4}{5}+2\frac{3}{5}$  f) $8\frac{4}{7}+1\frac{2}{7}$

**6.** Berechne das Ergebnis.

a) $4\frac{7}{9}-\frac{2}{9}$  b) $1-\frac{3}{5}$  c) $3\frac{1}{4}-\frac{3}{4}$
d) $2-\frac{7}{10}$  e) $3\frac{1}{6}-1\frac{5}{6}$  f) $5\frac{4}{7}-\frac{3}{7}$
g) $7\frac{5}{8}-2\frac{7}{8}$  h) $5-\frac{3}{7}$  i) $3\frac{1}{3}-1$

**7.** Erweitere zunächst so, dass du addieren bzw. subtrahieren kannst.

a) $\frac{1}{4}+\frac{2}{5}$  b) $\frac{10}{12}-\frac{2}{3}$  c) $\frac{5}{6}-\frac{1}{5}$

**8.** a) $2\frac{3}{5}+\frac{2}{7}$  b) $4\frac{3}{5}-\frac{3}{4}$  c) $2\frac{7}{9}+3\frac{5}{6}$
d) $2\frac{3}{5}-\frac{2}{7}$  e) $4\frac{3}{5}+\frac{3}{4}$  f) $3\frac{5}{6}-2\frac{7}{9}$

**9.** Erweitere erst, dann setze ein <, = oder >.

a) $\frac{3}{5}$ ■ $\frac{4}{7}$  b) $\frac{1}{4}$ ■ $\frac{3}{12}$  c) $\frac{2}{3}$ ■ $\frac{1}{2}$  d) $\frac{4}{5}$ ■ $\frac{5}{6}$

**10.** Rechne aus.

a) $\frac{2}{7}\cdot 4$  b) $\frac{3}{5}\cdot 3$  c) $\frac{5}{6}\cdot\frac{3}{4}$
d) $\frac{2}{3}\cdot\frac{1}{2}$  e) $\frac{6}{7}\cdot\frac{2}{3}$  f) $\frac{3}{8}\cdot\frac{4}{3}$

**11.** a) Bestimme die Hälfte von $\frac{1}{4}$.
b) Bestimme $\frac{1}{3}$ von $\frac{1}{2}$.

**12.** a) $\frac{3}{4}:2$  b) $\frac{5}{6}:4$  c) $\frac{2}{3}:3$

---

Bruchteile vom Ganzen

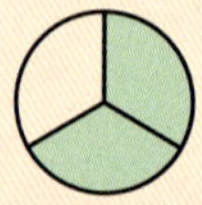

$\frac{2}{3}$ Zähler / Nenner

**Zählt** die Bruchteile

**Nennt** die Bruchteile

---

Berechnen von Bruchteilen:
Wie viel Euro sind $\frac{2}{3}$ von 12 €?

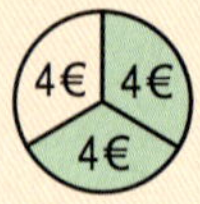


12 € $\xrightarrow{:3}$ 4 € $\xrightarrow{\cdot 2}$ 8 €
$\frac{2}{3}$ von 12 € sind 8 €.

---

**Addition** bzw. **Subtraktion** von Brüchen mit gleichem Nenner:

Zähler addieren bzw. subtrahieren, der Nenner bleibt

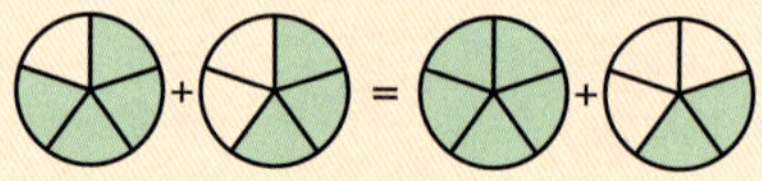

$\frac{4}{5}+\frac{3}{5}=\frac{7}{5}=\frac{5}{5}+\frac{2}{5}=\mathbf{1\frac{2}{5}}$

Summe von gemischten Zahlen:

$5\frac{3}{8}+2\frac{7}{8}=7\frac{10}{8}=8\frac{2}{8}=\mathbf{8\frac{1}{4}}$

Subtraktion von gemischten Zahlen:
(Ein Ganzes in einen Bruch umgewandelt.)

$6\frac{3}{5}-2\frac{4}{5}=4\frac{3}{5}-\frac{4}{5}=3\frac{8}{5}-\frac{4}{5}=\mathbf{3\frac{4}{5}}$

---

Brüche mit verschiedenen Nennern werden vor dem Addieren bzw. Subtrahieren **so erweitert,** dass sie den **gleichen Nenner** haben.

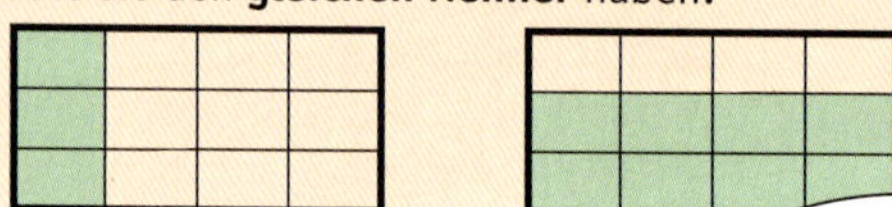

$\frac{1}{4}$ + $\frac{2}{3}$

$\frac{1}{4}+\frac{2}{3}=\frac{1\cdot 3}{4\cdot 3}+\frac{2\cdot 4}{3\cdot 4}=\frac{3}{12}+\frac{8}{12}=\mathbf{\frac{11}{12}}$

Gemischte Zahl erst in einen Bruch verwandeln

---

**Multiplikation**

*Bruch mal natürliche Zahl:*
Zähler mal Zahl. $\frac{3}{5}\cdot 2=\frac{3\cdot 2}{5}=\frac{6}{5}=\mathbf{1\frac{1}{5}}$

*Bruch mal Bruch:*
Zähler mal Zähler,
Nenner mal Nenner. $\frac{5}{9}\cdot\frac{3}{4}=\frac{5\cdot \cancel{3}^{1}}{\cancel{9}_{3}\cdot 4}=\mathbf{\frac{5}{12}}$

$\frac{1}{3}$ von … heißt geteilt durch 3

*Bruch durch natürliche Zahl:*
Nenner mal Zahl. $\frac{2}{5}:3=\frac{2}{5\cdot 3}=\mathbf{\frac{2}{15}}$

Erstmal ohne Taschenrechner

**13.** Gib den Bruch in dezimaler Schreibweise an.

a) $\frac{9}{10}$ b) $\frac{4}{100}$ c) $\frac{8}{10\,000}$ d) $\frac{3}{1\,000}$

**14.** Schreibe als Bruch mit Zähler und Nenner

a) 0,06 b) 0,2 c) 0,007 d) 0,0009

**15.** Schreibe als Summe von Brüchen mit Nenner 10, 100, …

a) 0,26 b) 0,34 c) 0,135 d) 0,324

**16.** Überschlage erst, dann rechne genau.

a)
```
   256,30
 +  74,25
 + 110,72
```
b)
```
   2,45 kg
 + 0,84 kg
 + 8,29 kg
```
c)
```
    23,854 kg
 +   3,450 kg
 + 154,600 kg
```

**17.** Schreibe stellengerecht untereinander und addiere dann.

a) 13,5 + 3,94 + 0,52 b) 93,6 + 213,04 + 12,2

**18.** Überschlage erst, rechne dann genau.

a)
```
   100,00
 −  12,48
 −  46,98
```
b)
```
   50,00 €
 −  3,89 €
 − 21,59 €
```
c)
```
   124,500 kg
 −  53,240 kg
 −  32,865 kg
```

**19.** Schreibe zuerst stellengerecht untereinander.

a) 356,86 − 251,09 b) 0,894 − 0,216 c) 12,34 − 8,25

**20.** Die Ziffernfolge im grünen Feld stimmt. Bestimme das Ergebnis mit einer Überschlagsrechnung.

a) 54,2 · 9,2 [= 0004986400] b) 24,6 · 0,5 [= 0000123000]

c) 0,732 · 6,82 [= 0049922400] d) 0,38 · 0,35 [= 0000133000]

**21.** a) 124,8 · 12 b) 0,56 · 0,24 c) 253,6 · 12,75

d) 0,02 · 3,5 e) 1,04 · 9 f) 34,5 · 245,22

g) 0,28 · 2,1 h) 0,007 · 4 i) 11,9 · 2,7

**22.** Erweitere zunächst so, dass du dividieren kannst. Rechne dann schriftlich und führe die Probe durch.

a) 1,75 : 0,7 b) 1,88 : 0,8 c) 16,16 : 0,02

d) 69,9 : 0,75 e) 200 : 0,04 f) 4,368 : 1,2

**23.** Runde das Ergebnis auf Hundertstel.

a) 34,7 : 1,23 b) 0,49 : 1,33 c) 56,26 : 11,52

**24.** Dividiere Zähler durch Nenner und schreibe als Dezimalbruch.

a) $\frac{1}{2}$ b) $\frac{1}{3}$ c) $\frac{1}{4}$ d) $\frac{2}{5}$

**25.** Rechne mit dem Taschenrechner. Runde auf Hundertstel.

a) $4{,}2 + 0{,}8 \cdot 5{,}32$ b) $(3{,}74 - 0{,}5) : 0{,}5$ c) $14{,}5 \cdot 41{,}6 - \frac{125}{8}$

d) $0{,}5 \cdot (0{,}7 - \frac{1}{5})$ e) $(3{,}91 - 1{,}35) : 4 - \frac{2}{5}$ f) $\frac{34 + 26}{0{,}8}$

---

**Dezimalbrüche:** Brüche mit dem Nenner 10, 100, 1 000, … sind Dezimalbrüche. Für sie gibt es eine dezimale Schreibweise mit Komma.

$\frac{1}{10} = 0{,}1$ $\frac{1}{100} = 0{,}01$ …

---

Bei **Addition** und **Subtraktion** immer Komma unter Komma

30,74 + 0,4 + 2,603

Überschlag
31 + 0 + 3 = 34

```
  30,740
   0,400
   2,603
   1
  33,743
```

12,32 − 4,4 − 2,63

Überschlag:
12 − (4 + 3) = 5

```
   12,32
 −  4,40
 −  2,63
   111
    5,29
```

---

**Multiplikation:** Das Produkt hat so viele Nachkommastellen wie die Faktoren zusammen.

Überschlag:
20 · 3 = 60

```
23,81 · 2,7
     4762
    16667
    64,287
```

---

**Division:** 1,38 : 0,4 = …
Im Divisor darf kein Komma stehen. Beide Zahlen werden mit 10 (100, 1000 …) erweitert.

```
  13,8 : 4 = 3,45
 − 12
   18
 − 16
    20
  − 20
```

Probe:
```
3,45 · 4
   13,80
```

---

Punkt vor Strichrechnung, Klammer zuerst!

## Maßeinheiten

**1.** Entscheide: kleiner (<) oder größer (>).

a) Länge eines Autos ■ 400 dm

b) Höhe des Eiffelturms ■ 10 000 cm

c) Länge einer Stecknadel ■ 500 mm

**2.** Notiere in der angegebenen Maßeinheit.

a) 24 500 m = ■ km  b) 2 460 mm = ■ dm

c) 1,8 cm = ■ mm  d) 0,8 km = ■ m

**3.** 

| | | | |
|---|---|---|---|
| 0,5 km² | 500 m | 270 a | 4 ha |
| 1 500 cm | 50 dm² | 5 *l* | 2 500 cm² |

a) Wähle alle Flächenangaben aus.

b) Ordne die Flächenmaße der Größe nach.

**4.** Welcher Flächeninhalt passt am besten?

Fußballfeld, Tennisplatz, Schulheft, Fläche USA, Klassenraum, CD

9 Mio. km², 1 ha, 113 cm², 65 m², 2,6 a, 6 dm²

**5.** Ordne die Volumenmaße der Größe nach.

0,5 ml | $\frac{1}{2}$ m³ | 650 *l* | 87 000 cm³ | 8,5 dm³

**6.** Notiere in der angegebenen Volumeneinheit.

a) 0,3 m³ = ■ dm³  b) 7 000 cm³ = ■ dm³

c) 50 dm³ = ■ m³  d) 200 000 cm³ = ■ m³

e) 8 hl = ■ *l*  f) 4,3 dm³ = ■ *l*

**7.** Welches Alter hat etwa ein Schüler der 10. Klasse? Notiere die richtige Angabe.

4000 d | 140 000 h | 800 000 min

**8.** Berechne die fehlende Angabe.

| | Anfangszeit | Dauer | Ende |
|---|---|---|---|
| a) | 13.00 Uhr | | 15.45 Uhr |
| b) | 11.45 Uhr | $6\frac{3}{4}$ h | |
| c) | | $4\frac{1}{2}$ h | 21.15 Uhr |

**9.** Wie viel wiegt der Körper? Ordne zu.

Tafel Schokolade, Elefant, Mensch, Tüte Zucker

70 kg, 1 kg, 4 t, 100 g, 500 mg

**10.** Wie viel Stücke zu 250 g ergeben $1\frac{1}{2}$ kg?

1 km = 1 000 m

1 m = 10 dm = 100 cm = 1 000 mm

1 dm = 10 cm = 100 mm

1 cm = 10 mm

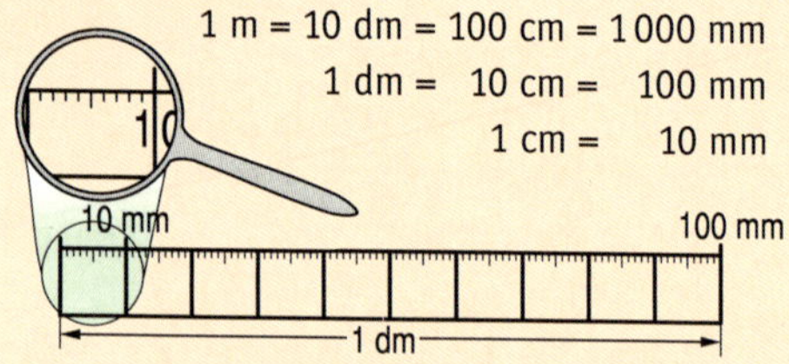


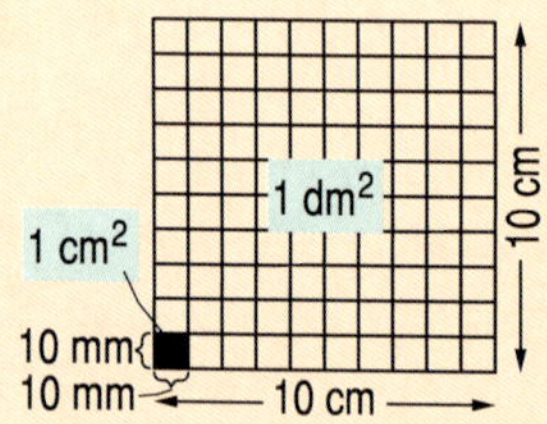


100 kleinere Einheiten ergeben die nächstgrößere Einheit.
z. B. 100 m² = 1 a

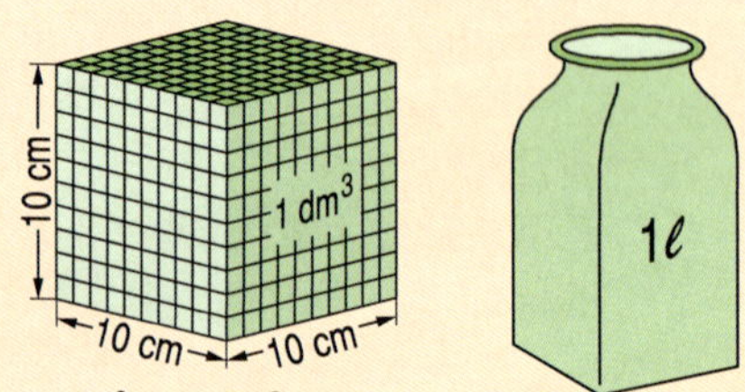


1 000 cm³ = **1 dm³ = 1 *l*** = 1 000 ml

1 000 dm³ = **1 m³ = 1000 *l***

1 Tag = 24 h = 1 440 min = 86 400 s

1 h = 60 min = 3 600 s

1 min = 60 s

von **14.00 Uhr** bis **17.30 Uhr**

dauert es **$3\frac{1}{2}$** Stunden.

$3\frac{1}{2}$ h = 3 h 30 min = 210 min = 12 600 s

Die Masse des Autos beträgt 1,35 t, das sind 1 350 kg.

1 g = 1 000 mg  1 kg = 1 000 g  1 t = 1 000 kg

## Schätzen und Runden

**1.** Gib die Rundungsstelle (Z, H, T, HT oder Mio.) an, auf die gerundet wird.

a) 672 469 ≈ 672 000 b) 73 649 235 ≈ 74 000 000

c) 62 387 ≈ 62 400 d) 320 843 267 ≈ 320 800 000

**2.** Runde die Zahlen auf die in der Klammer stehende Rundungsstelle.

a) (Mio.) 894 567 346 b) (HT) 674 321 483

c) (Mrd.) 945 061 283 d) (ZT) 1 896 588

**3.** Rechne aus und runde anschließend auf Cent.

a) 27 € : 8 b) 12,56 € : 9 c) 34,60 € : 21 d) 84,55 € : 7

**4.** Runde auf mm, runde auch auf cm.

a) 7,894 cm b) 35,089 cm c) 9,88 cm d) 0,081 cm

**5.** Finde das richtige Ergebnis durch Überschlag heraus.

a) 9,85 · 294,2 · 0,9
① 26 080,83 ② 2 608,083 ③ 260,8083 ④ 26,8083

b) 2731,344 : 26,4
① 10 346 ② 1034,6 ③ 103,46 ④ 10,346

**6.** Eine Kaffeerösterei produziert täglich 2,1 t Kaffee. Etwa 820 kg davon enthalten kein Koffein. Welcher Anteil ist das etwa?

Ⓐ 4 % Ⓑ 40 % Ⓒ 82 % Ⓓ zwei Fünftel Ⓔ ein Achtel

**Runden**
Bei 0, 1, 2, 3, 4 rundet man ab.
Bei 5, 6, 7, 8, 9 rundet man auf.

Runde 457 283 auf Tausender.

| HT | ZT | T | H | Z | E |
|---|---|---|---|---|---|
| 4 | 5 | 7 | 2 | 8 | 3 |

↑ abrunden (bei H)

457 283 ≈ **457 000**

Runde 5,248 auf Hundertstel.

| E | $\frac{1}{10}$ | $\frac{1}{100}$ | $\frac{1}{1000}$ |
|---|---|---|---|
| 5 | 2 | 4 | 8 |

↑ aufrunden (bei $\frac{1}{1000}$)

5,248 ≈ **5,25**

**Überschlagsrechnung**
Rechne mit gerundeten Zahlen und schätze das Ergebnis ab.
Von 21,5 kg Kartoffeln sind 2 200 g verfault.
Wie viel Prozent sind das?

$\frac{2\,200\text{ g}}{21\,500\text{ g}} \approx \frac{2\,000\text{ g}}{20\,000\text{ g}} = \frac{1}{10}$

Ca. 10 % Kartoffeln sind verfault.

**7.** Die 1-Euro-Münze hat ein Gewicht von 7,50 g. Es sollen 1-Euro-Münzen im Wert von 2 Mio. € von der Prägeanstalt zur Bundesbank transportiert werden. Reicht ein einziger Lkw mit einer Zuladung von 7,5 t für den Transport aus?

**8.** Ein Testfahrer fährt 2 Stunden lang mit einer Motordrehzahl von 5 000 Umdrehungen pro Minute. Wie viele Umdrehungen sind das in dieser Zeit? Ⓐ 6 000 Ⓑ 60 000 Ⓒ 600 000 Ⓓ 6 000 000

**9.** Erstelle eine Tabelle mit deinen eigenen Körpermaßen.

**10.** Benutze zum Messen nur deine eigenen Körpermaße.

a) Wie lang und wie breit ist dein Handy ungefähr?

b) Wie breit und wie lang ist dein Klassenzimmer etwa?

c) Wie dick ist dein Mathematikbuch ungefähr?

d) Wie hoch ist etwa eine Treppenstufe im Schulgebäude?

e) Wie groß ist ungefähr der Flächeninhalt deines Schultisches?

**Vergleichsgrößen** zum Abschätzen von Längen

Vergleiche mit deinen eigenen Körpermaßen.

| | | |
|---|---|---|
| Körpergröße | ca. | 1,80 m |
| Schrittlänge | ca. | 80 cm |
| Ellenbogen | ca. | 40 cm |
| Handspanne | ca. | 20 cm |
| Handbreite | ca. | 8 cm |
| Daumenbreite | ca. | 2 cm |

**11.** Übertrage ins Heft und setze dann das passende Zeichen (<, = oder >) ein.

a) Höhe deines Klassenzimmers ■ 40 dm b) Höhe der Zimmertür ■ 200 mm

c) Alter eines Zehntklässlers ■ 7000 Tage d) Masse eines Pkws ■ 900 g

## Dreiecke und Vierecke

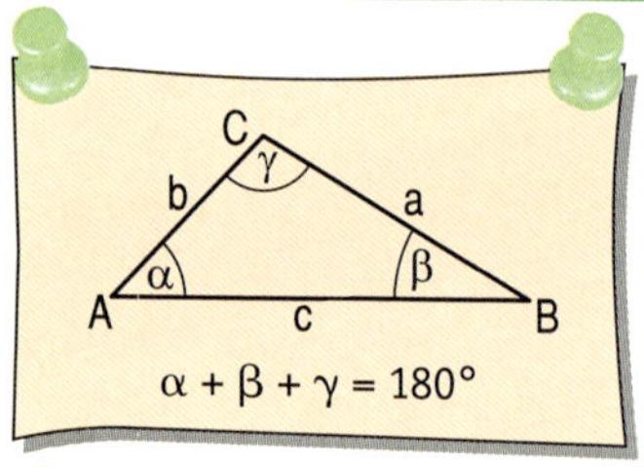


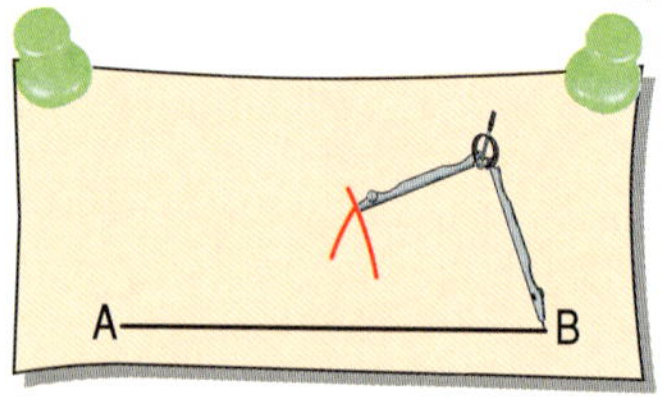


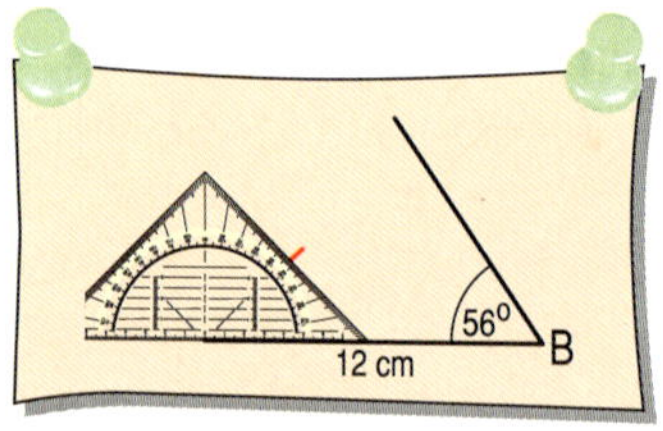


**1.**

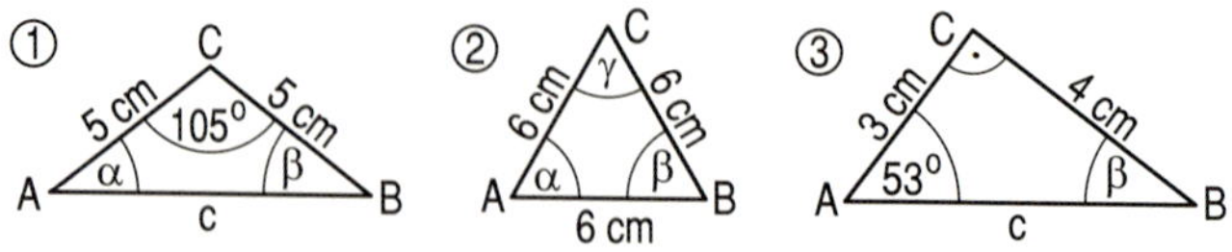


a) Benenne die Dreiecke mit einem passenden Begriff:

| Rechtwinkliges Dreieck | Gleichschenkliges Dreieck | Gleichseitiges Dreieck |
|---|---|---|

b) Zeichne die Dreiecke mit Zirkel und Geodreieck.

c) Ermittle die fehlenden Winkelgrößen und Längen.

**2.** Zeichne die Giebelfront im Maßstab 1:100. Ermittle anschließend die Giebelhöhe durch eine Messung.

a) $\beta = 56°$, $\alpha = 42°$

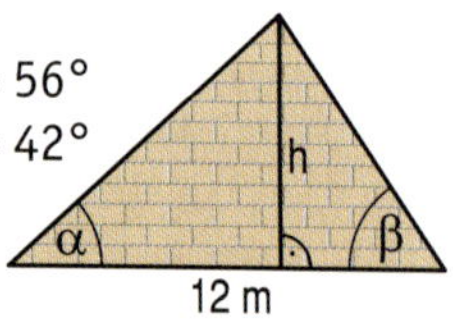


b) $\alpha = 38°$

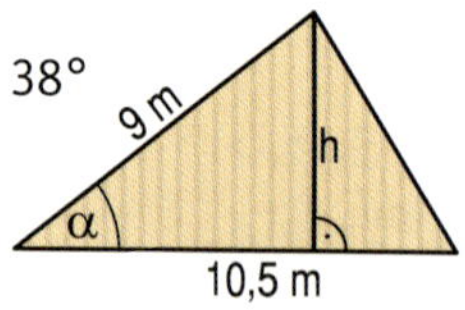


**3.** Die Orte A und B sind 53 km von einander entfernt. Von beiden Orten sieht man den Heißluftballon unter den angegebenen Winkeln. Wie weit ist der Ballon von den Orten entfernt? Zeichne maßstäblich (1 cm für 10 km) und miss.

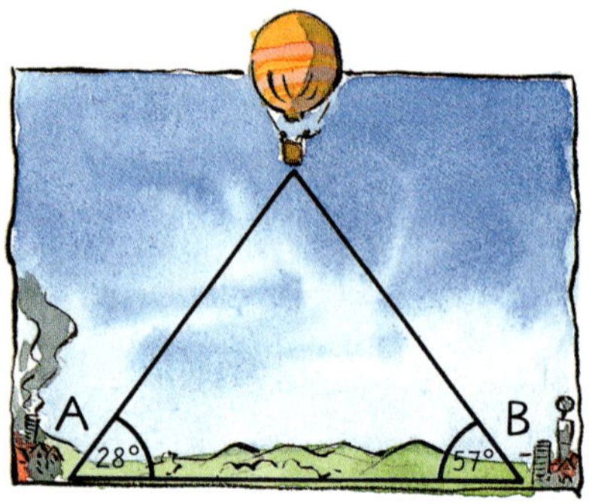


**4.** Ein Drachen hat die beiden Seitenlängen von 48 cm und 72 cm. Die längste Diagonale ist 95 cm lang. Wie lang ist die zweite Diagonale? Zeichne den Drachen in einem geeigneten Maßstab und ermittle die Diagonale durch Messung.

**5.** Zeichne das Viereck.

a) 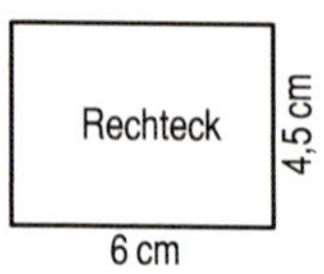


b) 

c) 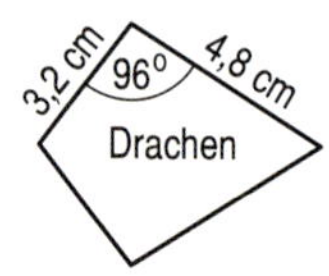


d) 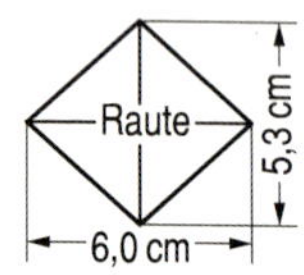


**6.** a) Konstruiere ein rechtwinkliges Dreieck aus $a = 5{,}4$ cm, $b = 7{,}2$ cm und $\gamma = 90°$. Miss die Hypotenuse.

b) Berechne die Länge der Hypotenuse aus a) auch mit dem Satz des Pythagoras. Kontrolliere die Genauigkeit deiner Konstruktion.

**Satz des Pythagoras**

$a^2 + b^2 = c^2$

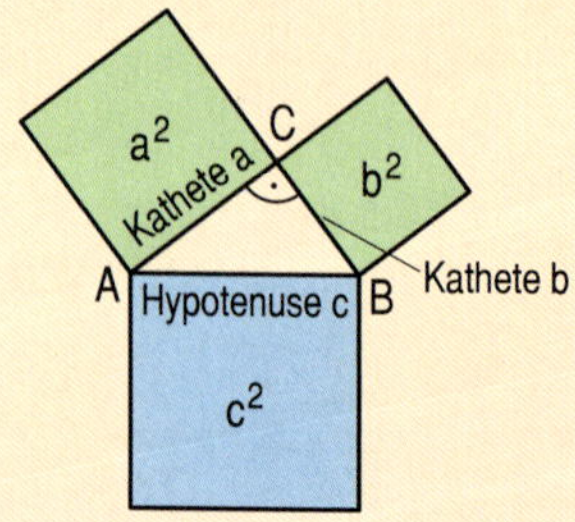


**7.** Berechne die Längen der rot eingezeichneten Strecken.

a) 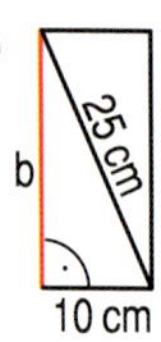


b) 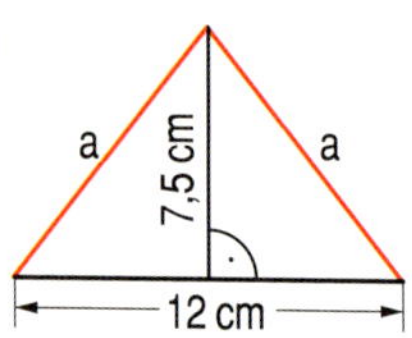


c) 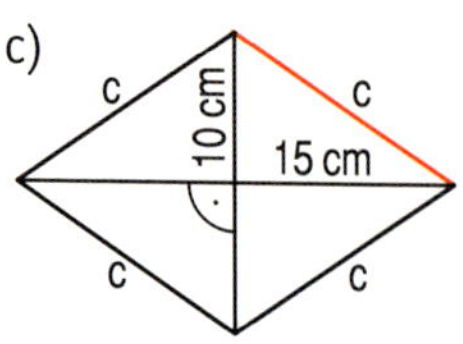


**8.** Eine Leiter wird in einem Abstand von 1,50 m an eine Hauswand gestellt und reicht dabei 5,50 m hoch. Wie lang ist die Leiter? Zeichne eine Skizze und ermittle die Länge durch Rechnung.

## Flächenberechnung

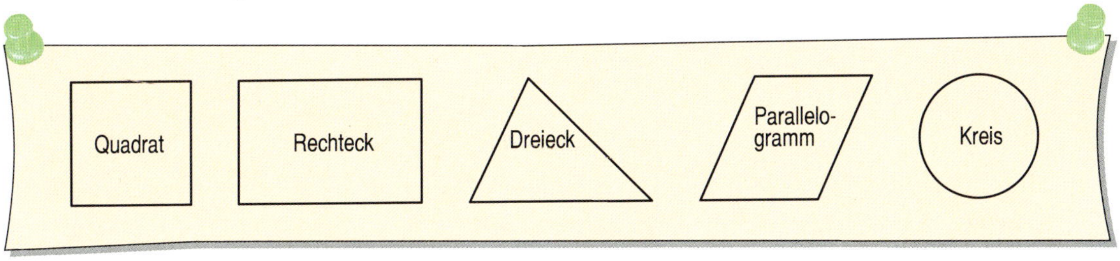


**1.** Skizziere die obigen Figuren mit den üblichen Längenbezeichnungen in deinem Heft und ordne die passende Flächeninhaltsformel zu.

$A = a \cdot b$ | $A = g \cdot h$ | $A = \frac{g \cdot h}{2}$ | $A = \pi r^2$ | $A = a^2$

Bist du unsicher? Schau in der Formelsammlung nach.

**2.** Zeichne zur Umfangsformel eine passende Figur mit Bezeichnung der auftretenden Längen.

a) $u = 2\pi r$  b) $u = 2a + 2b$  c) $u = 4a$  d) $u = a + b + c$  e) $u = a + b + c + d$

**3.** Trage die Punkte in ein Koordinatensystem ein (Einheit 1 cm) und verbinde sie zu einer Figur. Berechne Flächeninhalt und Umfang. Benötigte Längen musst du ablesen oder messen.

a) A(2|2) B(9|2) C(9|7) D(2|7)  b) A(2|2) B(11|2) C(8|10)

c) A(5|5) B(10|1) C(10|10) D(5|14)  d) A(2|2) B(8|3) C(8|6) D(2|10)

**4.** Wie groß ist die Tischfläche ungefähr? Schätze benötigte Maße und berechne den ungefähren Flächeninhalt.

**5.** Berechne Flächeninhalt und Umfang eines Kreises mit

a) 4 cm Radius;  b) 7 cm Durchmesser.

**6.** Ein Kreis hat einen Flächeninhalt von $314\ m^2$. Wie groß ist der Durchmesser ungefähr?

**7.** Ein Grundstück wird wie im Bild von zwei Wegen und einem Fluss begrenzt. Wie groß ist es etwa? Schreibe deinen Lösungsweg auf.

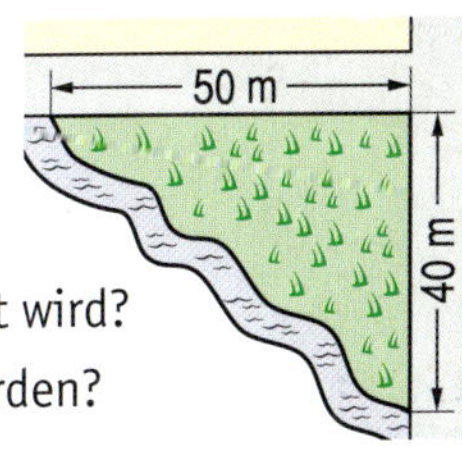


**8.** Ein Rechteck ist 6 cm lang und 3 cm breit.

a) Wie verändert sich der Flächeninhalt, wenn eine Seitenlänge verdoppelt wird?

b) Wie verändert sich der Flächeninhalt, wenn beide Seiten verdoppelt werden?

**9.** a) Ein rechteckiges Grundstück mit $900\ m^2$ Flächeninhalt ist 18 m breit. Berechne zunächst die Länge des Grundstücks und dann seinen Umfang.

b) Ein rechteckiges Grundstück mit 760 m Umfang ist 80 m breit. Berechne zunächst seine Länge und dann seinen Flächeninhalt.

**10.** Berechne Flächeninhalt und Umfang der gefärbten Figur. Runde auf 2 Nachkommastellen.

a)

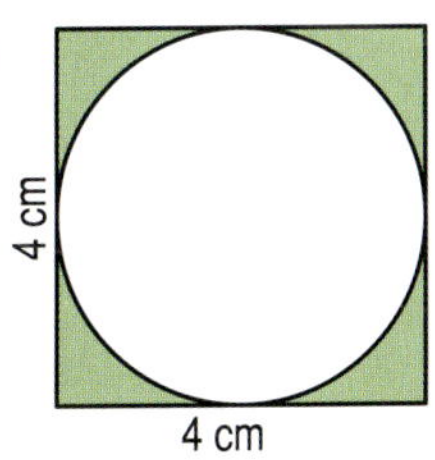


b)

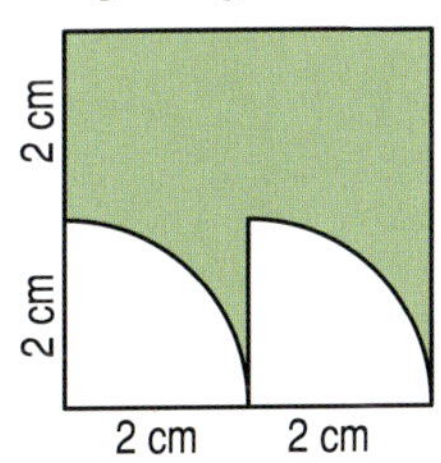


c)

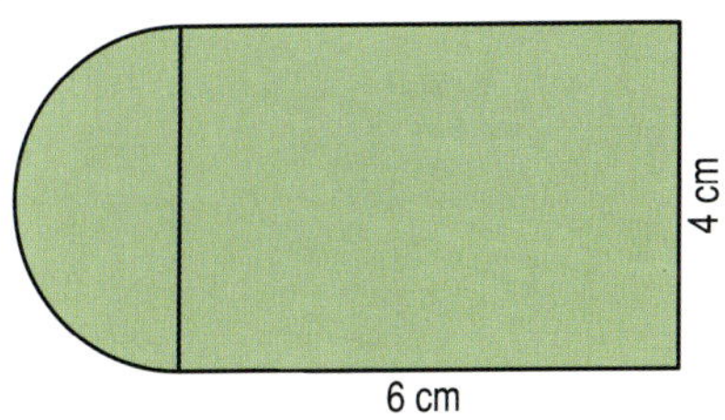

## Körperberechnung

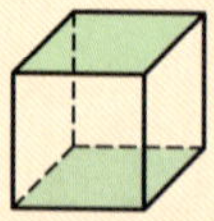
Würfel

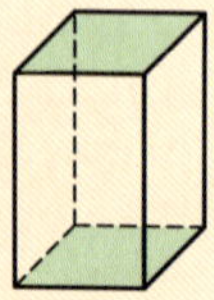
Quader

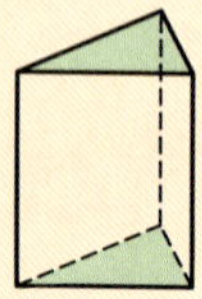
Dreiecksprisma

Für alle Prismen und auch für den Zylinder gilt:

**V = G · h**
**O = 2G + M**

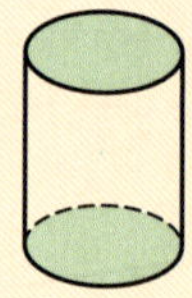
Zylinder

**1.** a) Skizziere ein Schrägbild und ein Netz der oben dargestellten Körper. Beschrifte die wesentlichen Stücke in den Skizzen.

b) Ordne die Volumen- und Oberflächenformeln den entsprechenden Körpern zu.

| | | | | | | |
|---|---|---|---|---|---|---|
| $O = 6a^2$ | $V = \pi r^2 \cdot h$ | $V = a \cdot b \cdot c$ | $O = 2\pi r^2 + 2\pi rh$ | $V = \frac{g \cdot h_\Delta}{2} \cdot h$ | $O = 2ab + 2ac + 2bc$ | $V = a^3$ |

**2.** Lässt sich das Netz zu einem Körper zusammenfalten? Welcher Körper entsteht in diesem Fall?

①

②
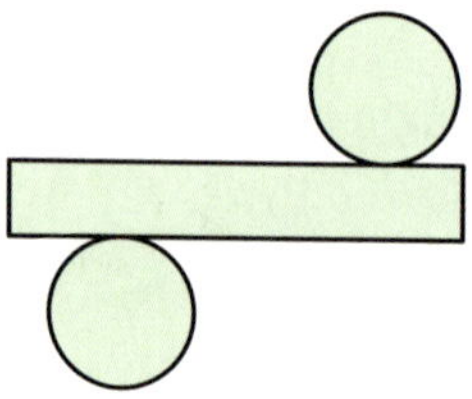
③

④
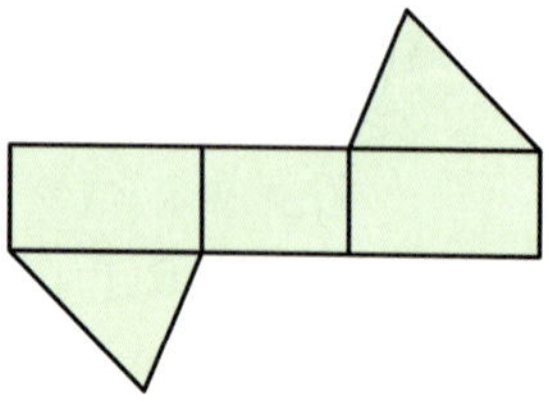

**3.** Berechne Volumen und Oberfläche einer quaderförmigen Schachtel, die 30 cm lang, 15 cm breit und 20 cm hoch ist. Gib das Volumen in $cm^3$ und in Liter an ($1\,l = 1\,dm^3 = 1000\,cm^3$).

**4.** Ein quaderförmiges Wasserbecken ist 6 m lang, 4 m breit und 1,50 m tief mit Wasser gefüllt. Wie viel Liter Wasser sind im Becken?

**5.** a) Ermittle Volumen und Oberfläche eines Würfels mit einer Kantenlänge von 4 cm.

b) Wie ändern sich das Volumen und wie die Oberfläche, wenn die Kantenlänge verdoppelt wird?

c) Wie ändern sich Volumen und Oberfläche, bei einer Verdreifachung der Kantenlänge?

**6.** Berechne Volumen und Oberfläche eines Zylinders mit 10 cm Radius und 10 cm Höhe.

**7.** a) Wie viel $m^3$ Erde fasst der Pflanzenkübel maximal?

b) Wie viel Liter sind das?

**8.** Ein Quader ist 8 cm hoch und hat eine quadratische Grundfläche mit 12 cm Umfang. Berechne zunächst die Seitenlänge der Grundfläche, dann das Volumen und die Oberfläche.

**9.** Eine zylinderförmige Regentonne mit einem Durchmesser von 60 cm ist 1,20 m hoch. Wie viel Liter Wasser kann die Tonne maximal aufnehmen?

**10.** Berechne das Volumen des Körpers (Längen in cm).

a)
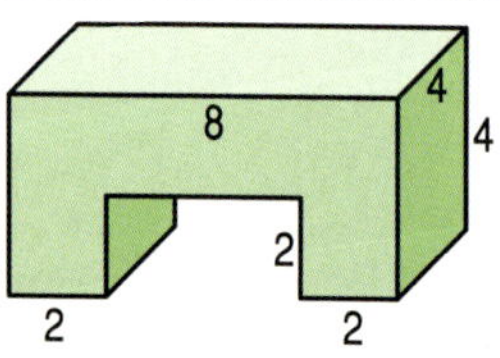


b)
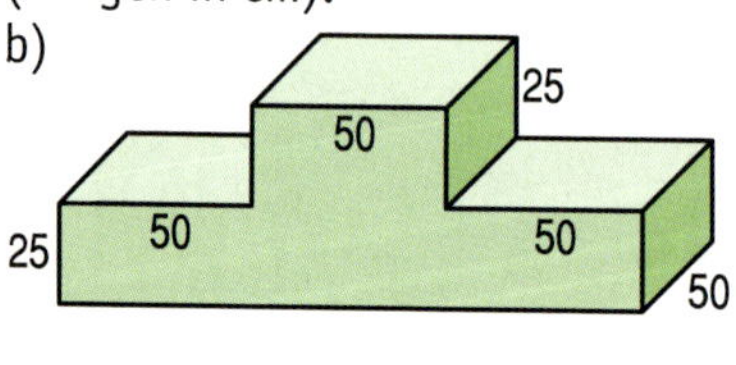


c)
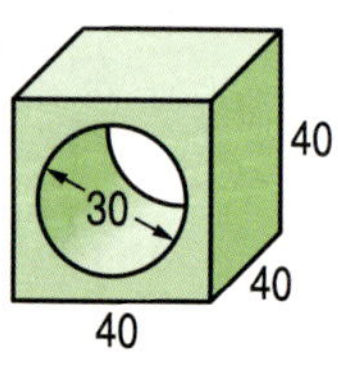

## Proportionale und antiproportionale Zuordnungen

**1.** Peter jobbt in den Herbstferien. In der ersten Woche erhält er für 24 Stunden 132 €. In der zweiten Woche arbeitet er 31 Stunden. Mit welchem Verdienst kann er rechnen?

**2.** Nina kauft 7 Roggenbrötchen für 2,80 €.

a) Lege eine Wertetabelle für die Zuordnung Anzahl der Brötchen → Preis an und zeichne den zugehörigen Graphen.

b) Lies am Graphen den Preis für 5 Brötchen ab und kontrolliere das Ergebnis mit einer Rechnung.

**3.** Für 35 *l* Benzin zahlt Herr Schmidt 42 €. Frau Schulz tankt kurz danach an derselben Tankstelle 45 *l* Benzin. Wie viel Euro muss Frau Schulz zahlen?

**4.** Kann die Tabelle zu einer proportionalen Zuordnung gehören? Begründe deine Antwort.

a)

| Länge (cm) | Preis (€) |
|---|---|
| 1,5 | 6 |
| 4,50 | 18 |
| 2 | 8 |

b)

| Zeit (min) | Wegstrecke (km) |
|---|---|
| 16 | 80 |
| 10 | 50 |
| 35 | 210 |

c)

| Zeit (h) | Lohn (€) |
|---|---|
| 40 | 800 |
| 31 | 620 |
| 19 | 380 |

**5.** Nenne eigene Beispiele für proportionale Zuordnungen. Gib dazu auch den Proportionalitätsfaktor an.

**6.** Ben und Alan fahren mit dem Taxi zum Bahnhof und teilen sich die Kosten. Jeder von ihnen zahlt 9,10 €. Robert und Brit nehmen den Bus. Wie viel hätte jeder zahlen müssen, wenn sie das Taxi zu viert benutzt hätten?

**7.** Sabrinas Geld reicht für 8 Übernachtungen in der Pension, in der eine Übernachtung 24 € kostet. Im Jugendhotel kostet eine Übernachtung 32 €. Wie viele Nächte könnte sie dort bleiben?

**8.** Ein Rechteck hat einen Flächeninhalt von 24 cm². Wie lang könnten die Rechteckseiten sein? Finde 5 Möglichkeiten.

**9.** Fünf Maschinen benötigen für einen Auftrag 12 Tage. Wegen Reparaturarbeiten stehen nur vier Maschinen zur Verfügung. Wie lange brauchen sie für den Auftrag?

**10.** Nenne eigene Beispiele für antiproportionale Zuordnungen.

Eine Zuordnung heißt **proportional,** wenn zum Vielfachen der Ausgangsgröße das Vielfache der zugeordneten Größe gehört.

| | Menge (kg) | Preis (€) | |
|---|---|---|---|
| · 6 | 1 | 2,50 | · 6 |
| | 6 | 15 | |

*Dreisatz*

Verbrauch für 1 km

| Weg (km) | Benzin (*l*) |
|---|---|
| 750 | 60 |
| 1 | $\frac{60}{750}$ (= 0,08) |
| 650 | $\frac{60 \cdot 650}{750} = 52$ |

Bei einer proportionalen Zuordnung ist der Quotient zugeordneter Größen immer gleich. Er heißt auch **Proportionalitätsfaktor** (Stückpreis, Stundenlohn, Literpreis, ...).

Eine Zuordnung heißt **antiproportional,** wenn zum Vielfachen der Ausgangsgröße der entsprechende Teil der zugeordneten Größe gehört.

| | Länge (m) | Breite (m) | |
|---|---|---|---|
| · 6 | 1 | 12 | : 6 |
| | 6 | 2 | |

*Dreisatz*

Den Preis müsste eine Person allein zahlen.

| Personen | Preis (€) pro Person |
|---|---|
| 24 | 35 |
| 1 | 35 · 24 (= 840) |
| 20 | $\frac{35 \cdot 24}{20} = 42$ |

**11.** Welche Art von Zuordnung liegt vor? Proportional, antiproportional oder keines von beiden?

a) Anzahl von Arbeitsstunden → Arbeitslohn bei gleichem Stundenlohn

b) Länge eines Rechtecks mit dem Flächeninhalt von 20 cm² → Breite dieses Rechtecks

c) Körpergröße eines Menschen → Körpergewicht des Menschen

d) Durchschnittsgeschwindigkeit eines Zuges → Zeit, die der Zug für 1000 km benötigt

## Maßstab und Seitenverhältnisse

**1.** Auf Fotos sind ein Marienkäfer und ein Elefant beide 3,5 cm lang. Der Marienkäfer ist im Maßstab 5:1, der Elefant im Maßstab 1:100 abgebildet. Berechne die Längen in Wirklichkeit.

**2.** Wie viel km in Wirklichkeit ist 1 cm auf einer Karte im angegebenen Maßstab?

a) 1:40 000  b) 1:250 000

c) 1:1 500 000  d) 1:75 Millionen

**3.**

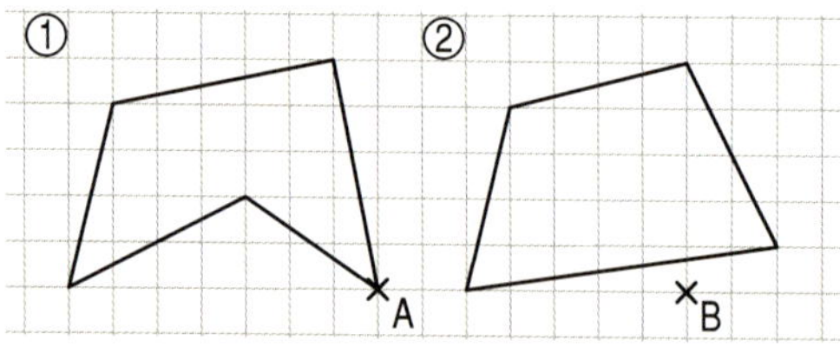


a) Zeichne ab und vergrößere die Figur ① von A aus im Maßstab 2,5:1 (k = 2,5).

b) Zeichne ab und verkleinere die Figur ② von B aus im Maßstab 1:2 (k = 0,5).

**4.** Zeichne ein Rechteck mit a = 6 cm und b = 4,5 cm. Verkleinere es so, dass die längere Seite 4 cm lang wird.

**5.** Neubauten im historischen Komponistenviertel von Wiesbaden dürfen nur mit Fenstern im Hochformat gebaut werden, die ein Verhältnis Breite zu Höhe von 1:2 aufweisen.
Wie hoch muss nach dieser Vorschrift ein Fenster von 0,95 m Breite sein?

**Maßstab** = Länge im Bild : wirkliche Länge
**Maßstab 5:2**
Vergrößerung, 5 cm im Bild entsprechen 2 cm in der Wirklichkeit.
**Maßstab 1:1000**
Verkleinerung, 1 cm im Bild entsprechen 1000 cm (= 10 m) in der Wirklichkeit.

**Vergrößern** und **Verkleinern** einer Figur:

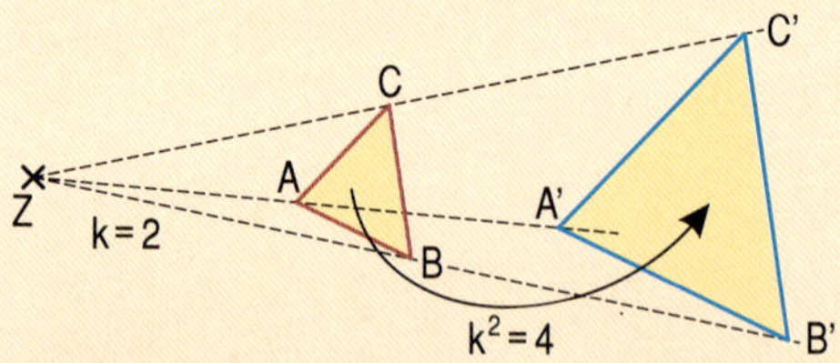


- Die Größe der Figur ändert sich, die Form nicht.
- Die Winkelgrößen bleiben unverändert.

Um das **Verhältnis** zweier Seiten zu bestimmen, teilt man die Längen durcheinander.

a = 12 cm  b = 18 cm

*Verhältnisschreibweise* (sprich: „a zu b“)

a : b = 12 : 18 = 6 : 9

a zu b: $\frac{a}{b} = \frac{12}{18} = \frac{2}{3} \approx 0{,}67$

**6.** Gib das Seitenverhältnis a:b an. a) a = 14 cm, b = 28 cm b) a = 4 cm, b = 18 cm

**7.** Wie lang ist die Seite b? a) a:b = 3:2, a = 15 cm b) a:b = 2:5, a = 30 cm

**8.** a) Bestimme mit Hilfe des Karomusters in der nebenstehenden Figur die Längen der blauen und roten Strecken (1 Kästchen entspricht 1 cm).

b) Gib die Seitenverhältnisse a:b und c:d an.

c) Ermittle anhand der Zeichnung die Länge von zwei weiteren Strecken, die im selben Verhältnis zueinander stehen wie die roten Strecken.

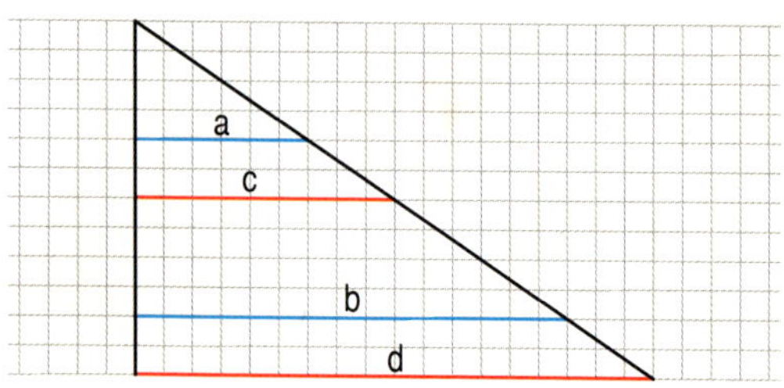


**9.** Bei ähnlichen Dreiecken sind entsprechende Seitenverhältnisse gleich. Berechne die fehlende Seite.

a)

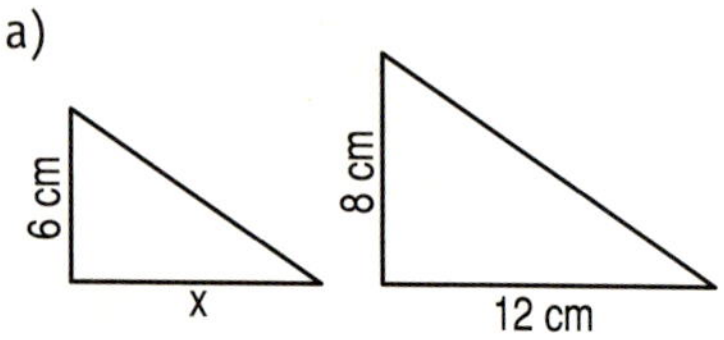


b)

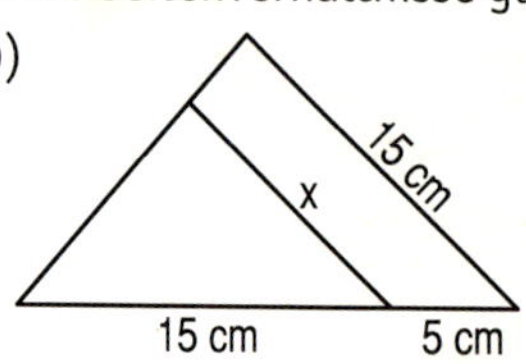


c)

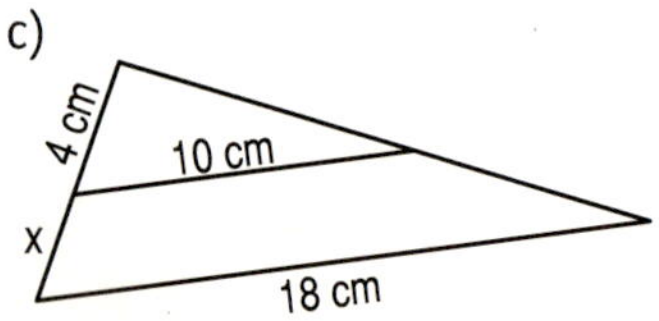

## Prozentrechnung

**1.** Wie viel Prozent sind eingefärbt, wie viel Prozent nicht?

a) 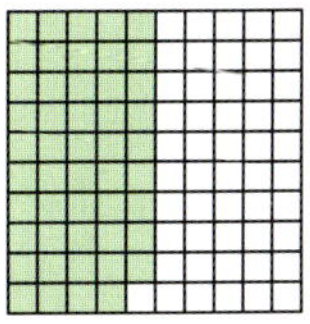 b) 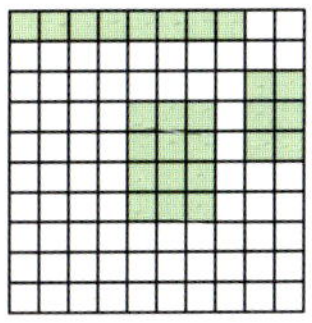 c) 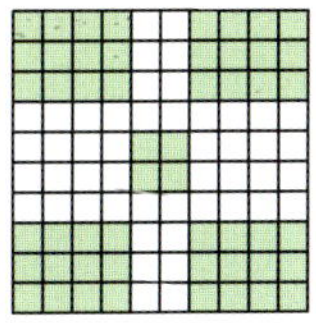

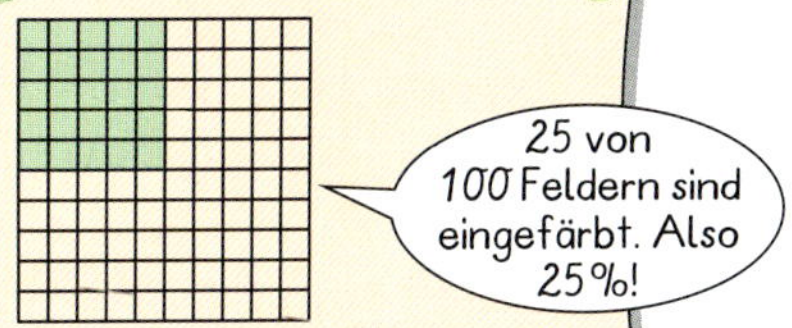


**2.** Bestimme immer 1 % von der Größe.

a) 1 % von 860 kg b) 1 % von 2 340 € c) 1 % von 350 €

$1\ \% = \frac{1}{100}$

1 % von 450 €

$450\ € \cdot \frac{1}{100} = 4{,}50\ €$

1 % von 450 € = 4,50 €

**3.** Überlege, wie man leicht eine Zahl durch 100 dividiert und bestimme dann 1 % von der Größe ohne Taschenrechner.

a) 1 % von 32,5 kg b) 1 % von 72 € c) 1 % von 0,8 km

**4.** Wie groß ist der Anteil von der Größe?

a) 4 % von 500 € b) 12 % von 600 € c) 10 % von 900 €

d) 20 % von 850 kg e) 14 % von 82 m f) 3 % von 2 650 g

| | |
|---|---|
| 100 % | 280 € |
| 1 % | 2,80 € |
| 6 % | 16,80 € |

6 % von 280 € sind 16,80 €.

**5.** Welcher Bruchteil ist eingefärbt, wie viel Prozent sind das?

a)  b) 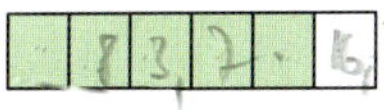 c) 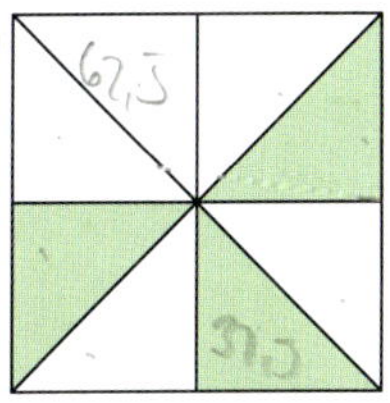

d) 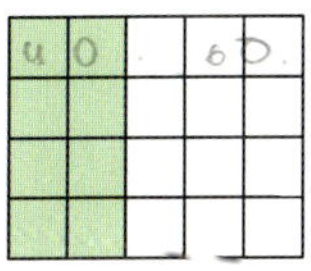 e) 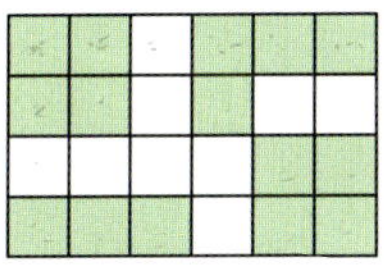

Bruch, Dezimalbruch oder Prozentschreibweise

$\frac{3}{4} = 3 : 4 = 0{,}75 = \frac{75}{100} = 75\ \%$

$\frac{2}{3} = 2 : 3 = 0{,}666...$

$\frac{2}{3} \approx 0{,}67$ bzw. $\frac{2}{3} \approx 67\ \%$

„ungefähr gleich"

**6.** Ordne jedem Bruch den zugehörigen Prozentsatz zu. Sind Bruch und Prozentsatz nur ungefähr gleich, schreibe „≈".

| | | | | | | |
|---|---|---|---|---|---|---|
| 50 % | $\frac{1}{2}$ | 67 % | $\frac{2}{3}$ | 10 % | $\frac{1}{5}$ | 75 % |
| $\frac{1}{4}$ | 33 % | $\frac{1}{10}$ | 25 % | $\frac{3}{4}$ | 20 % | $\frac{1}{3}$ |

**7.** Rechne mit dem passenden Bruch.

a) 10 % von 70 € b) 20 % von 25 € c) 25 % von 40 € d) 50 % von 60 €

e) 75 % von 40 € f) 50 % von 44 € g) 75 % von 120 € h) 75 % von 80 €

**8.** a) 51 % von 720 kg sind ungefähr 7,2 kg; 72 kg; 360 kg oder 670 kg.

b) 65 % von 332 € sind ungefähr 300 €; 220 €; 110 € oder 33 €.

c) 24 % von 88 g sind ungefähr 10 g; 16 g; 22 g oder 30 g.

d) 32 % von 628 m sind ungefähr 130 m; 210 m; 300 m oder 420 m.

**9.** Schreibe zunächst, welcher Bruchteil in der Aussage gemeint ist. Überlege den zugehörigen Prozentsatz. Berechne dann die Anzahl.

a) Jeder vierte von 52 kontrollierten Lkws wies Mängel auf.

b) Jedes 20. Los gewinnt. In der Lostrommel sind 160 Lose.

c) Jeder zehnte von 2 100 Befragten kauft über das Internet ein.

**10.** Bestimme Grundwert G, Prozentwert W und Prozentsatz P %.

a) Von 750 € sind 50 % genau 375 €.

b) 10 % von 3 kg sind 0,3 kg.

c) 2 km von 200 km sind 1 %.

> Von 540 kg sind 10 % genau 54 kg.
>
> Grundwert G: 540 kg    Prozentsatz p %: 10 %
> Prozentwert W: 54 kg

**11.** Berechne den Prozentwert, runde sinnvoll.

a) 13 % von 468,50 €    60,91 €

b) 64 % von 8 654 kg    5538,56 kg

c) 9 % von 2,35 €    0,21 €

> Der **Prozentwert W** ist gesucht.
> Wie viel Euro sind 11 % von 420 €?
>
> *Mit dem Dreisatz*
>
> | | | | |
> |---|---|---|---|
> | : 100 | 100 % | 420 € | : 100 |
> | · 11 | 1 % | 4,20 € | · 11 |
> | | 11 % | 46,20 | |
>
> *Mit der Formel*
>
> $W = G \cdot \frac{p}{100}$
>
> $W = 420 \cdot 0{,}11 = 46{,}20$
>
> Es sind **46,20 €.**

**12.** Eine 250 g schwere Tafel Schokolade enthält einen Kakaoanteil von 64 %. Wie viel Gramm Kakao sind das?

**13.** Wie viele Delikte wurden nach der Kriminalitätsstatistik NRW 2006 aufgeklärt?

a) Von 14 645 Raubdelikten wurden 48,4 % aufgeklärt.

b) Von 36 200 Fällen schwerer und gefährlicher Körperverletzungen wurden 82,2 % aufgeklärt.

**14.** Berechne den Prozentsatz. Runde die Prozentzahl auf Zehntel.

a) Von dem 820 m langen Weg sind 145 m fertig.

b) Von 2,5 kg Erdbeeren waren 170 g verfault.

c) Ina hat 65 € von 180 € bezahlt.

d) Jens hat 45 von 50 Punkten.

> Der **Prozentsatz p %** ist gesucht.
> Wie viel Prozent sind 72 kg von 800 kg?
>
> *Mit dem Dreisatz*
>
> | | | | |
> |---|---|---|---|
> | : 800 | 800 kg | 100 % | : 800 |
> | · 72 | 1 kg | 0,125 % | · 72 |
> | | 72 kg | 9 % | |
>
> *Mit der Formel*
>
> $72 = 800 \cdot \frac{p}{100}$ | : 800
>
> $72 : 800 = 0{,}09$
>
> Es sind **9 %.**

**15.** Ein Mischbrot enthält 35 g Eiweiß, das sind 7 %. Wie schwer ist das Brot?

**16.** Ein Akkubohrer kostet in einem Sonderverkauf 54,60 €, das sind 65 % vom ursprünglichen Preis. Wie hoch war der?

**17.** Ein Pkw wird für 12 890 € angeboten. Das sind 15 % unter dem Listenpreis. Wie hoch ist der Listenpreis?

> Der **Grundwert G** ist gesucht.
> Von welchen Eurobetrag sind 5 % genau 35 €?
>
> *Mit dem Dreisatz*
>
> | | | | |
> |---|---|---|---|
> | : 5 | 5 % | 35 € | : 5 |
> | · 100 | 1 % | 7 € | · 100 |
> | | 100 % | 700 € | |
>
> *Mit der Formel*
>
> $35 = G \cdot 0{,}05$ | : 0,05
>
> $35 : 0{,}05 = 700$
>
> Es sind **700 €.**

**18.** a) Von 1 200 Eintrittskarten sind 61 % verkauft. Wie viele Karten sind noch zu haben?

b) 82 %, das sind 1 230, der Beschäftigten einer Firma sind Frauen. Wie viele Männer hat der Betrieb?

**19.** Der Mietpreis einer Wohnung beträgt 474,26 €. Zum 1. Juli wird die Miete um 8 % erhöht. Berechne den neuen Mietpreis.

**20.** In einer Kleinstadt ist die Hälfte der 20 000 Einwohner im Erwerbsalter zwischen 18 und 65 Jahren. 2 000 sind arbeitslos. Sind das 10 %, 20 % oder 25 % Arbeitslose? Begründe deine Entscheidung.

## Zinsrechnung

**1.** a) Kapital: 1 200 €
Zinssatz: 2,5 %

b) Kapital: 5 000 €
Zinssatz: 9,2 %

c) Kapital: 320 €
Zinssatz: 4,1 %

d) Kapital: 8 000 €
Zinssatz: 12,25 %

**2.** Herr Schmidt erhält einen Bankkredit über 15 000 € zu einem Zinssatz von 8,2 %. Wie viel Zinsen bezahlt er für ein Jahr?

**3.** Jörg hatte 480 € auf seinem Sparkonto und bekam dafür nach einem Jahr 10,56 € Zinsen gutgeschrieben. Berechne den Zinssatz.

**Zinsrechnung** ist angewandte Prozentrechnung.
**Kapital K** entspricht dem Grundwert G.
**Zinsen Z** entsprechen dem Grundwert W.
**Zinssatz p %** entspricht dem Prozentsatz p %.
Mit dem Zinssatz p % berechnet man die **Zinsen für 1 Jahr.**
*Beispiel:* Wie viel Zinsen bringt ein Kapital von 800 €, wenn es zu einem Zinssatz von 4 % verzinst wird?
*Antwort:* Die Jahreszinsen betragen 32 €.

**4.** Welchen Zinssatz nimmt die Bank, wenn für eine Kreditsumme von 10 000 € am Ende des Jahres 888 € Zinsen bezahlt werden müssen?

**5.** Die Grafik zeigt die Jahreszinsen in Abhängigkeit vom Kapital für die Zinssätze 2,5 %, 4 % und 6 %.

a) Welche Gerade gehört zu welchem Zinssatz?

b) Lies für die drei Zinssätze die ungefähren Zinsen für ein Kapital von 2 000 € ab. Berechne auch die genauen Werte.

c) Lies aus der Grafik für alle drei Zinssätze die ungefähren Jahreszinsen für 500 €, 1 600 € und 2 200 € ab. Berechne dann genaue Werte.

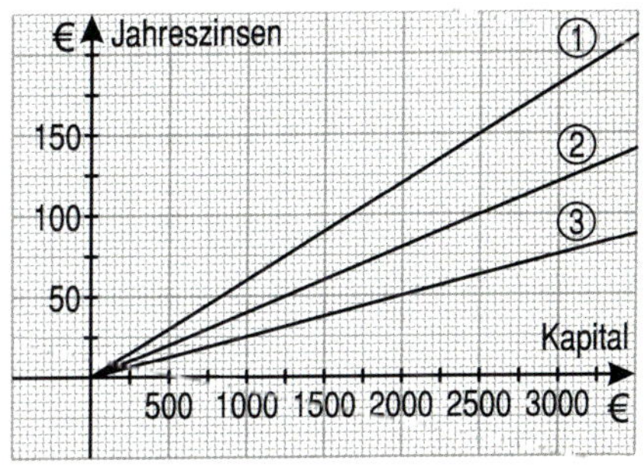


**6.** Familie Jorges nimmt einen Kredit über 8 000 € zu einem Zinssatz von 6,8 % für ein Jahr auf.

a) Wie viel Euro Zinsen müssen sie bezahlen? b) Wie hoch ist die gesamte Rückzahlung?

**7.** Welcher Betrag muss für einen Kredit über 10 000 € zu einem Zinssatz von 8,4 % mit einer Laufzeit von einem Jahr zurück gezahlt werden?

**8.** Berechne die Zinsen.

a) 1500 € zu 6 % für $\frac{1}{4}$ Jahr

b) 750 € zu 3,5 % für 1 Monat

**9.** Jasper hat auf seinem Sparkonto, das mit 2 % verzinst wird, 900 €. Wie viel Zinsen hätte er

a) nach 1 Tag, b) nach 1 Monat, c) nach 1 Jahr?

**10.** Mike hat seit dem 1. März ein Sparkonto mit 1 400 €, das mit 3,2 % verzinst wird. Wie viel Euro Zinsen werden ihm am Jahresende gutgeschrieben?

**Zinsen für weniger als 1 Jahr**
Für einen Bruchteil des Jahres gibt es auch nur den entsprechenden Bruchteil der Jahreszinsen.

1 Monat = 30 Tage
1 Jahr = 12 Monate = 360 Tage

*Beispiel:* K = 500 €, p % = 4 %, Laufzeit $\frac{1}{2}$ Jahr

*Antwort:* Jahreszinsen: 20 €, für $\frac{1}{2}$ Jahr 10 €.

**11.** Kira hat am 1. Januar auf ihrem Sparkonto ein Kapital von 4 000 €, das mit einem Zinssatz von 5 % verzinst wird. Kira hebt weder etwas ab, noch zahlt sie etwas ein.

a) Wie hoch ist Kiras Kapital nach einem Jahr?

b) Wie viel Geld hat Kira am 1.1 des dritten Jahres auf ihrem Konto?

## Mittelwert und Median, Spannweite, Klasseneinteilung

**1.** Berechne den Mittelwert der folgenden Massen.
26 kg, 107 kg, 38 kg, 87 kg, 29 kg, 67 kg, 66 kg

**2.** Wie heißt der Median (Zentralwert) der Massen aus Aufgabe 1?

**3.** Wie groß ist bei den Massen aus Aufgabe 1 die Spannweite?

**4.** Mustafa hat von Montag bis Samstag ein spannendes Buch ausgelesen. Das waren seine „Leseleistungen":
Mo: 68 Seiten, Di: 41 Seiten, Mi: 74 Seiten,
Do: 18 Seiten, Fr: 56 Seiten, Sa: 97 Seiten
Berechne den Mittelwert seiner Leseleistungen.

**5.** Pro Saison gibt es 34 Bundesligaspiele. Bis zum vorletzten Spieltag der Saison 2006/2007 hatte Werder Bremen 74 Tore erzielt.

a) Wie viele Tore waren das durchschnittlich?

b) Wie viele Tore müsste Werder Bremen im letzten Saisonspiel erzielt haben, um einen Durchschnitt von 2,5 Treffern pro Spiel zu erreichen?

**6.** Ronald und Cem haben beim Training zum Kugelstoßen die folgenden Werte erzielt. Berechne jeweils Mittelwert und Median, vergleiche diese Werte und beurteile die Leistungen.

Ronald: 9,60 m; 10,30 m; 9,90 m; 9,70 m; 10,80 m; 10,10 m; 9,70 m

Cem: 7,90 m; 8,40 m; 9,20 m; 10,30 m; 10,20 m; 10,50 m; 10,60 m; 10,60 m

**7.** Das sind die 100 m-Zeiten der Schülerinnen und Schüler der 10A1:

| | | | | | |
|---|---|---|---|---|---|
| 14,6 s | 17,2 s | 16,8 s | 13,4 s | 19,5 s | 12,9 s |
| 16,2 s | 13,3 s | 15,8 s | 17,7 s | 14,2 s | 18,6 s |
| 15,8 s | 13,2 s | 19,5 s | 15,2 s | 14,1 s | 13 s |
| 20,1 s | 14,9 s | 17,6 s | 13,7 s | 18,2 s | 14,7 s |

Teile die Laufzeiten in drei Klassen ein (A bis 14,0 s; B von 14,1 s bis 16,0 s; C ab 16,1 s) und stelle die Klassen grafisch dar.

**8.** Fünf Wassermengen (ganze Literzahlen) haben die Spannweite 21 *l*, den Mittelwert 22 *l* und den Median 23 *l*. Eine von ihnen ist 20 *l*. Wie groß könnten die anderen 4 Wassermengen sein? Gib zwei verschiedene Möglichkeiten an.

**Mittelwert und Median (Zentralwert)**

**Mittelwert:** Man addiert alle Werte und dividiert anschließend durch die Anzahl der Werte.

**Median:** Die Daten werden nach aufsteigender Größe geordnet. Der Median (Zentralwert) ist der Wert in der Mitte der Reihe. Bei einer geraden Anzahl von Werten ist der Median der Mittelwert der beiden Werte in der Mitte der Reihe.

*Beispiel:* 8 €, 11 €, 12 €, 16 €, 27 €, 30 €

*Mittelwert:*
(8 € + 11 € + 12 € + 16 € + 27 € + 30 €) : 6
= 104 € : 6
≈ 17,33 €

*Median:*
(12 € + 16 €) : 2
= 28 € : 2
= 14 €

**Spannweite**
Die Differenz zwischen dem größten Wert und dem kleinsten Wert einer Datenmenge ist die Spannweite.

*Beispiel:* 8 €, 11 €, 12 €, 16 €, 27 €, 30 €

*Spannweite:* 30 € – 8 € = 22 €

**Klasseneinteilung**
Fasst man die Werte einer Datenmenge nach gemeinsamen Merkmalen zusammen, entsteht eine Klasseneinteilung.

*Beispiel:* 8 €, 11 €, 12 €, 16 €, 27 €, 30 €

Klasse 1 ( 0 € bis 12 €) : 8 €, 11 €, 12 €
Klasse 2 (13 € bis 24 €) : 16 €
Klasse 3 (25 € bis 36 €) : 27 €, 30 €

## Texte, Grafiken, Diagramme

**1.** Das Schaubild stellt die Altersverteilung der Lehrkräfte an einer Schule dar.

a) Welche der folgenden Aussagen lassen sich dem Schaubild entnehmen?

① Die Englischlehrerin ist am jüngsten.

② Die Mehrzahl der Lehrkräfte ist älter als 45.

③ Insgesamt sind es mehr als 60 Lehrkräfte.

④ Der Median dieser Altersverteilung ist 48.

b) Ronja will das durchschnittliche Alter der Lehrkräfte bestimmen. Sie rechnet so:

$$\frac{31 + 36 + 39 + \ldots + 62}{\text{Gesamtzahl aller Lehrkräfte}}$$

Welchen Fehler macht Ronja?
Berichtige und führe die Berechnung durch.

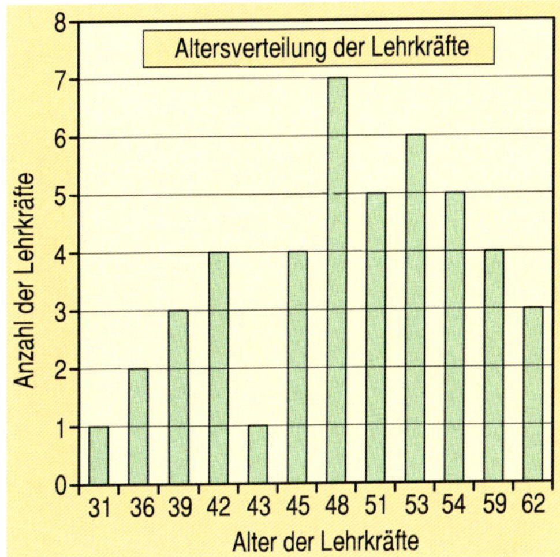


**2.** Im nebenstehenden Schaubild sind vier verschiedene Angebote eines Internet-Cafés dargestellt.

a) Jeweils ein Graph passt zu einem der Angebote A, B und C. Ordne zu.

b) Erstelle eine kurze Beschreibung für das vierte Angebot.

c) Welches Angebot ist bei einer Surfdauer von 40 Minuten zu empfehlen?

d) Nils hat noch 5 Euro zur Verfügung. Bei welchem Angebot kann er am längsten für diesen Betrag im Internet surfen?

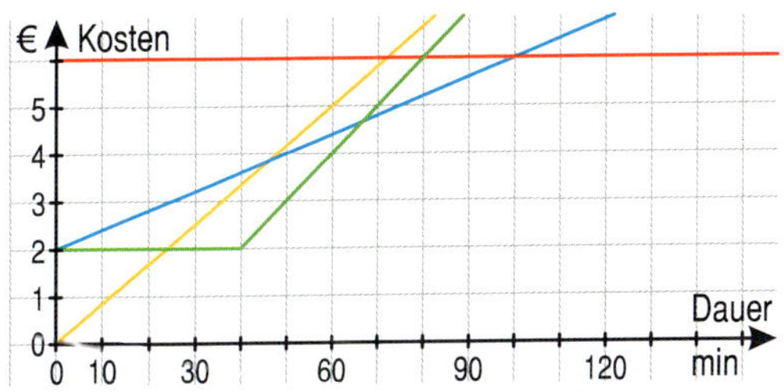


**Angebot A:** Keine Grundgebühr, minutengenaue Abrechnung, 5 € pro 1 h

**Angebot B:** Grundgebühr 2 €, 40 Freiminuten, dann 1 € je 10 Min.

**Angebot C:** Für 6 € bis zu 3 Stunden surfen! Keine Grundgebühr!

**3.** In drei verschiedenen Regionen Deutschlands wurde in jeweils 100 Haushalten die Frage gestellt: *„Wie viele Handys gibt es in Ihrem Haushalt?“*
Die Schaubilder zeigen das Umfrageergebnis für die einzelnen Regionen.

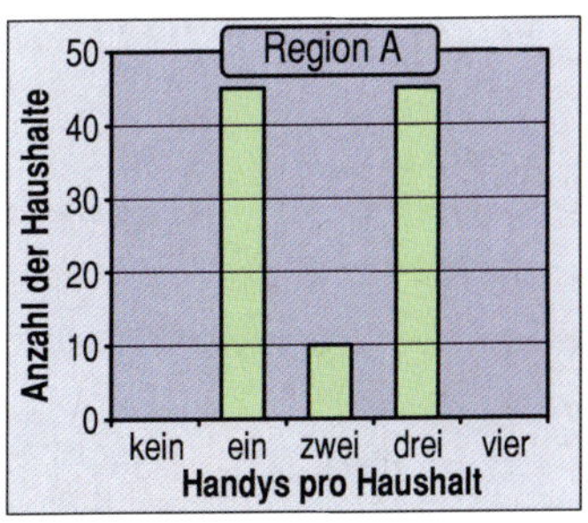


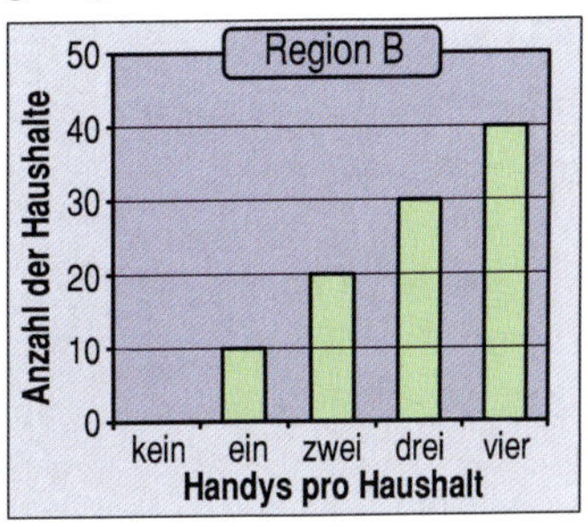


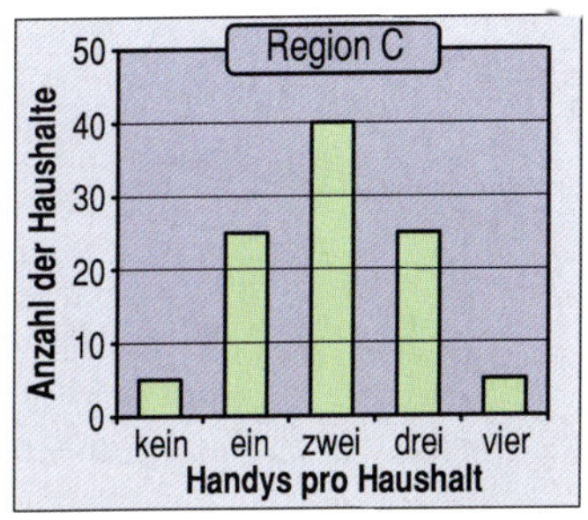


a) Bestimme für jede der drei Regionen den Median, den Mittelwert (arithmetisches Mittel) und die Spannweite.

b) Miriam behauptet: „In zwei Regionen ergibt sich für Median und arithmetisches Mittel derselbe Wert, das sieht man sofort!“ Was meinst du? Begründe deine Meinung.

c) In welcher Region gibt es wahrscheinlich die meisten Handys?

d) Erstelle ein Schaubild für alle 300 Haushalte in den befragten Regionen. Gib dazu den Mittelwert an.

**4.** Das Diagramm gibt Auskunft über die sportliche Aktivität von Kindern.

a) Welche der folgenden Aussagen lassen sich richtig aus der Grafik ablesen? Korrigiere die falschen Aussagen.

① Im Alter von 3 bis 6 Jahren treiben mehr Mädchen als Jungen regelmäßig Sport.

② Die sportliche Aktivität von Mädchen und Jungen nimmt mit steigendem Alter ab.

③ Mehr als die Hälfte aller Mädchen im Alter von 7 bis 10 Jahren treiben regelmäßig Sport.

④ Weniger als 40 % der 7- bis 10-jährigen Jungen treiben mindestens 3-mal in der Woche Sport.

b) Formuliere eigene richtige Aussagen, die du aus dem Diagramm ablesen kannst.

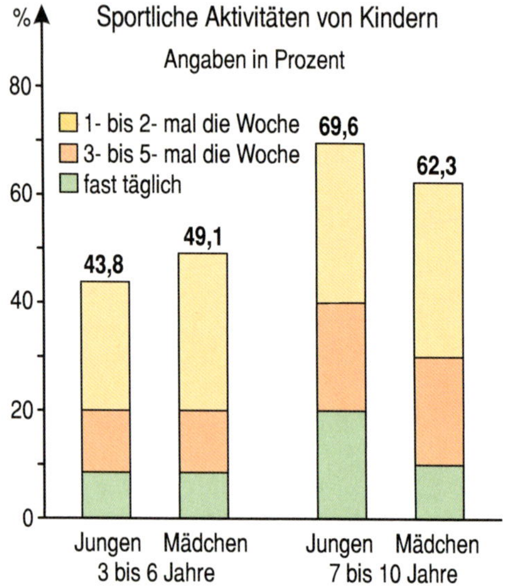


**5.** Die Tabelle zeigt das Ergebnis einer Befragung von 1003 Jugendlichen im Alter von 10–17 Jahren.

a) Was ist die am häufigsten genutzte Sparform?

b) Wie groß ist die Anzahl der Jugendlichen, die einen Bausparvertrag abgeschlossen haben?

c) Nutzen einige der befragten Jugendlichen mehr als eine Sparform? Begründe deine Antwort.

d) Stelle das Umfrageergebnis in einem geeigneten Diagramm dar. Fasse dazu selten gewählte Sparformen in einer Klasse zusammen.

| | Sparform | Angaben in % |
|---|---|---|
| (1) | Bausparvertrag | 4 |
| (2) | Sparbuch | 51 |
| (3) | Festverzinsliche Wertpapiere | 2 |
| (4) | Sparschwein | 65 |
| (5) | Lebensversicherung | 3 |
| (6) | Investmentfonds | 3 |
| (7) | Girokonto/Taschengeldkonto | 36 |
| (8) | Aktien | 1 |
| (9) | Sonstiges | 1 |

Quelle: Institut für Jugendforschung, 2005

**6.** In den Ferien mietet Familie Roth ein Segelboot. Zwei der nebenstehenden Graphen geben die Entfernung des Boots von seinem Liegeplatz im Hafen für die Vormittagsstunden an verschiedenen Tagen an.

a) Zu welchen Graphen kann es keine passende Bootstour geben? Begründe deine Antwort.

b) Schreibe einen kurzen Bericht über einen Bootsausflug, der zu einem der Graphen passt.

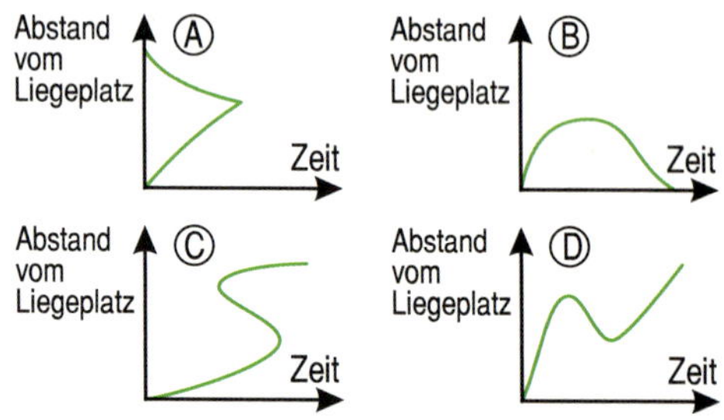


**7.** Das Kreisdiagramm gibt das Ergebnis einer repräsentativen Umfrage aus dem Jahr 2007 in Deutschland unter 2713 Jugendlichen im Alter von 12 bis 17 Jahren wieder.

a) Wie viele Befragte gaben an, noch nie geraucht zu haben?

b) Hatten mehr oder weniger als ein Drittel der Befragten schon einmal geraucht?

c) Wie viel Prozent der Jugendlichen rauchten ständig oder gelegentlich?

d) Informiere dich im Internet über aktuellere Entwicklungen.

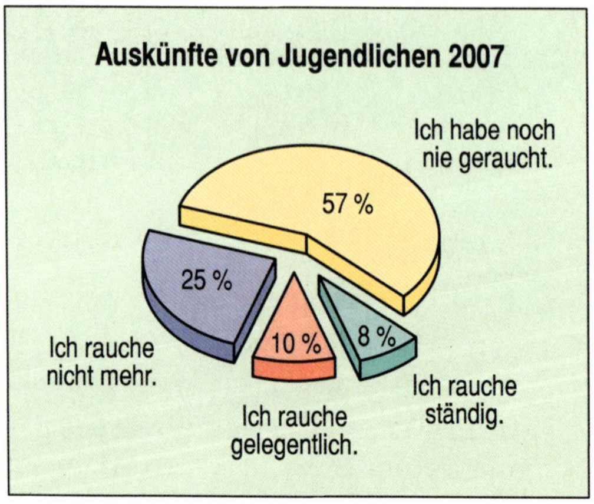

## Relative Häufigkeit und Wahrscheinlichkeit

**Relative Häufigkeit** für ein Ereignis:

$$rH\,(\text{Ereignis}) = \frac{\text{Anzahl der günstigen Ergebnisse}}{\text{Anzahl der Versuche}}$$

Bei sehr vielen Versuchen liegt die relative Häufigkeit für ein Ereignis nahe bei der Wahrscheinlichkeit für das Ereignis.

**Wahrscheinlichkeit p** für ein Ereignis E (bei gleichwahrscheinlichen Ergebnissen):

$$p\,(E) = \frac{\text{Anzahl der günstigen Ergebnisse}}{\text{Anzahl der möglichen Ergebnisse}}$$

*Beispiel:*
Wie groß ist die Wahrscheinlichkeit, mit einem Würfel eine Zahl größer als 4 zu werfen?

günstige Ergebnisse: 5, 6
mögliche Ergebnisse: 1, 2, 3, 4, 5, 6

$p\,(\text{größer als } 4) = \frac{2}{6} = \frac{1}{3} \approx 33\,\%$

**1.** Sabine hat einen fairen Spielwürfel 35-mal geworfen und 4-mal eine „6" erzielt. Gib für das Ereignis „6" die relative Häufigkeit als Bruch und als Prozentsatz an.

**2.** Wie groß ist die Wahrscheinlichkeit, mit einem fairen Würfel das Ereignis „6" zu erreichen? Gib auch hier als Bruch und als Prozentsatz an.

**3.** Marco hat von seinem Fenster aus am Nachmittag vorbeifahrende Autos gezählt, insgesamt 650. Davon waren 107 Autos mit der Marke VW.

a) Berechne die relative Häufigkeit für VW.

b) Welchen Schätzwert für die Wahrscheinlichkeit, dass ein bei Marco vorbeifahrendes Auto ein VW ist, würdest du angeben: 5 %, 15 %, 25 %, 35 % oder 45 %?

c) Am nächsten Nachmittag wiederholt Marco seine Zählung und hört bei einer „runden" Zahl von Autos auf, diesmal waren 150 VW dabei. Hat Marco insgesamt 200 oder 1 000 oder 10 000 Autos gezählt? Begründe.

**4.** Wie groß ist die Wahrscheinlichkeit, aus einem verdeckt liegenden Skatspiel eine „Person", d.h. einen Buben, eine Dame oder einen König zu ziehen?

**5.** Mit welcher Wahrscheinlichkeit zieht man aus einem verdeckt liegenden Skatspiel eine rote Karte oder eine „Person"?

**6.** Sebastian zieht aus einem verdeckt liegenden Skatspiel eine Karte, notiert sie sich und legt sie zurück. Danach wird neu gemischt.
Diesen Versuch wiederholt Sebastian 48-mal und ist sechsmal erfolgreich. Wollte er eine männliche „Person", ein As oder eine Zahl ziehen? Begründe deine Antwort.

$\frac{6}{48} = \frac{1}{8} = 12{,}5\,\%$ $\quad 32 \cdot 0{,}125 = 4$

## Terme und Gleichungen

**1.** Schreibe als Term mit einer Variablen.

a) Das Dreifache einer Zahl, vermehrt um 7.

b) Die Summe aus dem Doppelten und dem Fünffachen einer Zahl.

c) 24 vermindert um das 7-Fache einer Zahl.

d) Von einer Zahl wird 5 subtrahiert, das Ergebnis wird mit 4 multipliziert.

e) Die Differenz aus 31 und dem Dreifachen einer Zahl wird verdoppelt.

**2.** Marco, Svenja und Raffael sind Geschwister. Raffael ist der Jüngste, Svenja ist doppelt so alt wie Raffael, und Marco ist 3 Jahre älter als Svenja.
Nenne das Alter von Raffael x und beschreibe mit Termen, wie alt Svenja und Marco sind.

**3.** Berechne den Term für die angegebene Zahl.

a) $3x - 7$ für $x = 11$ b) $a : 5 + 19$ für $a = 35$

**4.** Vereinfache den Term so weit wie möglich und berechne ihn für die angegebene Zahl.

a) $4x + 7 - 2x - 14 + 3x$ für $x = 20$

b) $2a + 8a - 16 - 5 - 7a$ für $a = 13$

**5.** Ist die angegebene Zahl Lösung der Gleichung?

a) $3x - 5 = 26 + 2x$ $x = 31$

b) $45 - 6y = 5y + 32$ $y = 2$

c) $7y - 9 - 3y = 56 - y$ $y = 13$

**6.** Löse die Gleichung und führe die Probe durch.

a) $6x - 41 - 2x = 69 - 6x$

b) $21 - 5y - 33 + 14y = 7y - 6$

**7.** Schreibe als Gleichung und löse sie:
Subtrahiert man vom Doppelten einer Zahl 16, so erhält man 14.

**8.** Die Wegskizze ist nicht maßstabsgerecht.

a) Beschreibe die Länge von A nach B mit einem Term.

b) Wie weit ist es von A nach B, wenn x = 8 cm ist?

c) Der abgebildete Weg von A nach B ist 26 cm lang. Wie groß ist x?

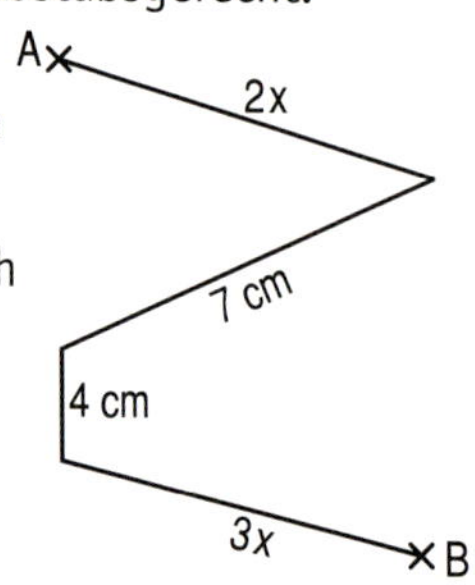


**Terme**
Terme beschreiben Rechenwege und enthalten oft Variablen (Buchstaben).
Setzt man für die Variablen Zahlen ein, so erhält man ein Rechenergebnis.
Es gilt die Vereinbarung: $3 \cdot x = 3x$

*Beispiel:*
$2x + 3y$ Einsetzung $x = 8$ und $y = 4$:
$2 \cdot 8 + 3 \cdot 4 = 16 + 12 = \mathbf{28}$

**Gleichungen**
Wenn man für die Variable in einer Gleichung eine Zahl einsetzt, ist das Ergebnis entweder richtig oder falsch.
Wenn das Ergebnis richtig ist, ist die Zahl **Lösung** der Gleichung.

*Beispiel:*
7 ist die Lösung der Gleichung $3x - 8 = x + 6$, weil $3 \cdot \mathbf{7} - 8 = \mathbf{13}$ und $\mathbf{7} + 6 = \mathbf{13}$.

**Lösen von Gleichungen**
Gleichungen löst man, indem man sie schrittweise vereinfacht:
- auf beiden Seiten ordnen und zusammenfassen
- auf beiden Seiten dasselbe addieren oder subtrahieren
- beide Seiten mit derselben Zahl multiplizieren (außer 0) oder durch sie dividieren

*Beispiel:*
$7y - 25 = 2y + 23 + y$
$7y - 25 = 3y + 23$ $\quad | -3y$
$4y - 25 = 23$ $\quad | +25$
$4y = 48$ $\quad | :4$
$y = 12$

*Probe:*
Linke Seite:
$7 \cdot 12 - 25 = 84 - 25 = \mathbf{59}$
Rechte Seite:
$2 \cdot 12 + 23 + 12 = 24 + 23 + 12 = \mathbf{59}$

Die Probe stimmt, also ist **12** das richtige Ergebnis.

## Potenzen und Wurzeln

> Eine **Potenz** ist ein Produkt mit gleichen Faktoren.
>
> $4 \cdot 4 \cdot 4 \cdot 4 \cdot 4 = 4^5$
>
> **Hochzahl** (Exponent): 5
>
> **Basis**: 4

**1.** Berechne ohne Taschenrechner und schreibe als Potenz.
a) $5 \cdot 5 \cdot 5$ b) $(-2) \cdot (-2) \cdot (-2) \cdot (-2)$ c) $\frac{1}{2} \cdot \frac{1}{2} \cdot \frac{1}{2} \cdot \frac{1}{2} \cdot \frac{1}{2}$

**2.** Schreibe als Produkt und berechne ohne Taschenrechner.
a) $4^3$ b) $3^4$ c) $2^5$ d) $0{,}5^4$ e) $(-2)^3$
f) $(\frac{1}{4})^2$ g) $(-0{,}2)^4$ h) $(\frac{1}{3})^3$ i) $(-5)^4$ j) $(-4)^3$

**3.** Beachte die Reihenfolge: Klammern vor Potenzrechnung vor Punkt- und Strichrechnung.
a) $3^4$, $4^3$ b) $5^2$, $2^5$ c) $3 \cdot 7^2$, $(3 \cdot 7)^2$ d) $(4 \cdot 5)^3$, $4 \cdot 5^3$ e) $2 + 2^5$, $(2 + 2)^5$ f) $4^4 - 2$, $(4 - 2)^4$ g) $3 \cdot 3^2$, $(3 \cdot 3)^2$

**4.** Jeder Mensch hat zwei Eltern, die Eltern der Eltern sind die Großeltern, deren Eltern die Urgroßeltern, deren Eltern die Ururgroßeltern usw. Wie viele Ururururgroßeltern hat ein Mensch?

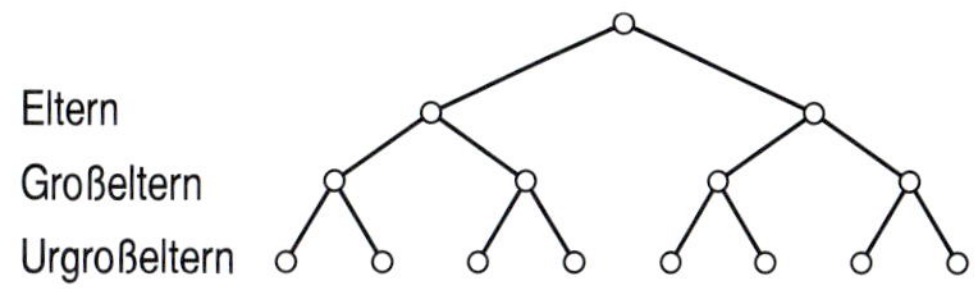


> **Zehnerpotenzen:**
> Potenzen mit der Basis 10
> $10^5 = 100\,000$
> Zehnerpotenzen mit **negativer Hochzahl:**
> $10^{-4} = \frac{1}{10^4} = \frac{1}{10\,000} = 0{,}0001$

**5.** Schreibe die Zahlen ausführlich und als Zehnerpotenz.
a) 1 Million b) hunderttausend c) 1 Billion d) zehn
e) eintausend f) 1 Milliarde g) zehntausend

**6.** Schreibe als Dezimalbruch und als Zehnerpotenz.
a) 1 Hundertstel b) 1 Zehntausendstel
c) 1 Millionstel d) 1 Zehnmilliardstel

> **Standardschreibweise** für sehr große und sehr kleine (positive) Zahlen mittels Zehnerpotenzen:
> $819\,000\,000 = 8{,}19 \cdot 10^8$
> $0{,}000543 = \frac{543}{1\,000\,000} = 5{,}43 \cdot 10^{-4}$

**7.** Schreibe als Zehnerpotenz: a) 100 b) 10 000 c) 0,0001
d) 100 000 000 e) 0,000000001 f) 0,001 g) 0,1

**8.** Schreibe in der Standardschreibweise.
a) 5 700 000 b) 24 000 c) 270 000 000
d) 0,00056 e) 0,0000078 f) 0,000000026

**9.** Schreibe ohne Zehnerpotenz. a) $7{,}5 \cdot 10^5$ b) $1{,}2 \cdot 10^7$ c) $8{,}7 \cdot 10^{-3}$ d) $4{,}9 \cdot 10^{-6}$

**10.** Zum Vergolden von Rahmen, Figuren und Büchern verwendet man Blattgold. Dazu wird Gold zu dünnen „Blättern" von etwa $\frac{1}{1000}$ mm Dicke gepresst. Notiere die Dicke in Standardschreibweise.

> **Wurzelziehen** ist die Umkehrung des Potenzierens.
> „Wurzel aus 49"
> $\sqrt{49} = 7$
> weil $7^2 = 49$
> „7 Quadrat"
>
> 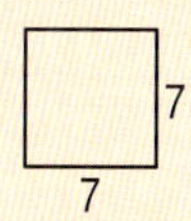
> 
>
> „Dritte Wurzel aus 64"
> $\sqrt[3]{64} = 4$
> weil $4^3 = 64$
> „4 hoch 3"
>
> 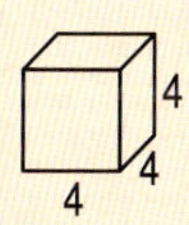
> 

**11.** Berechne im Kopf. a) $\sqrt{25}$ b) $\sqrt{144}$ c) $\sqrt{9}$ d) $\sqrt{0{,}01}$

**12.** Berechne die Seitenlänge eines Quadrates mit diesem Flächeninhalt. Runde sinnvoll.
a) 400 cm² b) 625 cm² c) 73 cm² d) 200 mm² e) 1000 m²

**13.** Runde das Taschenrechnerergebnis auf Tausendstel.
a) $\sqrt[3]{3}$ b) $\sqrt[3]{10}$ c) $\sqrt[3]{34{,}5}$ d) $\sqrt[3]{22{,}8}$ e) $\sqrt[3]{400}$ f) $\sqrt[3]{788}$

**14.** Bestimme die Kantenlänge des Würfels mit dem Volumen.
a) 8 cm³ b) 216 mm³ c) 0,027 dm³ d) 1 m³ e) 64 000 cm³

## Aufgabe 1

**a)** Ein Flugzeug reist mit einer durchschnittlichen Geschwindigkeit von 800 $\frac{km}{h}$.
Wie viel km legt das Flugzeug in $3\frac{1}{2}$ h zurück?

**b)** Benny startet für seine Bahnreise von Münster nach Erkelenz in Münster um 12.37 Uhr und erreicht Mönchengladbach nach 2 h und 3 min. Dort muss er umsteigen und hat 9 min Aufenthalt, bis sein Zug nach Erkelenz startet. Dieser benötigt nochmals 12 min bis zum Zielort.
Um wie viel Uhr erreicht Benny sein Ziel?

**c)** Wie lang ist die abgebildete Kette ungefähr?
Notiere deine Überlegungen
und deinen Rechenweg.

**d1)** Wie viele Konservendeckel mit einem Durchmesser von 10 cm lassen sich aus einem quadratischen Stück Weißblech mit einer Seitenlänge von 0,5 m maximal herstellen?

**d2)** Wie viel $cm^2$ Verschnitt fällt dabei an?

**e)** Eine Konservendose hat einen Umfang von 22 cm und eine Höhe von 13 cm. Welches Fassungsvermögen hat die Dose?

**f)** Welche der abgebildeten zehn Zahlen ist Lösung der folgenden Gleichung? Begründe.
$4x + 23 + 2 \cdot (x - 4) - 7x - 2 = 5 - 3x + 19$

| | | | | |
|---|---|---|---|---|
| −7 | −4 | 9 | 2 | −1,5 |
| 5,5 | 8 | 31 | −23 | 4 |

**g)** Herr Reiche möchte 10 000 € bei der Bank zwei Jahre fest anlegen.
Er erhält zwei Angebote.
Welches Angebot ist günstiger?
Begründe deine Entscheidung mit einer Rechnung.

**Günstig sparen bei der KKF Bank**

5 % Jahreszinsen
Laufzeit 2 Jahre

**Von Jahr zu Jahr mehr Zinsen**
im 1. Jahr 4 %
im 2. Jahr 6 %
ab dem 3. Jahr 6,5 %
**Ihre Sparbank**

**h)** Das Diagramm gibt Auskunft über die Zahl der Unfälle im Jahr 2003 in deutschen Schulen pro Schultag.

**h1)** Wie viele Unfälle ereigneten sich im Durchschnitt täglich außerhalb des Schulsports?

**h2)** Pro Jahr findet an rund 200 Tagen Unterricht statt. Wie viele Unfälle ereigneten sich dann in deutschen Schulen im Jahr 2003 in den Pausen?

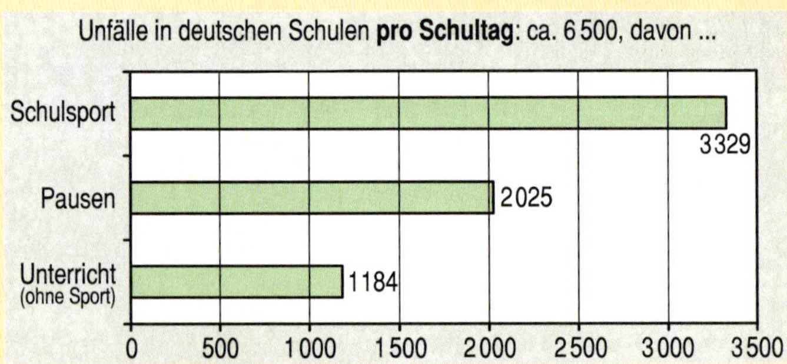


**i)** An der Hertz-Schule lernen 640 Schülerinnen und Schüler. Von ihnen haben sich 160 erfolgreich am Känguru-Mathematikwettbewerb beteiligt. An der Lessing-Schule mit 820 Schülerinnen und Schüler waren 180 von ihnen erfolgreich beim Wettbewerb.
Entscheide, welche von beiden Schulen die bessere Erfolgsquote erzielte.

# 2 Zuordnungen

**Kabelpreis:**
1,95 € pro m

**Park-Tarife:**
1. Stunde 1,– €
jede weitere angefangene Stunde 1,25 €
maximal pro Tag 15,– €

**Rechteck:**
Ein Rechteck ist 48 cm² groß. Wie lang ist es bei einer Breite von 1 cm (2 cm, 3 cm, 4 cm, 6 cm)?

**Stromtarife:**
(einschließlich Mehrwertsteuer)
Grundpreis 25,– €
Preis pro kWh 0,12 €

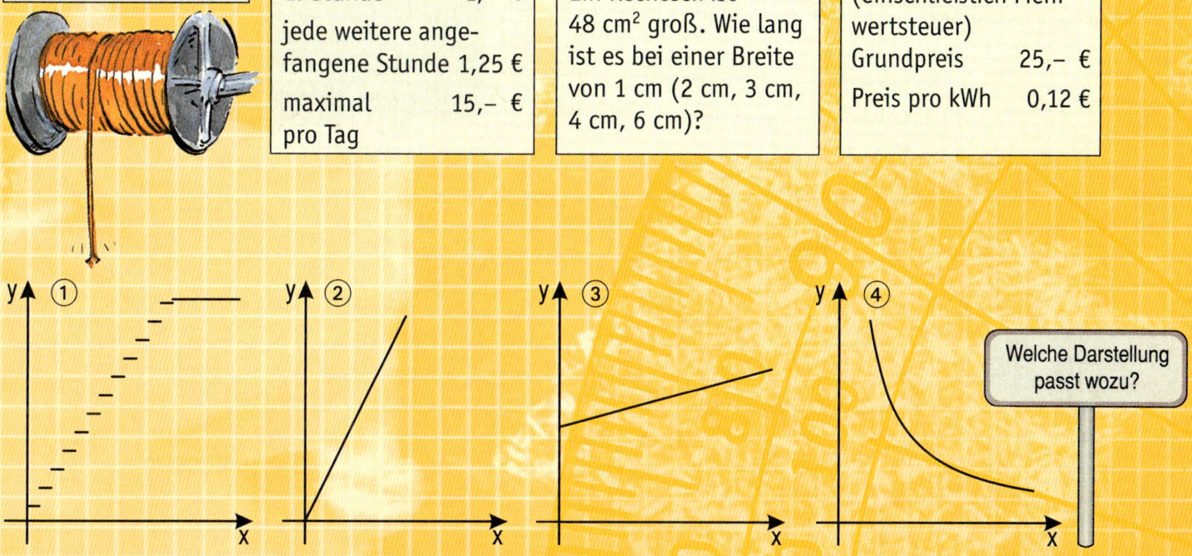

## Proportionale Zuordnungen – Dreisatz

15 kg einer Ware kosten 21 Euro. Wie viel Euro kosten 11 kg?

① *Proportionale Zuordnungen*

**Beurteilung der Zuordnung**

Die Zuordnung ist proportional, denn
- doppelte Menge ⟶ doppelter Preis
- drittel Menge ⟶ drittel Preis

**Dreisatz**

| Masse (kg) | Preis (€) |
|---|---|
| 15 | 21 |
| 1 | 1,40 |
| 11 | 15,40 |

(: 15 und · 11 auf beiden Seiten; Sprechblase: das ist der Preis pro kg)

**Antwort:** 11 kg kosten 15,40 €.

② *Proportionale Zuordnungen*

| Masse (kg) | Preis (€) |
|---|---|
| 15 | 21 |
| 1 | $\frac{21}{15}$ |
| 11 | $\frac{21 \cdot 11}{15}$ = **15,40** |

(: 15 und · 11 auf beiden Seiten)

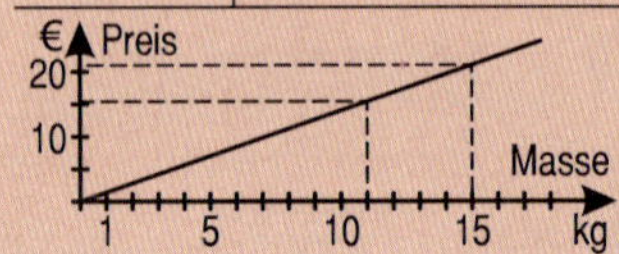


**1.** Die Schülerinnen und Schüler einer 10. Klasse haben zu der oben gegebenen Aufgabe auf Lernplakaten zusammengestellt, was sie noch über proportionale Zuordnungen wissen. Löse selbst folgende Aufgabe: 25 kg einer Ware kosten 43,75 Euro. Wie viel Euro kosten 14 kg?

**2.** Berechne den Stundenlohn und den fehlenden Wert für die proportionale Zuordnung.

a)

| Stunden (h) | Lohn (€) |
|---|---|
| 15 | 105 |
| 36 | ■ |

b)

| Stunden (h) | Lohn (€) |
|---|---|
| 17 | 187 |
| 36 | ■ |

c)

| Stunden (h) | Lohn (€) |
|---|---|
| 36 | 324 |
| ■ | 108 |

d)

| Stunden (h) | Lohn (€) |
|---|---|
| 164 | ■ |
| 172 | 3 698 |

**3.** Frau Bender fährt als Vertreterin viel Auto. Vor zwei Wochen hat sie mit ihrem Auto auf 420 km 31,5 Liter Benzin verbraucht. Mit welchem Verbrauch muss sie auf 480 km rechnen?

**4.** Frau Zeitler arbeitet im Februar insgesamt 160 Stunden und erhält 1 720 € Lohn. Im März arbeitet sie 172 Stunden. Wie groß ist ihr Stundenlohn, und wie viel verdient sie im März?

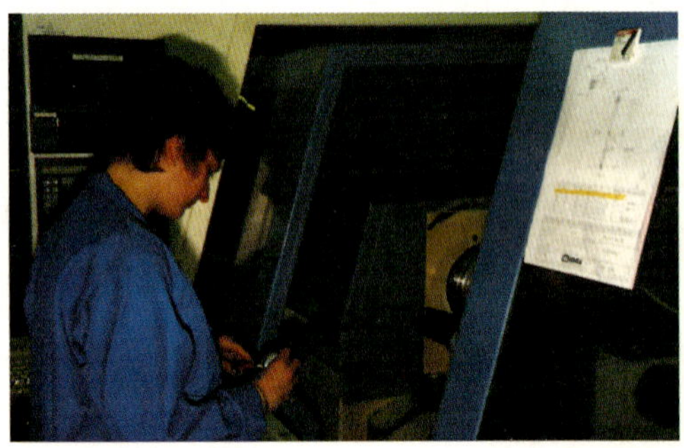

**5.** Herr Pelzer hat als Mechaniker im letzten Monat 168 Stunden gearbeitet und einen Bruttolohn von 2 016 € erhalten. Welchen Stundenlohn bekommt Herr Pelzer? Welchen Bruttolohn erhält er im folgenden Monat, wenn er 184 Stunden arbeitet?

**6.** Herr Scholz, Frau Reinhard, Frau Zimmermann, Herr Kleinert und Ulrike tauschen Euro (€) in US-Dollar ($) um.

| Scholz | Reinhard | Zimmermann | Kleinert | Ulrike |
|---|---|---|---|---|
| € 400 | € 340 | € 1 200 | € 800,00 | € 30,00 |
| $ 540 | $ 448,80 | $ 1 620 | $ 1 056 | $ 40,50 |

a) Welche Farbe hat der Hut von Frau Zimmermann?

b) Hat Herr Kleinert im Hotel oder in der Wechselstube X-Change getauscht?

c) Wo konnte man günstiger Euro in US-Dollar tauschen?

**7.** Abgebildet ist der Graph der Zuordnung „Arbeitszeit ⟶ Lohn" für Herrn Müller.

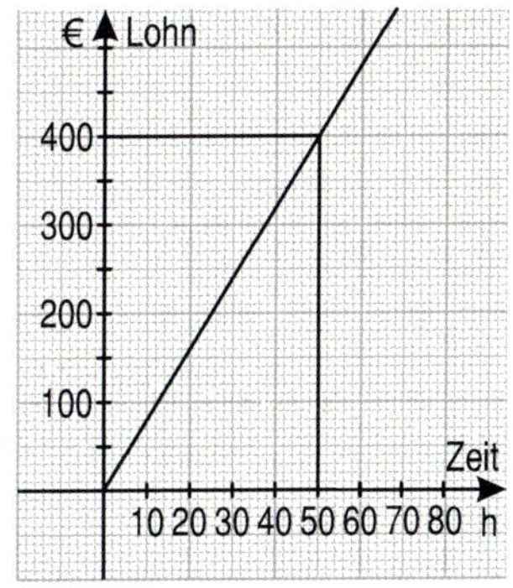


a) Wie viel verdient Herr Müller bei einer 38-Stunden-Woche?

b) Wie lange arbeitet er für 450 €?

c) Wie viel verdient Herr Müller in einer Stunde?

d) Vervollständige die Tabelle in deinem Heft.

| Arbeitszeit (h) | 10 | 35 | 80 | | |
|---|---|---|---|---|---|
| Lohn (€) | | | | 240 | 440 |

e) Stelle weitere Fragen und beantworte sie.

**8.** Wenn man beim Dreisatz ohne Taschenrechner arbeiten muss, ist es oft hilfreich, im Zwischenschritt auf eine andere Größe als 1 zu gehen. Führe die Rechnungen im Heft zu Ende.

a)

| | Masse (kg) | Preis (€) | |
|---|---|---|---|
| | 6 | 5 | |
| : 2 | 3 | ■ | : 2 |
| · 3 | 9 | ■ | ■ |

b)

| | Anzahl | Preis (€) | |
|---|---|---|---|
| | 15 | 147 | |
| ■ | 5 | ■ | ■ |
| ■ | 25 | ■ | ■ |

c)

| | Menge (g) | Preis (€) | |
|---|---|---|---|
| | 1200 | 9,60 | |
| ■ | 120 | ■ | ■ |
| ■ | 480 | ■ | ■ |

**9.** Wähle geschickt eine Zwischengröße, bei der du möglichst wenig rechnen musst.

a) 800 g Quark kosten 1,12 €. Wie teuer sind 500 g Quark derselben Sorte?

b) Für 35 *l* Benzin zahlt Herr Schmidt 38,50 €. Wie viel € muss Frau Schulz für 42 *l* Benzin an derselben Zapfsäule bezahlen?

c) $1\frac{1}{2}$ kg Fleisch kosten 18,30 €. Wie teuer sind 450 g Fleisch dieser Sorte?

d) 1 kg Tiroler Schinken kostet 16,80 €. Wie teuer sind 125 g davon?

e) 6 kg Äpfel kosten 10,80 €. Wie viel € muss man für 7,5 kg dieser Sorte bezahlen?

f) 2,5 *l* Farbe kosten 8 €. Wie teuer sind 6 *l* dieser Farbe?

**10.** Alexia hat ausgemessen, dass sie mit ihrem Fahrrad nach einer Reifenumdrehung 2,05 m zurückgelegt hat.

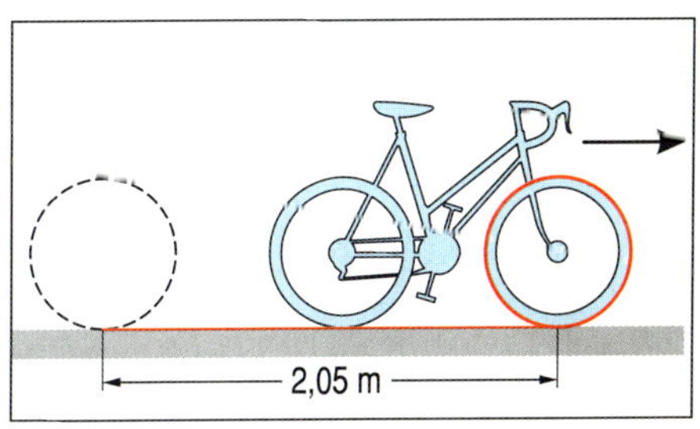


a) Vervollständige die Tabelle in deinem Heft.

| Umdrehungen | 1 | 10 | 50 | 100 | 600 | 1000 |
|---|---|---|---|---|---|---|
| Weg in m | | | | | | |

b) Auf einem Fahrradausflug hat Alexia genau 12 km zurückgelegt. Wie oft hat sich der Reifen gedreht?

**11.** Lies den Text genau durch. Beantworte die Frage ohne Taschenrechner und stelle der Klasse deine Überlegungen vor. Tipp: Eine Skizze kann hilfreich sein.
Auf der Fahrt in den Urlaub hat Frau Metzler nach 253 km mit ihrem Auto 19,5 *l* Benzin verbraucht. Mit vollem Tank (60 *l*) war sie 3 Stunden zuvor von zu Hause zum 748 km entfernten Urlaubsort gestartet. Kann sie ihr Ziel erreichen, ohne zu tanken?

**12.** a) Wie oft dreht sich das kleine Rad, wenn sich das große Rad 25-mal dreht?

b) Wie oft dreht sich das große Rad bei 156 Umdrehungen des kleinen?

c) Denke dir weitere Fragen aus und stelle sie in der Klasse.

**13.** Herr Braun hat von seinem London-Urlaub die Abrechnung von drei Schecks nachgeprüft. Eine Abrechnung ist falsch. Welche ist es?

① 210 £ = 313,43 €

② 145 £ = 216,42 €

③ 180 £ = 281,25 €

## Antiproportionale Zuordnungen – Dreisatz

**1.** Bei einem Verbrauch von 24 *l* Wasser täglich reicht ein Vorrat 15 Tage. Wie lange reicht der Vorrat, wenn täglich 30 *l* verbraucht werden?

a) Warum ist die Zuordnung „Anzahl der Tage ⟶ Wasserverbrauch in Liter pro Tag“ nicht proportional, sondern antiproportional?

b) Berechne den Gesamtvorrat und löse damit die Aufgabe.

c) Löse die Aufgabe, indem du das Dreisatzschema vervollständigst.

| | Wasserverbrauch pro Tag (*l*) | Tage | |
|---|---|---|---|
| : 24 | 24 | 15 | ■ |
| ■ | 1 | ■ | ■ |
| | 30 | ■ | |

Antwort: Das Wasser reicht für ■ Tage.

**2.** Bestimme die fehlenden Größen der antiproportionalen Zuordnung. Rechne im Kopf.

a)

| 1. Größe | 2. Größe |
|---|---|
| 3 | 24 |
| 1 | ■ |
| 2 | ■ |

b)

| 1. Größe | 2. Größe |
|---|---|
| 10 | 3,5 |
| 1 | ■ |
| 7 | ■ |

c)

| 1. Größe | 2. Größe |
|---|---|
| 8 | 2,5 |
| 1 | ■ |
| 5 | ■ |

d)

| 1. Größe | 2. Größe |
|---|---|
| 7 | 25 |
| 1 | ■ |
| 10 | ■ |

**3.** Wenn 24 Personen mitfahren, zahlt jede 35 € für die Busreise. Wie viel zahlt jeder, wenn nur 20 Personen mitfahren? Beschreibt in Partnerarbeit die drei Lösungswege. Nennt Vor- und Nachteile.

a)

| Personen | Preis pro Person (€) |
|---|---|
| 24 | 35 |
| 1 | 840 |
| 20 | 42 |

b)

| Personen | Preis pro Person (€) |
|---|---|
| 24 | 35 |
| 1 | $35 \cdot 24$ |
| 20 | $\frac{35 \cdot 24}{20} = 42$ |

c)

| Personen | Preis pro Person (€) |
|---|---|
| 24 | 35 |
| 4 | 210 |
| 20 | 42 |

**4.** In einem Reitstall sind 24 Pferde. Der Heuvorrat reicht für 30 Tage. Wie lange reicht das Heu für

a) 12 Pferde; b) 15 Pferde; c) 20 Pferde; d) 30 Pferde; e) 48 Pferde?

**5.** Bei einer Klassenfahrt sind die Buskosten bei 30 Teilnehmern mit 14 € pro Person veranschlagt.

a) Wie viel muss jeder zahlen, wenn 5 Mitschüler weniger mitreisen?

b) Wenn 5 Mitschüler aus einer anderen Klasse mitreisen, wird es pro Person billiger. Wie viel Euro zahlt dann jeder der ursprünglich 30 Teilnehmer weniger für die Busfahrt?

**6.** Volker soll aus Teig Brote formen. Wenn er jeweils 2,5 kg abwiegt, reicht der Teig für 150 Brote. Im Laden sind plötzlich alle 1,5-kg-Brote ausverkauft. Wie viele kleinere Brote kann Volker formen?

**7.** Firma Naturella benötigt für einen Großauftrag 6 Abfüllstationen, die jeweils 16 Stunden arbeiten sollen. Wegen Wartungsarbeiten fallen 2 Stationen von Beginn an aus. Wie lange brauchen die restlichen Maschinen?

**8.** Bei der Firma Müller sind für einen Auftrag 8 Drehautomaten eingeplant, die 15 Stunden laufen sollen. Durch eine Panne sind bei Arbeitsbeginn nur 6 Maschinen verfügbar. Wie lange arbeiten sie?

**9.** Manuel behauptet: „5 Maurer schaffen auf einer Baustelle in 30 Tagen dasselbe wie 30 Maurer in 5 Tagen.“ Was meinst du zu dieser Aussage von Manuel?

**10.** Frau Berner ist als Vertreterin viel mit dem Auto unterwegs. Letzte Woche ist sie mit 90 $\frac{km}{h}$ nach 6 h beim Kunden angelangt. Bei welcher Durchschnittsgeschwindigkeit wäre sie in 5 h angekommen?

**11.** In seiner Freizeit radelt Herr Schröder gern. Bisher hat er seine Trainingsstrecke bei 20 $\frac{km}{h}$ in 5 h geschafft. Mit welcher Durchschnittsgeschwindigkeit würde er sie in 4 Stunden schaffen?

## Vermischte Aufgaben

**1.** Prüfe, ob die Zuordnung proportional, antiproportional oder keins von beiden ist. Welche Zuordnungen sind nur unter bestimmten Bedingungen proportional oder antiproportional? Begründe.

a) Anzahl der Kopien ⟶ Kopierkosten
b) Anzahl der Übernachtungen ⟶ Preis
c) Anzahl der Pflanzen ⟶ Pflanzenabstand
d) Laufstrecke ⟶ Laufzeit
e) Entfernung auf Landkarte ⟶ Entfernung in Natur
f) Fahrzeit ⟶ Fahrgeschwindigkeit
g) Geschwindigkeit ⟶ zurückgelegte Strecke
h) Fahrstrecke ⟶ Benzinverbrauch
i) Seitenlänge eines Quadrats ⟶ Flächeninhalt
j) Zuschauer ⟶ Gesamteintrittsgeld
k) Anzahl Eier ⟶ Kochdauer
l) Geschwindigkeit ⟶ Bremsweg

**2.** Die Tabelle gehört zu einer proportionalen oder zu einer antiproportionalen Zuordnung. Korrigiere den Fehler.

a)

| kg | € |
|---|---|
| 4 | 12,80 |
| 7 | 22,40 |
| 8 | 25,60 |
| 5 | 15,80 |

b)

| Länge (cm) | Breite (cm) |
|---|---|
| 18 | 30 |
| 15 | 38 |
| 20 | 27 |
| 7,2 | 75 |

c)

| Anzahl | Stunden |
|---|---|
| 3 | 70 |
| 14 | 15 |
| 10 | 21 |
| 8 | 25 |

d)

| h | km |
|---|---|
| 3 | 135 |
| 8 | 355 |
| 5 | 225 |
| 11 | 495 |

**3.** Zu welcher Sachsituation könnten die Tabellen in Aufgabe 2 passen, wenn die Fehler korrigiert sind?

**4.** Frau Mayer hat für ihr Teelädchen eine Kiste schwarzen Tee in 48 Packungen zu je 250 g abgefüllt. Wie viele Packungen erhält sie, wenn sie in jede Packung nur 150 g abfüllt?

**5.** Familie Waldner erhält eine Heizölrechnung für 2 460 *l* über 565,80 €. Berechne den Literpreis und beantworte damit die Fragen zu den anderen Familien.

a) Familie Brendes bezieht 1 860 *l* Heizöl zum gleichen Literpreis. Wie hoch ist der Rechnungsbetrag?

b) Der Nachbar Beltus bezahlt beim gleichen Lieferanten 662,40 €. Welche Ölmenge hat er bezogen?

**6.** Ein Nahverkehrszug ist von Heilbronn nach Würzburg (120 km) 75 Minuten unterwegs. Wie lange braucht er bei gleicher Durchschnittsgeschwindigkeit von Heilbronn bis Heidelberg (81 km)?

**7.** Der ICE benötigt für die 240 km zwischen Hannover und Dortmund $1\frac{1}{2}$ h. In welcher Zeit überfliegt ein Airbus mit 860 $\frac{km}{h}$ die Strecke Hannover–Dortmund?

**8.** Übertrage die Tabellen in dein Heft und berechne die fehlenden Werte.

a) Teppichboden Alaska

| | | | |
|---|---|---|---|
| Fläche (m²) | 28,4 | 18,2 | |
| Preis (€) | 695,80 | | 803,60 |

b) Laminatboden Tundra

| | | | |
|---|---|---|---|
| Fläche (m²) | 12,4 | 22,6 | |
| Preis (€) | | 786,48 | 330,60 |

c) Korkfußboden Atlanta

| | | | |
|---|---|---|---|
| Fläche (m²) | 24,8 | 18,5 | 14,5 |
| Preis (€) | | 455,10 | |

**9.** Ergänze den fehlenden Wert. Informiere dich über die Dichte verschiedener Materialien und entscheide, welches Material es sein könnte.

| | a) | b) | c) | d) | e) | f) | g) |
|---|---|---|---|---|---|---|---|
| Masse (g) | | 675,5 | | 28,6 | | 750,5 | 813,2 |
| Volumen (cm³) | 300 | | 250 | 11 | 386 | | 38 |
| Dichte ($\frac{g}{cm^3}$) | 11,3 | 19,3 | 4,5 | | 0,5 | 7,9 | |

!!!!

## Ausflug in den Safaripark

**1.** 26 Schülerinnen und Schüler der Klasse 10a fahren mit Klassenlehrerin und Sportlehrer mit dem Bus zum Safaripark. Bei 60 $\frac{km}{h}$ Durchschnittsgeschwindigkeit braucht der Bus 1 h 20 min. Maren hat den Bus verpasst. Ihre Mutter bringt sie mit dem Pkw hinterher und braucht 5 min weniger für dieselbe Strecke. Überlege dir dazu eine Aufgabe und löse sie.

**2.** Es sind nur 26 Schülerinnen und Schüler, weil zwei wegen Krankheit fehlen. Wenn die Klasse vollständig wäre, müsste jede Person 10,50 € für die Busfahrt zahlen. Wie hoch sind jetzt die Buskosten pro Person? Erkläre, wie du rechnest.

**3.** Der Eintritt kostet für alle zusammen 360,– €. Wie viele „Geburtstagskinder" sind an diesem Tag in der Klasse? Ist eines vielleicht ein Lehrer?

**4.** Ist die Zuordnung *Schülerzahl* ⟶ *Gesamteintrittspreis* proportional? Erkläre deine Antwort.

**5.** Mehrere Schülerinnen und Schüler fahren auf der Go-Kart-Bahn. Uwe stoppt 86,7 Sekunden für die ersten 3 Runden von Max. Schafft Max bei gleicher Geschwindigkeit 10 Runden für 2,– €?

!!!!

**6.** Sabine ist unter Ausnutzung aller Preisvorteile für 3,50 € Looping-Achterbahn gefahren. Wie lange und welche Strecke ist sie gefahren?

**7.** Prüfe, ob es sich um eine proportionale Zuordnung handelt.

a) Anzahl der Loopingfahrten ⟶ Preis

b) Anzahl der Loopingfahrten ⟶ Fahrzeit

**8.** Ina erkundigt sich nach dem Futtervorrat für die 10 Giraffen des Safariparks. Sie erfährt, dass er noch für 24 Tage reicht. Dann aber sieht sie, wie 2 weitere Giraffen aus einem benachbarten Zoo hinzukommen. Stelle eine Frage und berechne die Lösung.

**9.** Kemal erfährt, dass für die Antilopen gerade Futter für 5 Wochen zum Preis von 650 € geliefert wurde. Wie viel kostet das Antilopenfutter für ein ganzes Jahr, wenn sich weder die Preise noch das Fressverhalten der Tiere ändern?

# Bleib FIT!

**Die Ergebnisse der Aufgaben 1 bis 7 ergeben zwei Namen berühmter Schiffe.**

**1.** Die Grafik zeigt das Ergebnis eines Tests in einer Klasse.

a) Anzahl der Schüler = ▒

b) Mittelwert der Noten = ▒

c) Median (Zentralwert) der Noten = ▒

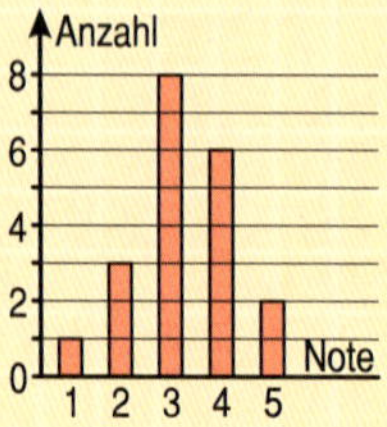


**2.** Wie viel Prozent der Fläche ist gefärbt?

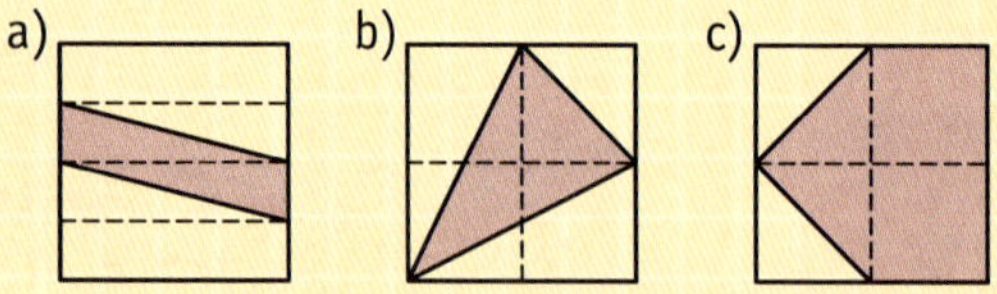


**3.** Zeichne in ein Koordinatensystem (Einheit 1 cm) die Punkte A (−3 | 1), B (3 | 1) und C (0 | 5). Berechne den Flächeninhalt der Figur in $cm^2$.

**4.** a) 12,5 cm + 2,5 dm + 75 mm + 0,9 m = ▒ cm

b) 0,5 $m^2$ + 120 $dm^2$ + 5600 $cm^2$ = ▒ $dm^2$

c) 2,5 $dm^3$ + 0,05 $m^3$ + 750 $cm^3$ + 250 ml = ▒ $l$

**5.** Das graue Viereck entsteht, wenn man die Mitten der Rechteckseiten verbindet. Berechne Umfang und Flächeninhalt der gefärbten Figur.

u = ▒ cm; A = ▒ $cm^2$.

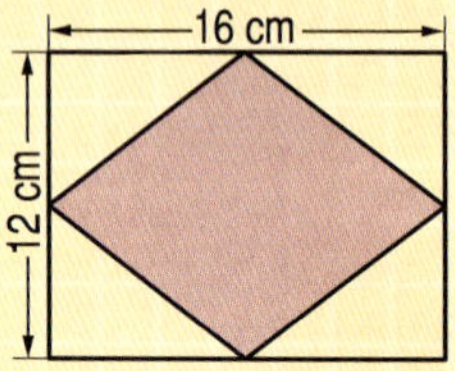


**6.** Die Strecken a und b sind parallel.

a) a = 3,2 km, b = ▒ km

b) b = 24 km, a = ▒ km

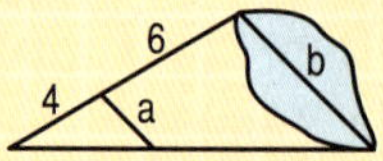


**7.** In einen Würfel aus Eichenholz ($\rho = 0{,}8\ \frac{g}{cm^3}$) wird ein zylinderförmiges Loch gebohrt. Wie schwer ist danach der Würfel? Runde auf g.

m = ▒ kg.

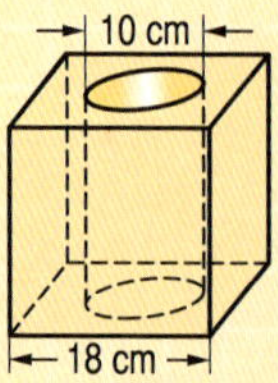


2,25 G
3 Y
3,1 Y
3,25 A
3,535 S
8 D
9 E
9,6 U
12 W
15 W
20 M
25 F
37,5 L
40 X
53,5 E
50 L
75 O
80 E
90 A
96 O
135 E
226 R
192 E
3535 S
4418 P

## Lineare Zuordnungen

*Gruppenarbeit:* Bildet Arbeitsgruppen, die jeweils eine der Aufgaben bearbeiten und ihre Ergebnisse anschließend der Klasse vorstellen.

**1.** a) Erstellt eine Tabelle für den Gesamtpreis (y) bei einem Tag Leihzeit und 100, 150, ... 500 gefahrenen Kilometern (x).
b) Zeichnet den Graphen zu der Tabelle.
c) Beschreibt die Zuordnung *gefahrene Kilometer* ⟶ *Endpreis* mit einer Wortformel und einer Funktionsgleichung.
d) Die Rechnung beläuft sich auf 120 Euro. Wie viel Kilometer wurden gefahren?

**2.** a) Erstellt eine Tabelle für die Gesamtlänge der Feder (y) bei 0,1 g; ... 10 g angehängter Masse (x).
b) Zeichnet den Graphen zu der Tabelle.
c) Beschreibt die Zuordnung *Masse* ⟶ *Gesamtlänge der Feder* mit einer Wortformel und einer Funktionsgleichung.
d) Wie lang ist die Feder, wenn man eine Masse von 10 kg anhängt?

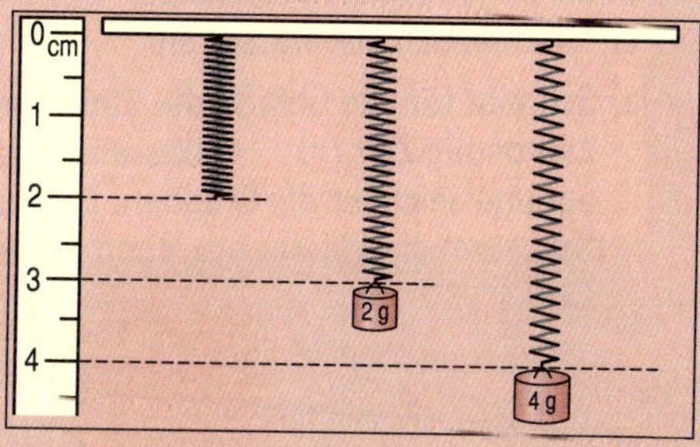


**3.** a) Erstellt eine Tabelle für den Restvorrat an Heu (y) nach 1; 2; ... 10 Tagen (x).
b) Zeichnet den Graphen zu der Tabelle.
c) Beschreibt die Zuordnung *Tage* ⟶ *Restvorrat Heu* mit einer Wortformel und einer Funktionsgleichung.
d) Nach wie vielen Tagen ist kein Heu mehr vorhanden?

**4.** a) Erstellt eine Tabelle für den Endpreis (y) für Reparaturen, die 1; 2; ... 5 Std. (x) dauern.
b) Zeichnet den Graphen zu der Tabelle.
c) Beschreibt die Zuordnung *Arbeitsstunden* ⟶ *Endpreis* mit einer Wortformel und einer Funktionsgleichung.
d) Eine neue Waschmaschine kostet 348 €. Wann kostet die Reparatur mehr als 50 % des Anschaffungspreises für eine neue Maschine, wenn für Ersatzteile 80 € berechnet werden?

## !!!! Lineare Zuordnungen zeichnen und untersuchen mit dem Computer

Alle Aufgaben in Gruppenarbeit!

**1.** Bearbeitet nacheinander die Aufgaben a) und b) mit einem Funktionsplotter und präsentiert anschließend der Klasse eure Ergebnisse.

a

PA → Partner zeichnen

4 Geradengleichungen aufstellen:

$y = mx + b$ ↗

2 negativ / 2 mit Brüchen

l

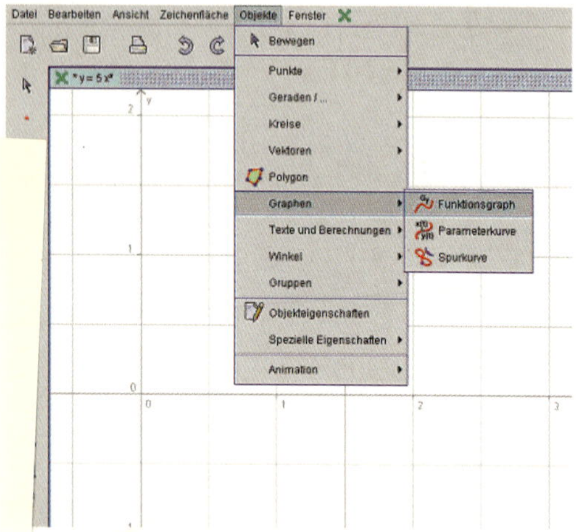


**2.**

Satz: Je mehr Wasser pro Minute, desto ...

b) Nach wie viel Minuten befindet sich in Gefäß 1 und Gefäß 3 gleich viel Wasser? Wie viel Wasser ist es?

c) Haben alle drei Gefäße, bevor sie überlaufen, zu einem Zeitpunkt dieselbe Wassermenge? Begründet.

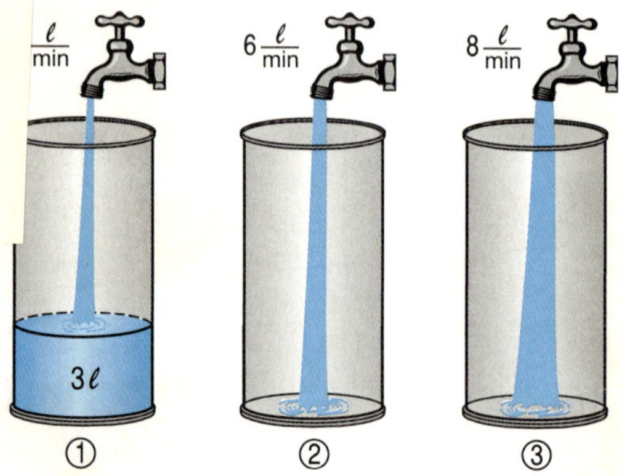


**3.** Im Physikunterricht wurde untersucht, wie sich die Kraft eines Gewichts auf die Länge von Federn auswirkt (Tabelle an der Tafel).

a) Schreibt jeweils die Gleichung der Zuordnung *Gewichtskraft (x)* ⟶ *Federlänge (y)* auf und zeichnet die Graphen.
Ergänzt den Satz: Je weicher die Feder, desto ...

b) Erläutert, was ihr am Schnittpunkt der Geraden ablesen könnt.

c) Gebt eine Gleichung an, die zu einer Feder gehören könnte, die weicher ist als die im Versuch verwendeten Federn und zeichnet den Graphen.

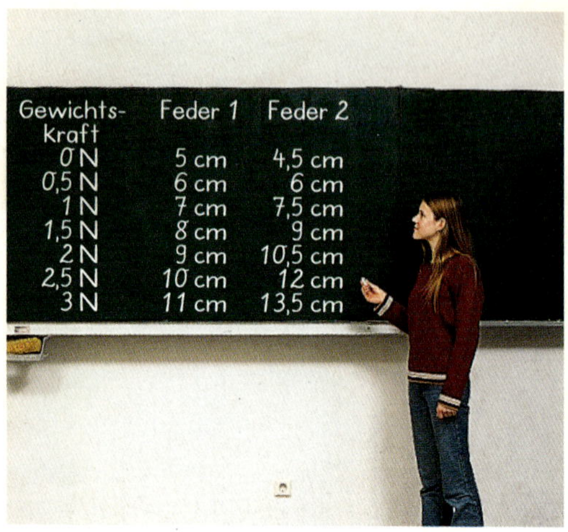

| Gewichtskraft | Feder 1 | Feder 2 |
|---|---|---|
| 0 N | 5 cm | 4,5 cm |
| 0,5 N | 6 cm | 6 cm |
| 1 N | 7 cm | 7,5 cm |
| 1,5 N | 8 cm | 9 cm |
| 2 N | 9 cm | 10,5 cm |
| 2,5 N | 10 cm | 12 cm |
| 3 N | 11 cm | 13,5 cm |

**4.** Eine 30 cm lange Kerze wird beim Brennen stündlich um 1,2 cm kürzer. Eine andere ist 24 cm lang und wird je Stunde Brenndauer um 0,8 cm kürzer.

a) Stellt die Zuordnungsgleichungen *Brenndauer x (h)* ⟶ *Länge y (cm)* auf und zeichnet die Graphen.

b) Nach welcher Zeit sind die beiden Kerzen gleich lang?

c) Wann sind die beiden Kerzen jeweils abgebrannt?

## Zuordnungen mit der Gleichung y = mx + b

Zuordnungen, deren Graph eine Gerade ist, heißen **lineare Zuordnungen.**
Ihre Gleichung kann in der Form **y = mx + b** geschrieben werden.
Die Gerade schneidet die y-Achse an der Stelle b.
Sie hat die Steigung m: Bei einer Einheit nach rechts steigt (m > 0) oder fällt (m < 0) die Gerade um den Betrag von m.
Je größer der Faktor m ist, desto steiler ist die Gerade.

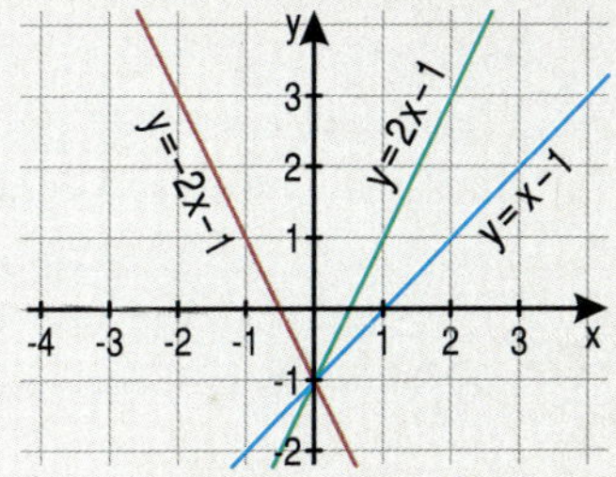


**1.** Übertrage die Wertetabelle ins Heft und ergänze sie. Ordne anschließend die passende Wortformel zu.

a) $y = 0{,}12x + 24$

| x | 0 | 100 | 200 | 300 |
|---|---|---|---|---|
| y | 24 | 36 | 48 | 60 |

b) $y = 15x + 24$

| x | 0 | 5 | 10 | 15 |
|---|---|---|---|---|
| y | 24 | 99 | 174 | 249 |

c) $y = 3x + 20$

| x | 0 | 4 | 8 | 12 |
|---|---|---|---|---|
| y | 20 | 32 | 44 | 56 |

d) $y = 0{,}2x + 20$

| x | 0 | 50 | 100 | 150 |
|---|---|---|---|---|
| y | 20 | 30 | 40 | 50 |

(1) x Arbeitsstunden zu 15 € plus 24 € Anfahrtspauschale

(2) 3 € mal x Internetstunden plus Grundgebühr 20 €

(3) x Kilometer mal 0,20 € plus 20 € Grundpreis

(4) x Einheiten mal 0,12 € plus 24 € Grundgebühr

**2.** Zeichne den Graphen der Funktion. Lege eine Wertetabelle an mit den x-Werten 0, 2, 4, 6, 8, 10.

a) $y = 2x + 3$  b) $y = 0{,}5x - 4$  c) $y = 4x - 0{,}5$  d) $y = x - 2$

!!!! **3.** Der Graph beschreibt den Tagesmietpreis y (in €) für einen Leihwagen in Abhängigkeit von der gefahrenen Strecke x (in km).

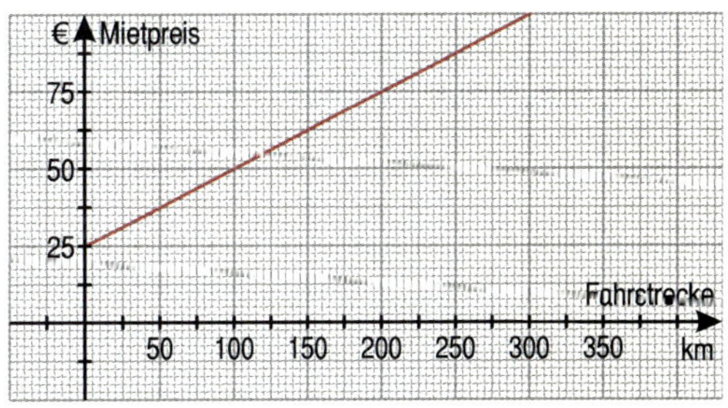


a) Stelle deinem Nachbarn oder deiner Nachbarin 4 Fragen zum Ablesen von Werten aus dem Diagramm.

b) Überlegt zusammen, welche Gleichung die Zuordnung beschreibt, und begründet eure Entscheidung.

(1) $y = 50 + 2{,}5x$  (2) $y = 2{,}5x + 25$  (3) $y = 0{,}25x + 25$  (4) $y = 25x + 300$

**4.** Ordne die Gleichungen den Graphen zu und berechne jeweils den y-Wert für x = 27.

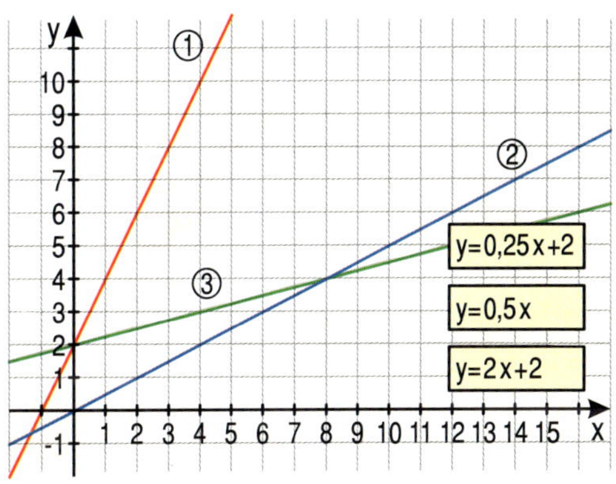


**5.** Anton Huber hat seine Skistöcke vergessen und möchte am Urlaubsort Stöcke ausleihen.
Verleih A: 6 € Grundgebühr; 0,75 € pro Tag.
Verleih B: 3 € Grundgebühr; 1,50 € pro Tag.

a) Gib die Funktionsgleichungen für die Zuordnung *Anzahl Tage* ⟶ *Gesamtpreis* an.

b) Erstelle eine Wertetabelle für eine Leihzeit von 1; 5; 10 und 14 Tagen und zeichne die Graphen.

c) Lies ab, wann die Tarife gleich günstig sind.

**6.** Drei Gläser derselben Form und Größe werden gleichmäßig mit Wasser gefüllt. Pro Sekunde fließen 50 ml Wasser. Vor Beginn des Füllvorgangs enthält das blaue Glas bereits 0,1 *l* Wasser, das rote 0,5 *l* Wasser. Das grüne Glas ist leer.

a) Der Graph beschreibt die Füllhöhe y (in *l*) für eines der Gläser in Abhängigkeit von der Füllzeit (in s). Welches Glas ist es?

b) Zeichne die Graphen für alle drei Füllvorgänge in ein Koordinatensystem und stelle die zugehörigen Funktionsgleichungen auf. Was fällt dir auf?

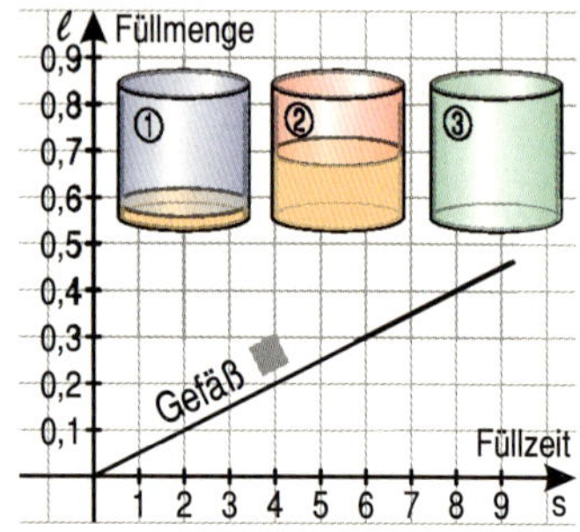


**7.** Verschiedene Autowerkstätten bieten Komplettpreise beim Ölwechsel an.

| ① Arsol | | ② Tessal | | ③ Rapoil | | ④ Fenoil | |
|---|---|---|---|---|---|---|---|
| Arbeitslohn | 6 € | Arbeitslohn | 8 € | Arbeitslohn | 9 € | Arbeitslohn | 5 € |
| Literpreis | 7 € | Literpreis | 4,50 € | Literpreis | 6 € | Literpreis | 9 € |

a) Wie lautet die Funktionsgleichung für den Preis y beim Bedarf von x Liter Öl?

b) Stelle mindestens 3 Fragen und beantworte sie.

**8.** Ein Vertreter bekommt 5 % des erzielten Umsatzes und zusätzlich ein festes Grundgehalt von 800 € monatlich.

a) Gib die Funktionsgleichung für die Zuordnung *Umsatz* ⟶ *Monatsgehalt* an.

b) Berechne das Monatsgehalt für Umsätze von 25 000 €, 30 000 €, 45 000 € und 50 000 €.

c) Zeichne den Graphen auf Millimeterpapier.

d) Lies den Umsatz bei einem Monatsverdienst von 2 550 € und 2 800 € ab.

**9.** Ein Kleinwagen hat einen Benzintank mit 38 *l* Fassungsvermögen. Der Motor verbraucht durchschnittlich 7,5 *l* pro 100 km. Stelle eine Gleichung für die Zuordnung *gefahrene Kilometer* ⟶ *Tankinhalt* auf und bestimme mit einer Rechnung, nach wie vielen Kilometern der Tank leer ist.

**10.** Familie Kern fängt das Regenwasser in einem unterirdischen Behälter auf. Am 1. 7. ist er mit 8 500 *l* Regenwasser gefüllt. Dann setzt eine heiße Trockenperiode ein, in der täglich 600 *l* zum Bewässern des Gartens mit der Pumpe entnommen werden müssen.
Zur Anzahl x der Bewässerungstage gehört ein Restvorrat y.

a) Stelle die Zuordnungsgleichung auf und zeichne die zugehörige Gerade.

b) Stelle mindestens 3 Fragen und beantworte sie.

**11.** Sonja bekommt zum Geburtstag von ihrer Tante ein Handy mit einem Guthaben von 50 € geschenkt. Der Netzbetreiber verlangt keine Grundgebühr, jedoch einen Minutenpreis von 0,24 €.

a) Berechne das Restguthaben nach 50 Minuten und nach $1\frac{1}{2}$ Stunden Gesprächsdauer.

b) Nach wie viel Minuten Sprechdauer ist das Guthaben verbraucht?

**12.** Ein Motorboot hat einen Tank mit 17,5 *l* Fassungsvermögen für Diesel. Der Motor verbraucht 1,4 *l* in der Stunde. Stelle eine Gleichung auf und bestimme die Zeit, bis der Diesel verbraucht ist.

**13.** Eine Pumpe mit einem 20 *l* großen Benzintank verbraucht stündlich 2,5 *l* Benzin.

a) Stelle die Zuordnungsgleichung *Zeit (h)* ⟶ *Benzinverbrauch (l)* auf und zeichne die Gerade.

b) Nach welcher Betriebszeit der Pumpe ist der Tank leer?

**14.** Ein Lastwagenanhänger wiegt leer 3 t und wird mit Sand beladen. Stelle die Zuordnungsgleichung *Sandvolumen* ($m^3$) ⟶ *Gesamtgewicht des Anhängers (t)* auf und zeichne den Graphen.

**1.** Frau Pelzer hat im Februar für 160 Arbeitsstunden 1 520 € Lohn erhalten. Im März arbeitet sie 176 h. Wie hoch ist der Lohn?

**2.** Familie Burk hat im Wohnzimmer (26 m²) für 312 € Teppichboden verlegen lassen. Was kosten vom gleichen Teppich 18,5 m² im Schlafzimmer?

**3.** Abrechnung der Reparaturkosten im Autohaus Göker. Ein Wertepaar ist falsch, welches ist es? Begründe mit dem berechneten Stundenlohn.

| Zeit (h) | 5 | 3,5 | 6,5 | $5\frac{1}{2}$ | 9 |
|---|---|---|---|---|---|
| Lohn (€) | 210 | 147 | 283 | 231 | 378 |

**4.** Mareike kann im Urlaub 14 Tage lang täglich 30 € ausgeben.

a) Wie viel Urlaubsgeld hat Mareike?

b) Wie viel könnte sie 10 Tage lang täglich ausgeben?

**5.** Bauer Scheufler hat für 24 Kühe Trockenfutter für 18 Tage. Er verkauft 6 Kühe. Wie lange reicht dann der Futtervorrat?

**6.** Herr Mazur fährt $2\frac{1}{2}$ Stunden mit einer Durchschnittsgeschwindigkeit von 120 $\frac{km}{h}$.

a) Wie lange braucht er mit 100 $\frac{km}{h}$ für dieselbe Strecke?

b) Mit welcher Durchschnittsgeschwindigkeit schafft er die Strecke in 2 Stunden?

**7.** Übertrage die Tabelle der antiproportionalen Zuordnung ins Heft und berichtige den Fehler.

| 1. Größe | 35 | 25 | 5 | 20 | 175 |
|---|---|---|---|---|---|
| 2. Größe | 10 | 14 | 70 | 17 | 2 |

**8.** Welche der gezeichneten Geraden gehört jeweils zur Funktionsgleichung?

① $y = x + \frac{3}{2}$   ② $y = -\frac{1}{4}x$

③ $y = \frac{1}{2}x - 1$   ④ $y = -2x + \frac{1}{2}$

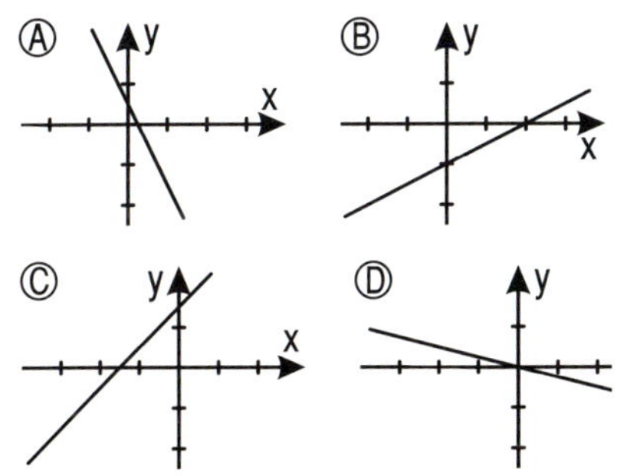


Eine Zuordnung heißt **proportional,** wenn zum Doppelten, Dreifachen ... einer Ausgangsgröße das Doppelte, Dreifache ... der zugeordneten Größe gehört.

*Aufgabe*

Für 8 Stunden beträgt der Lohn 88 €.
Wie hoch ist der Lohn für 12 Stunden?

*Dreisatz*

| | Zeit (h) | Lohn (€) | |
|---|---|---|---|
| : 8 | 8 | 88 | : 8 |
| · 12 | 1 | (11) | · 12 |
| | 12 | 132 | |

Stundenlohn

*Antwort*

Für 12 Stunden beträgt der Lohn 132 €.

Eine Zuordnung heißt **antiproportional,** wenn zum Doppelten, Dreifachen ... einer Ausgangsgröße die Hälfte, ein Drittel ... der zugeordneten Größe gehört.

*Aufgabe*

Jeder der 24 Schüler einer Klasse müsste 18 € für die Busfahrt zahlen. Es fahren aber nur 20 Schüler mit.

*Dreisatz*

| | Anzahl Schüler | Preis (€) je Schüler | |
|---|---|---|---|
| : 24 | 24 | 18 | · 24 |
| · 20 | 1 | (432) | : 20 |
| | 20 | 21,6 | |

Gesamtkosten

*Antwort*

Jeder der 20 Schüler zahlt 21,60 €.

Zuordnungen, deren Graph eine Gerade ist, heißen **lineare Zuordnungen.** Ihre Gleichung kann in der Form **y = mx + b** geschrieben werden.

Die Gerade schneidet die y-Achse an der Stelle b und hat die Steigung m. Bei einer Einheit nach rechts steigt (m > 0) oder fällt (m < 0) die Gerade um den Betrag von m.

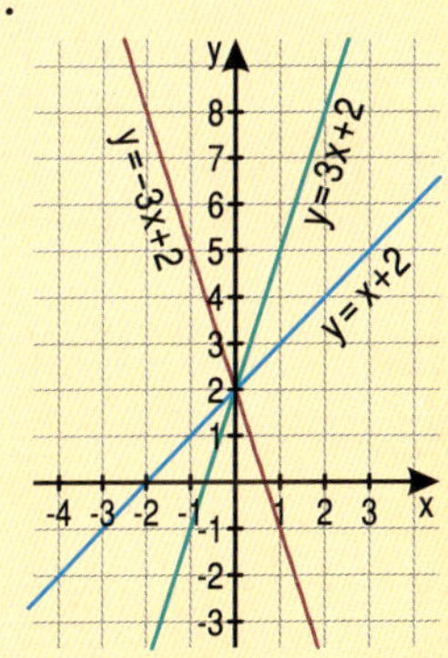

**1.** Herr Metzger bewohnt eine kleine Zweizimmerwohnung mit 54 $m^2$ Wohnfläche, für die er 324 € Monatsmiete bezahlt. Was zahlt die Nachbarin bei gleicher Miete pro $m^2$ für 72 $m^2$ Wohnfläche?

**2.** Deborah hat geplant, in ihrem 14-tägigen Urlaub je Tag 36 € auszugeben. Schon am ersten Tag beschließt sie, insgesamt 21 Tage zu bleiben. Wie viel kann sie nun täglich ausgeben?

**3.** Jede Tabelle enthält einen Fehler. Übertrage ins Heft und berichtige den Fehler.

a) Proportionale Zuordnung

| | | | | | |
|---|---|---|---|---|---|
| 1. Größe | 5 | 7 | 11 | 17 | 23 |
| 2. Größe | 18,5 | 29,6 | 40,7 | 62,9 | 85,1 |

b) Antiproportionale Zuordnung

| | | | | | |
|---|---|---|---|---|---|
| 1. Größe | 7,5 | 12 | 15 | 20 | 36,5 |
| 2. Größe | 36 | 22,5 | 18 | 13,5 | 7,2 |

**4.** Sabine hilft in einer Zoohandlung. Heute füllt sie aus einem Sack Fischfutter 40 Tüten mit jeweils $\frac{3}{4}$ kg. Wie viele Tüten mit jeweils 500 g würde sie aus derselben Menge Futter erhalten?

**5.** Herr Neumann füllt den Tank seines Autos mit 60 *l* Diesel für 83,94 €. Wie viel Liter Diesel tankt ein nachfolgender Busfahrer, der 293,79 € bezahlt?

## Wähle weitere 5 Aufgaben aus.

**1.** Der Wechselkurs € in US $ unterliegt starken Schwankungen, deshalb bieten Banken meist keine Umrechnungskärtchen an. Berechne die fehlenden Werte.

| | Flug | Hotel | Essen | Mietwagen |
|---|---|---|---|---|
| € | 440 | 510 | | |
| US $ | 572 | | 273 | 364 |

**2.** Marcos Radtour dauert $2\frac{1}{2}$ Stunden bei einer Durchschnittsgeschwindigkeit von 26 $\frac{km}{h}$.

a) Wie lange braucht er mit 20 $\frac{km}{h}$ für dieselbe Strecke?

b) Er will die Strecke in 4 Stunden 20 Minuten fahren. Welche Durchschnittsgeschwindigkeit muss er einhalten?

**3.** Ein Holzbalken hat ein Volumen von 72 $dm^3$ und wiegt 57,6 kg.

a) Wie viel wiegt ein Balken aus dem gleichen Holz mit einem Volumen von 64 $dm^3$?

b) Welches Volumen hat ein Balken aus diesem Holz, der 67,6 kg wiegt?

**4.** Eine dreiköpfige Familie verbraucht die Großtube Zahncreme in 20 Tagen. Wie viele Tage reicht die gleiche Tube für eine fünfköpfige Familie bei gleichen durchschnittlichen Verbrauch pro Person?

**5.** Herr Mai mietet für einen Tag einen Kleintransporter. Der Tagesgrundpreis beträgt 40 €, hinzu kommen noch 0,30 € je gefahrenen Kilometer.

a) Stelle die Funktionsgleichung der Zuordnung *Fahrstrecke* ⟶ *Gesamtkosten* auf.

b) Berechne, wie viel € Herr Mai bezahlen muss, wenn er eine Strecke von 285 km zurücklegt.

**6.** Welche Funktionsgleichung gehört zu welcher Geraden?

① $y = 2x - 4$

② $y = 6 - x$

③ $y = \frac{1}{2}x + 5$

④ $y = -3x - 2$

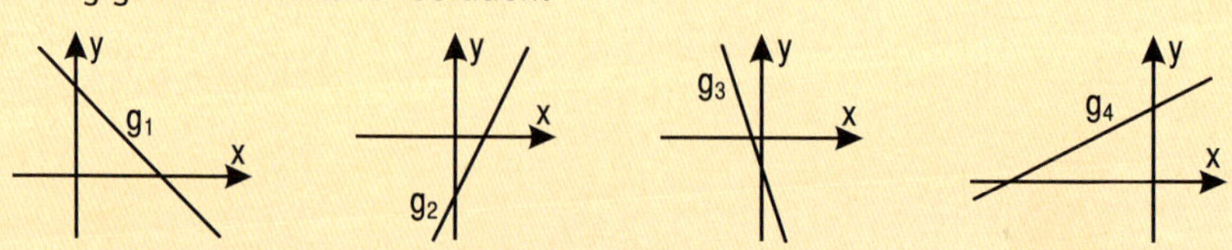

# Ebene Figuren

# 3

## Vergrößern und Verkleinern

**1.** *Partnerarbeit:* Überlegt, wie groß die echten Lokomotiven in Wirklichkeit sind. Stellt euren Lösungsweg der Klasse vor.

**Maßstab** = Länge im Bild : Länge in der Wirklichkeit

**Vergrößern**
Maßstab
k = 3 : 2
k = 1,5

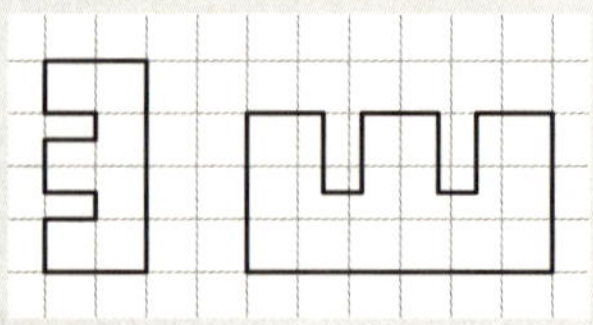

**Verkleinern**
Maßstab
k = 4 : 5
k = 0,8

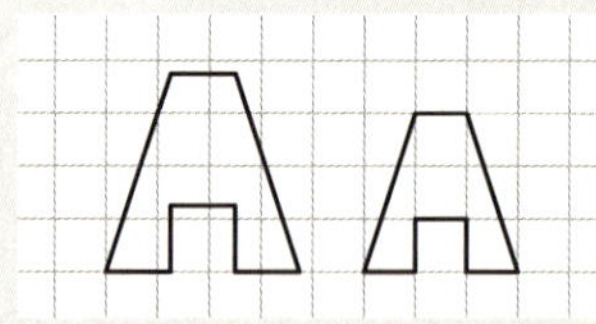

4 : 5
lies
„4 zu 5"

Alle Strecken werden mit dem Faktor k verlängert oder verkürzt. Winkelgrößen bleiben unverändert.

**2.** Übertrage die Figur ins Heft. Vergrößere oder verkleinere sie im angegebenen Maßstab. Rechne zunächst aus, mit welchem Faktor die Strecken verändert werden.

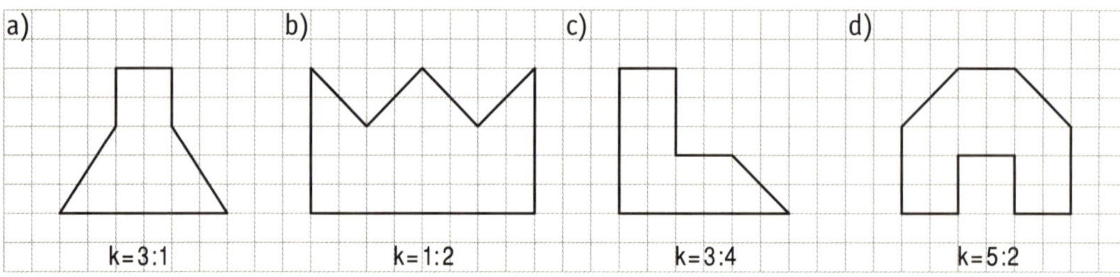


**3.** Kann die blaue aus der roten Figur durch Vergrößern oder Verkleinern entstanden sein? Wenn ja, bestimme den Faktor k.

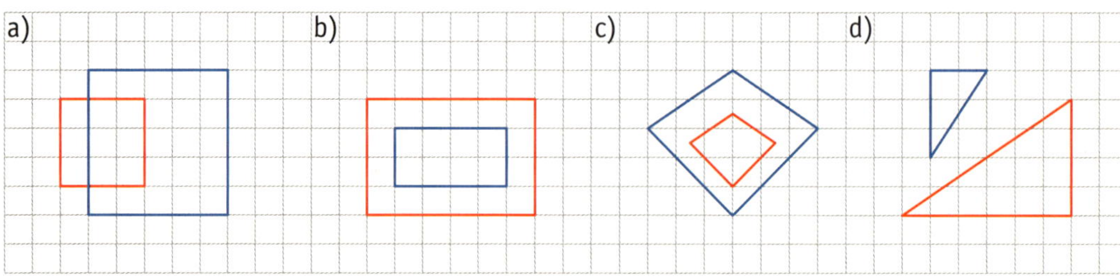


**4.** Zeichne ein Rechteck aus a = 7 cm und b = 4 cm. Vergrößere so, dass die kürzere Seite 6 cm lang wird. Bestimme dazu zunächst den Maßstab k. Wie lang wird die längere Seite?

**5.** Bei welchem Maßstab wird eine 100 m lange Strecke als 10 cm lange Strecke gezeichnet?

**6.** Vom Stadtplan bis zum Weltaltas, informiere dich, welche Maßstäbe üblich sind, und berechne für jeden, wie viel km in Wirklichkeit 1 cm auf der Landkarte ist.

**7.** a) In Deutschland beträgt die längste Nord-Süd-Luftlinie etwa 800 km und die längste Ost-West-Luftlinie etwa 620 km. In welchem Maßstab passt eine Deutschlandkarte auf ein A4-Blatt mit mindestens 1 cm Rand an jeder Seite?

b) Recherchiere die längsten Luftlinienentfernungen in N-S- und O-W-Richtung von Frankreich (Festland ohne Inseln) und bestimme einen Maßstab für eine Karte auf einem A4-Blatt.

c) Löse die gleiche Aufgabe für ein Land deiner Wahl. Fertige eine maßstäbliche Kartenskizze.

**8.** a) Eine Stadthalle hat einen rechteckigen Grundriss, 45 m lang und 25 m breit. In welchem Maßstab lässt er sich auf ein A5-Blatt zeichnen mit mindestens 0,5 cm freiem Rand?

b) Informiere dich, welche Maßstäbe in der Architektur für Bauzeichnungen üblich sind, und berechne für jeden, wie viel Meter in Wirklichkeit 1 cm auf der Zeichnung ist.

**9.** Übertrage ins Heft. Vergrößere wie im Beispiel.

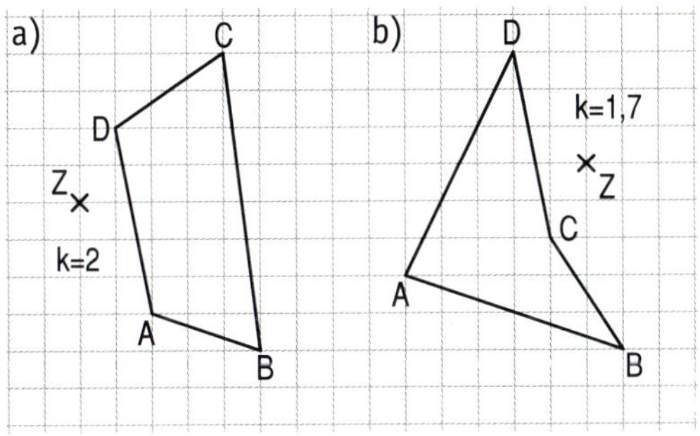


*Vergrößern mit dem Geodreieck*

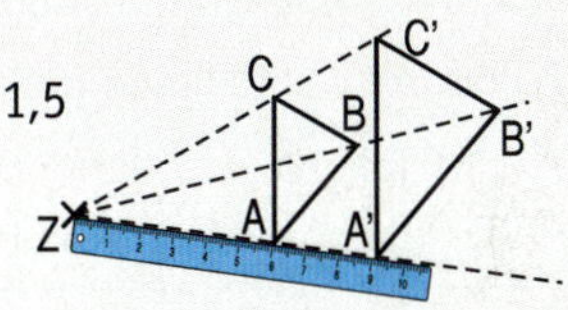


Jeder Eckpunkt der Figur wird mit Z verbunden. Die Verbindungsstrecken werden mit k multipliziert.

**10.** Verfasst in Partnerarbeit einen Merkzettel für das Verkleinern von einem Punkt aus.

**11.** Vergrößere bzw. verkleinere im Heft die Figur von Z aus mit dem angegebenen Faktor k.

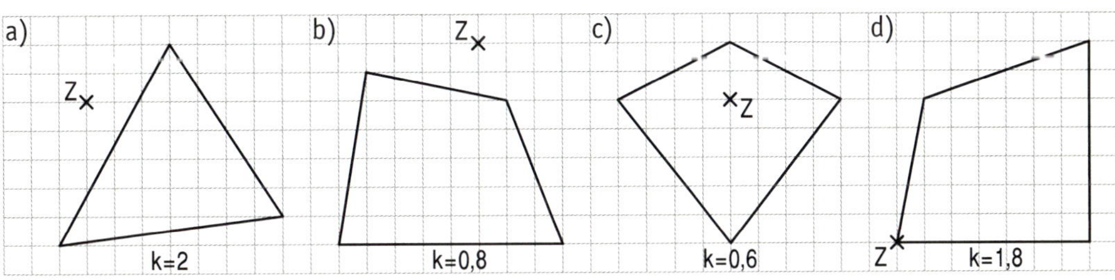


**12.** Zeichne das Fünfeck A (–5 | –1) B (3 | –5) C (7 | 2) D (–1 | 8) E (–6 | 4) und den Punkt Z (1 | 2).

a) Vergrößere das Fünfeck von Z aus mit k = 1,5. b) Verkleinere das Fünfeck von Z aus mit k = 0,7.

**13.** Das „Familienfoto" der Peanuts wurde so vergrößert, dass die Seiten dreimal so lang sind. Vergleiche die Flächeninhalte.

**14.** a) Eine Figur wird so vergrößert, dass die Seiten verdoppelt, versechsfacht, verzehnfacht werden. Wie ändert sich der Flächeninhalt?

b) Welchen Faktor muss man wählen, damit der Flächeninhalt einer Figur vervierfacht (verneunfacht, mit 0,49 multipliziert) wird?

## Ähnliche Dreiecke

**1.** *Partnerarbeit:* Warum sind bei ähnlichen Dreiecken entsprechende Seitenverhältnisse gleich?

**2.** Welche Dreiecke sind zueinander ähnlich? Begründe. ① $a = 4{,}8$ cm; $b = 6{,}2$ cm; $\gamma = 85°$
② $a = 9{,}6$ cm; $b = 12{,}3$ cm; $\gamma = 85°$ ③ $a = 7{,}2$ cm; $b = 9{,}3$ cm; $\gamma = 85°$

**3.** Die beiden Dreiecke sind zueinander ähnlich.

a) Erläutere, wie Sabine und Volker die Seitenlänge a′ berechnet haben.

b) Berechne die Seitenlänge b′.

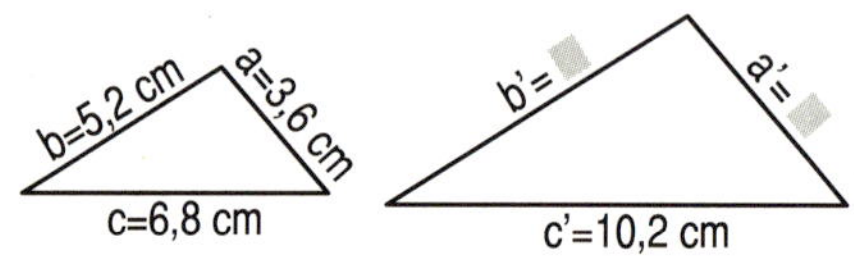


Sabine: $\frac{a'}{3{,}6} = \frac{10{,}2}{6{,}8}$ $|\cdot 3{,}6$ $a' = \mathbf{5{,}4\ cm}$

Volker: $10{,}2 : 6{,}8 = 1{,}5$ $a' = 1{,}5 \cdot 3{,}6\ \text{cm} = \mathbf{5{,}4\ cm}$

**4.** Ein Turm und ein Stab werfen einen Schatten.

a) Warum sind die Dreiecke ABC und A′B′C′ ähnlich?

b) Bestimme die Höhe des Turmes.

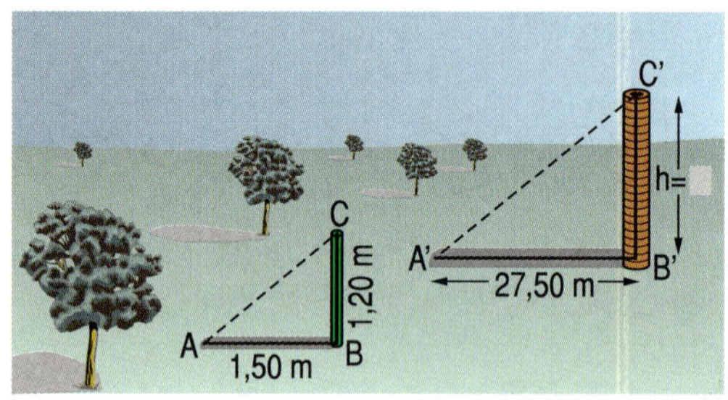


**5.** Der Schatten eines Baumes ist 20 m lang. Ein 1,50 m hoher Stab wirft gleichzeitig einen Schatten von 4 m Länge. Wie hoch ist der Baum?

**6.** Berechne die rote Strecke. Skizziere dazu erst die beiden ähnlichen Dreiecke und trage die bekannten Längen ein.

a)

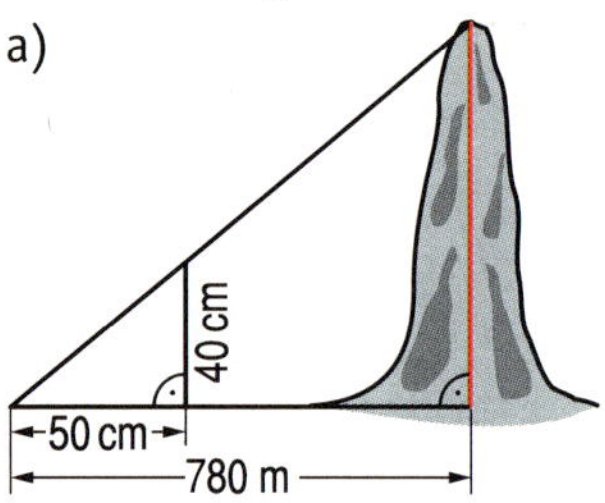


b)

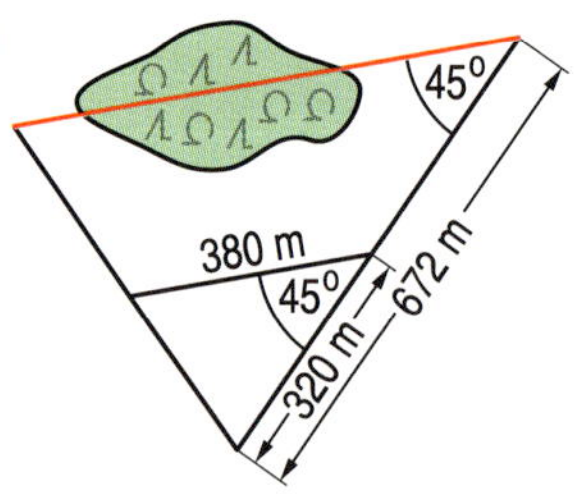


c)

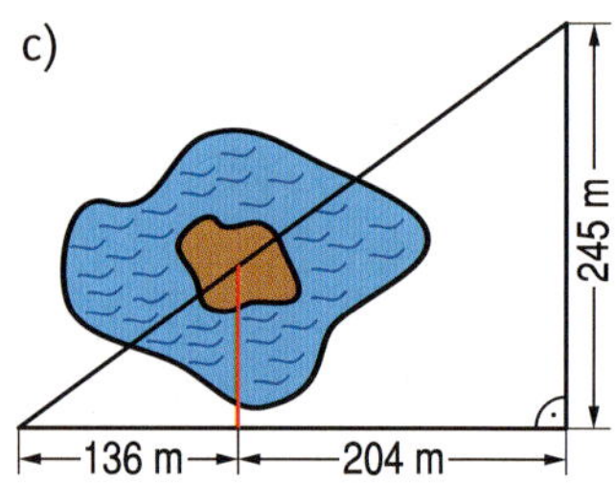


d)

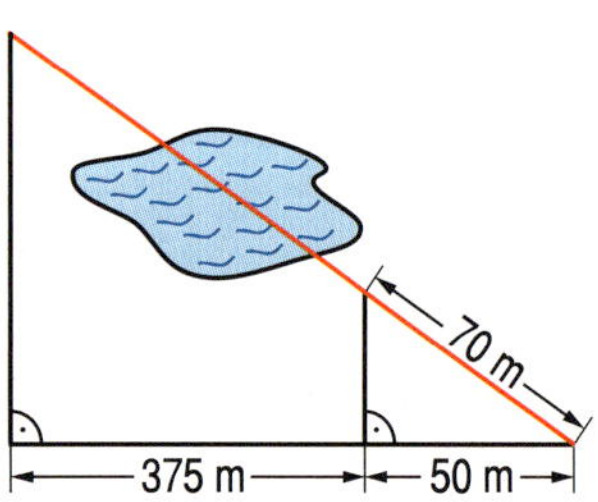


e)

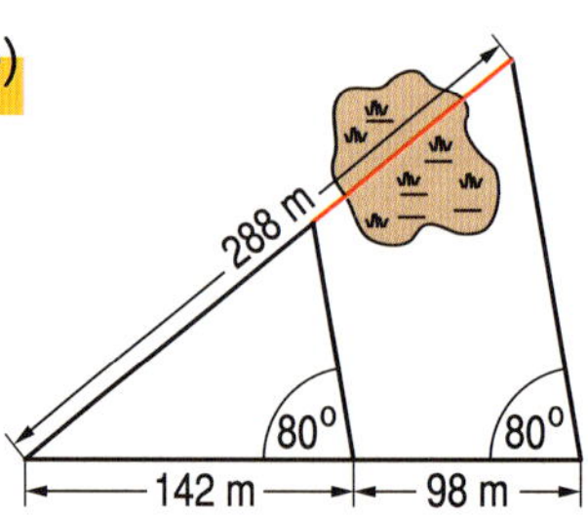


f)

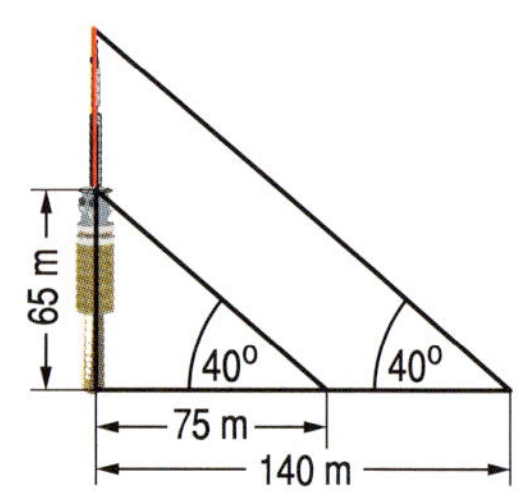

## Ähnlichkeit im Gelände

**1.** Im Urlaub in den Alpen will Christian die Luftlinienentfernung des Berggipfels von seinem Hotel im Tal bestimmen. Er peilt dazu den Gipfel über eine Vorrichtung an. Die Entfernung $\overline{ZB}$ = 2 700 m hat er einer Landkarte entnommen.

a) Welche Entfernung $\overline{ZD}$ erhält Christian?

b) Warum kann Christian die Augenhöhe unberücksichtigt lassen?

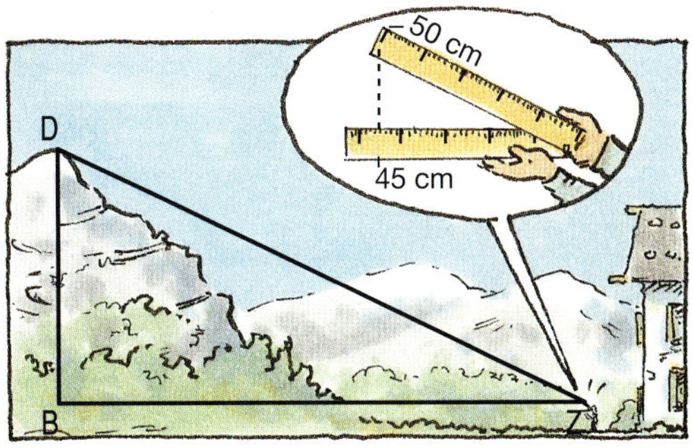


**2.** Auf der Klassenfahrt bestimmen Schülerinnen und Schüler der Klasse 10 a unzugängliche Strecken im Gelände durch Peilen und Rechnen. Welche Schülerinnen und Schüler haben die in der Zeichnung abgebildeten Messergebnisse für ihre Rechnung verwendet? Die Ergebnisse wurden gerundet.
Ingrid und Volker: x = 27,22 m; y = 37,76 m
Katherin und Marco: x = 45,22 m; y = 55,76 m

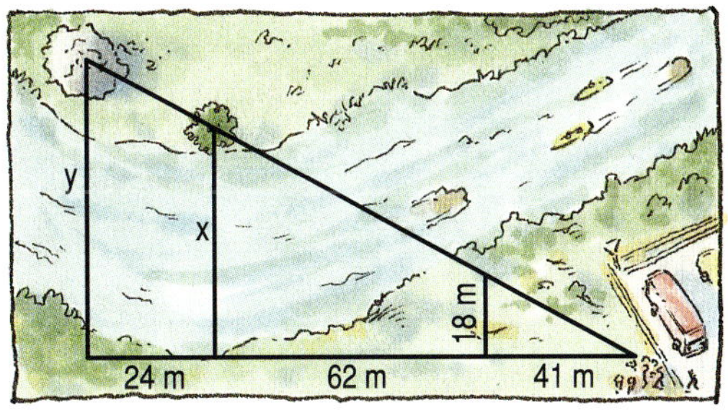


**3.** Schülerinnen und Schüler einer zehnten Klasse bestimmen mit zwei Latten und einem Bandmaß die Höhe der Schule.

a) Beschreibe, wie sie vorgehen.

b) Zu welchem Rechenergebnis kommen die Schülerinnen und Schüler? Skizziere dazu im Heft zunächst die Dreiecke.

c) Wie hoch wäre das Gebäude, wenn die zweite Latte 10 cm länger wäre?

**4.** Jürgen und Ina schätzen die Länge von Strecken ab, indem sie den Daumen so vor ein Auge halten, dass er die Strecke genau verdeckt.

a) Skizziere die Dreiecke mit den Seitenlängen a, b, c und d im Heft.

b) Jürgen bestimmt die Breite eines Gebäudes, das 360 m von ihm entfernt ist und genau von seiner Daumenbreite (a = 2,1 cm) überdeckt wird (Abstand Auge–Daumen: 60 cm).

c) Ein Haus von 24 m Breite wird von Inas Daumenbreite (a = 2,4 cm) überdeckt. Wie weit ist das Haus von Ina entfernt? Der Abstand Auge–Daumen beträgt 45 cm.

**5.** Bestimmt in Gruppen die Höhe von Bäumen oder Gebäuden bzw. die Breite von Objekten auf dem Schulgelände, die ihr nicht direkt messen könnt. Verwendet Bandmaße, eigene Daumenbreite und Armlänge, Geodreiecke, Latten unterschiedlicher Länge und selbst gebastelte Vorrichtungen, wie in den Aufgaben 1 bis 4 dargestellt. Mit welcher Methode sind die genauesten Ergebnisse zu erzielen? Stellt eure Peilungen und Berechnungen in der Klasse vor.

# Bleib FIT!

**Die Ergebnisse der Aufgaben 1 bis 7 ergeben die Namen von vier bekannten Spielen.**

**1.** a) 25 % von 2,1 km = ■ m
b) 2 % von 1,85 m = ■ cm
c) 75 % von 1,2 kg = ■ g
d) 10 % von $4\frac{1}{2}$ h = ■ min

**2.** Der ICE 212 fährt in Stuttgart um 13.15 Uhr ab. Er kommt nach 182 km um 14.46 Uhr in Mainz an.
a) Wie viel Minuten dauert die Fahrt?
b) Wie hoch ist die Durchschnittsgeschwindigkeit in $\frac{\text{km}}{\text{h}}$?

**3.** Berechne die fehlenden Angaben beim Zylinder. Die Höhe ist immer 12 cm. Runde auf Zehntel.
a) r = 5,1 cm, V = ■ $\text{cm}^3$, M = ■ $\text{cm}^2$
b) V = 500 $\text{cm}^3$, r = ■ cm

**4.** Ein Pkw verbraucht 8 *l* pro 100 km. Er kommt mit einer Tankfüllung 700 km weit.
a) Wie viel km weit könnte der Wagen fahren bei einem Verbrauch von 7 *l* pro 100 km?
b) Wie viel Liter fasst der Tank?
c) Wie viel % Benzin könnten bei 7 *l* pro 100 km gespart werden?

**5.** Der Öltank ist zu 80 % gefüllt.
a) Wie viel Liter wurden schon verbraucht?
b) Bis zu welcher Höhe (in m) ist der Tank noch gefüllt?

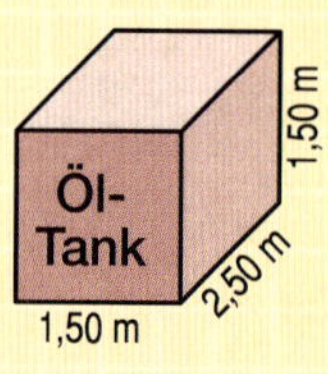


**6.** Gib das Ergebnis als Dezimalzahl an.
a) $\frac{2{,}55 + 3{,}75}{1{,}8}$ b) $\frac{0{,}81 + 1{,}99}{12{,}5 - 10{,}9}$
c) $2\frac{1}{2} - \frac{3}{4} \cdot 1\frac{1}{5}$ d) $\left(3\frac{3}{4} + 1{,}2\right) \cdot \frac{2}{3}$

**7.** Du würfelst mit einem solchen Würfel 240-mal. Es ist zu erwarten, dass dabei etwa ■-mal eine gerade Zahl und ■-mal eine ungerade Zahl auftritt.

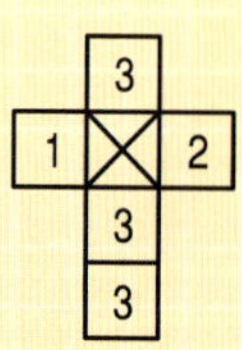


| | |
|---|---|
| 1,20 | E |
| 1,6 | Ü |
| 1,75 | M |
| 3,3 | H |
| 3,5 | R |
| 3,6 | C |
| 3,7 | K |
| 12,5 | O |
| 20 | B |
| 27 | T |
| 40 | L |
| 36 | F |
| 91 | S |
| 56 | P |
| 120 | C |
| 160 | E |
| 384,5 | A |
| 525 | S |
| 800 | H |
| 900 | A |
| 1 100 | F |
| 980,6 | H |
| 1 125 | K |
| 5 625 | A |

## Flächeninhalt von Drei- und Vierecken

!!!!

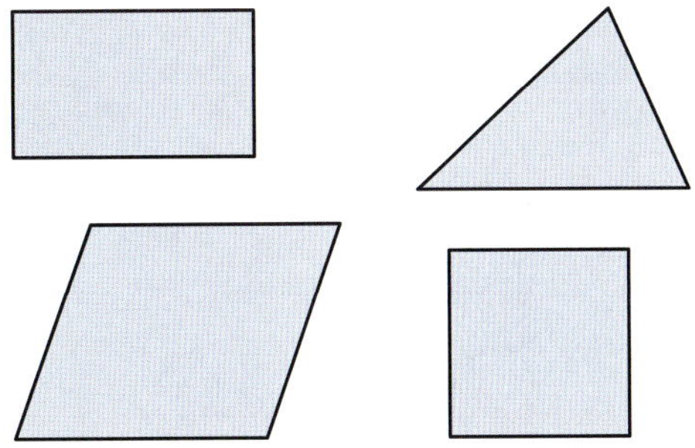

!!!! **1.** *Partnerarbeit:* Erstellt ein Lernplakat zur Berechnung von Flächeninhalt und Umfang. Zeichnet die oben abgebildeten Figuren, benennt sie, notiert die Formeln für Flächeninhalt und Umfang und markiert in den Figuren die in den Formeln vorkommenden Größen.

**2.** Berechne den Flächeninhalt. Runde auf eine Stelle nach dem Komma.

a) Rechteck: a = 3,9 cm; b = 2,5 cm

b) Dreieck: g = 9,2 cm; h = 4,4 cm

c) Quadrat: a = 8,7 cm

d) Parallelogramm: g = 6,8 cm; h = 3,5 cm

**3.** Bestimme den Flächeninhalt und den Umfang.

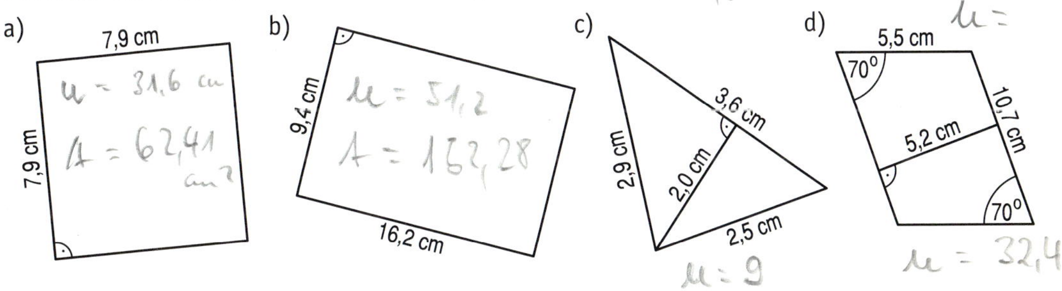


**4.** Übertrage die Figur ins Heft. Bestimme dann den Flächeninhalt.

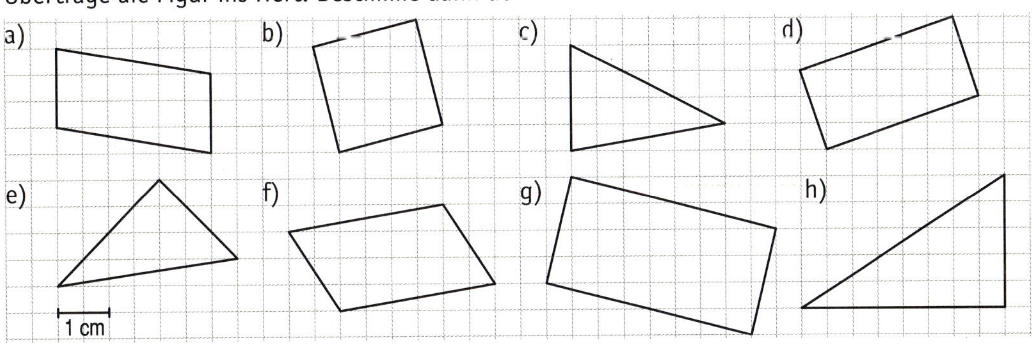


**5.** Die ungefähr dreieckigen Segel eines Segelschiffes haben folgende Maße:

| | | |
|---|---|---|
| 1. Vorsegel: | g = 20,4 m; | h = 6,8 m |
| 2. Vorsegel: | g = 14,7 m; | h = 5,2 m |
| Großsegel: | g = 21,5 m; | h = 6,9 m |
| Besansegel: | g = 16,2 m; | h = 6,5 m |

a) Berechne den Flächeninhalt der einzelnen Segel. Runde auf ganze $m^2$.

b) Wie groß ist die gesamte Segelfläche?

## Vielecke

**Zerlegen und Addieren:** $A = A_1 + A_2 + A_3$

**Ergänzen und Subtrahieren:** $A = A_1 - A_2 - A_3$

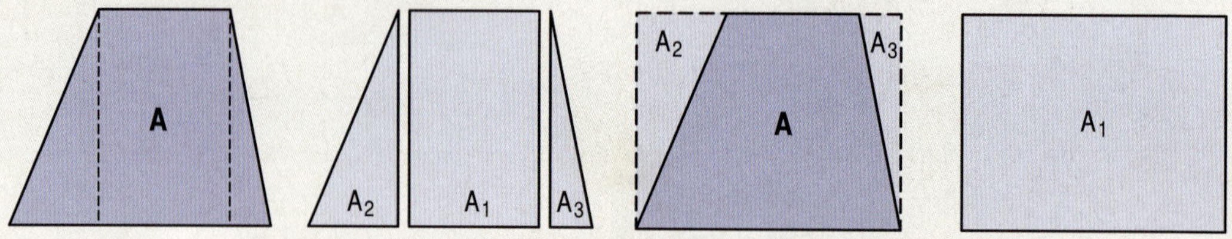


**1.** a) *Partnerarbeit:* Zeichnet ein Trapez mit selbst gewählten Maßen und berechnet seinen Flächeninhalt durch Zerlegen und Addieren und durch Ergänzen und Subtrahieren.

b) Findet ihr noch andere Zerlegungen oder Ergänzungen, um eine Trapezfläche zu berechnen?

**2.** Berechne die gefärbten Flächen.

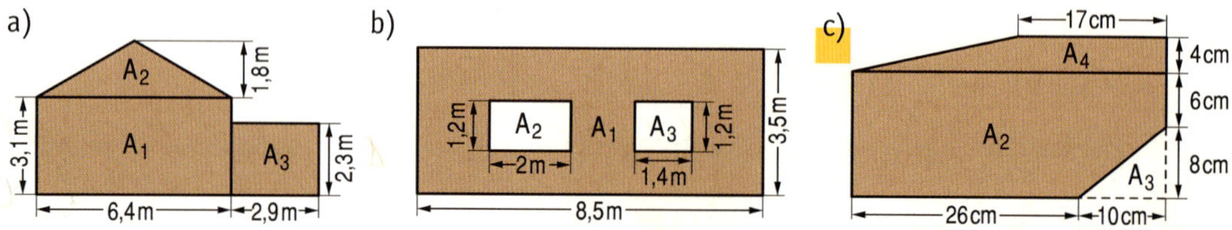


**3.** Übertrage ins Heft. Zeichne deine Zerlegung oder Ergänzung und berechne den Flächeninhalt.

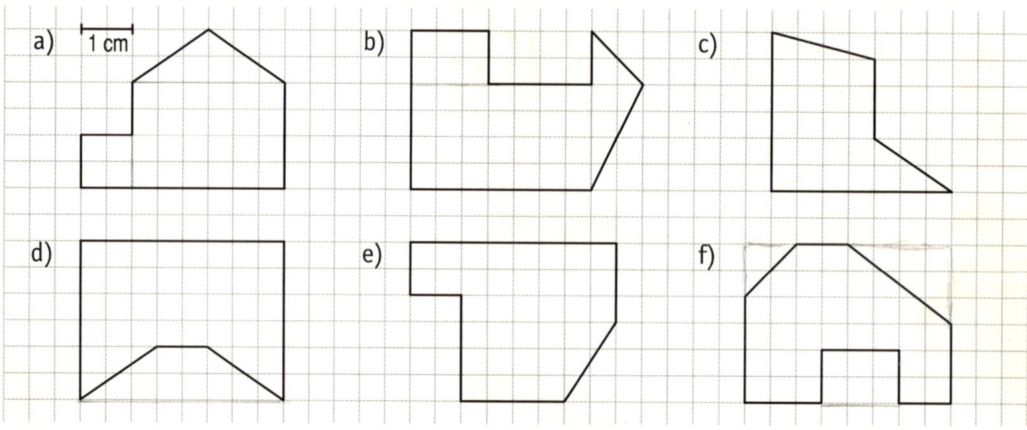


**4.** *Partnerarbeit:* Zeichne selbst zwei Vielecke auf Karopapier. Gib nun die Zeichnung deinem Partner zur Berechnung des Flächeninhalts und kontrolliere anschließend.

**5.** Übertrage ins Heft. Zerlege in Teilflächen. Miss benötigte Längen und berechne den Flächeninhalt.

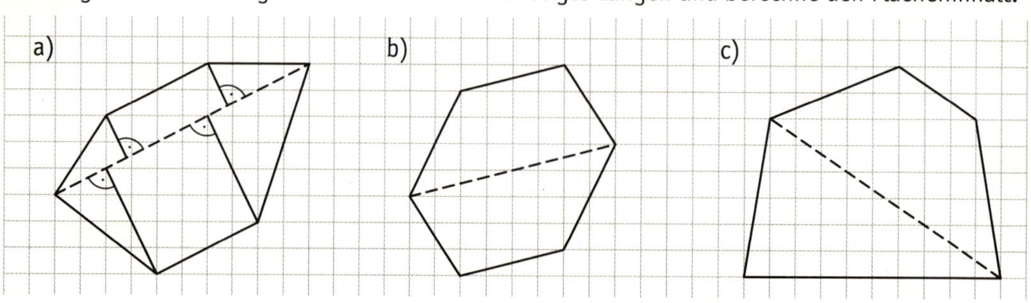

## Kreis und Kreisteile

**1.** *Partnerarbeit:* Prüft die Behauptungen in den beiden Abbildungen.

**2.** Berechne Umfang und Flächeninhalt des Kreises. Runde auf eine Nachkommastelle.

a) r = 5 cm  b) r = 9 mm  c) r = 5,10 m  d) d = 8 mm  e) d = 4,8 cm  f) d = 0,6 m

**3.** Berechne den Umfang und den Flächeninhalt des Gegenstandes. Runde.

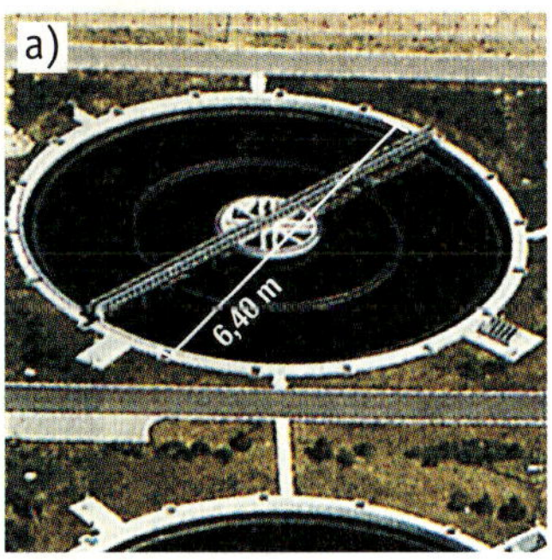


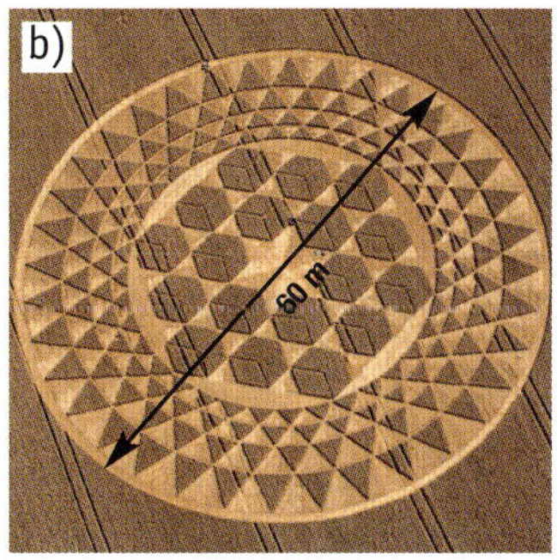

**4.** Berechne den Radius des Kreises aus dem Umfang. Runde.

a) u = 24 m  b) u = 67 cm  c) u = 1,60 m  d) u = 78,6 cm

**5.** Berechne den Radius des Kreises aus dem Flächeninhalt. Runde.

a) $A = 45\ cm^2$  b) $A = 1\ km^2$  c) $A = 36{,}4\ m^2$  d) $A = 0{,}9\ m^2$

e) $A = 8{,}2\ mm^2$  f) $A = 117{,}5\ m^2$  g) $A = 78{,}1\ cm^2$  h) $A = 0{,}02\ m^2$

$u = 2\pi r \quad 24 = 2\pi r$

$2\pi r = 24 \quad | :(2\pi)$

$A = \pi r^2 \quad 45 = \pi r^2$

$\pi r^2 = 45 \quad | :\pi$

$r^2 = \frac{45}{\pi} \quad | \sqrt{\ }$

**6.** Um eine kreisförmige Rasenfläche mit dem Radius r = 2 m wird ein Weg mit der Breite 9,5 m gepflastert.

a) Wie viel m² ist die Rasenfläche groß? Runde auf eine Stelle nach dem Komma.

b) Berechne den Flächeninhalt des Weges.

c) Wie lang ist der innere, wie lang der äußere Rand des Weges? Runde auf cm.

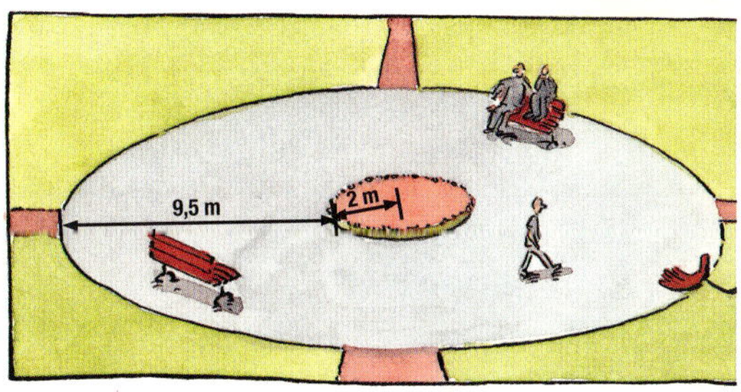


**7.** Überlegt, welche Hilfe euch die Tabelle gibt und rechnet aus.

| Winkel | Flächeninhalt A | Bogenlänge b |
|---|---|---|
| ganzer Kreis | $\pi \cdot r^2 = 113{,}1\ cm^2$ | $2 \cdot \pi \cdot r = 37{,}7$ cm |
| Ausschnitt mit 1° | $113{,}1\ cm^2 : 360 = ▨$ | |
| Ausschnitt mit 37° | | |

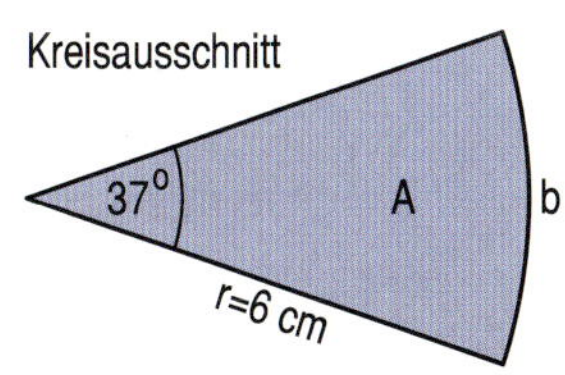

!!!!

## Im Stadion

Partnerarbeit

**1.** Nach den Regeln der FIFA muss ein Fußballfeld rechteckig sein, 90 m bis 120 m lang und 45 m bis 90 m breit.

a) Vergleicht die Spielfläche des kleinstmöglichen mit der des größtmöglichen Spielfeldes.

b) Ermittelt im Internet, welche Maße ein Spielfeld für internationale Spiele haben darf. Vergleicht die kleinstmögliche mit der größtmöglichen Spielfläche.

c) Recherchiert die Maße von Fußballfeldern in Stadien eurer Wahl.

**2.** Der Anstoßkreis des Fußballfeldes hat einen Radius von 9,15 m. Welche Strecke legt der Streuwagen zurück, der die Kreislinie nachzieht? Vergleiche sie mit der Gesamtlänge der Außenlinien eines Feldes, das 105 m lang und 60 m breit ist. Schätze zuerst und vergleiche deinen Schätzwert mit anderen Werten aus der Klasse.

**3.** Zu Beginn eines Fußballspiels muss der Fußball zwischen 396 g und 453 g schwer sein, sein Umfang muss zwischen 68 cm und 71 cm liegen.

a) Erfüllt ein Fußball mit 22,8 cm Durchmesser diese Bedingung?

b) Die bei der Fußballweltmeisterschaft 2006 verwendeten Bälle hatten einen Umfang zwischen 68,5 cm und 69,5 cm. Berechne zwei mögliche Durchmesser.

**4.** Frauen und Männer benutzen beim Kugelstoßen unterschiedlich schwere Kugeln (Frauen: 4 kg; Männer: 7,257 kg). Der Durchmesser einer Kugel liegt bei den Frauen zwischen 95 mm und 110 mm, bei den Männern zwischen 110 mm und 130 mm.

a) Berechne den Umfang, den eine Frauenkugel mindestens bzw. höchstens hat.

b) Kann eine Männerkugel einen Umfang von 40 cm haben?

!!!!

**5.** Die Kreise für Kugelstoßen, Diskuswerfen und Hammerwerfen müssen eine Umgrenzung und einen speziellen Belag haben. Informiert euch im Internet, im Lexikon oder bei Sportvereinen, welche Durchmesser diese Kreise haben müssen. Stellt dann Fragen dazu, beantwortet sie und vergleicht eure Ergebnisse mit denen eurer Mitschülerinnen und Mitschüler.

**6.**

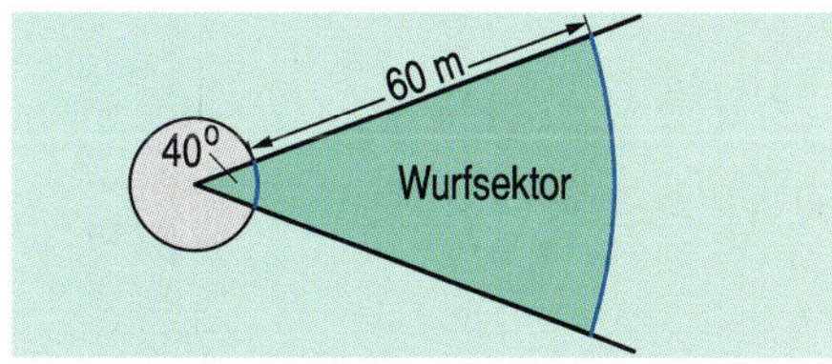


In den Wurf- und Stoßdisziplinen muss das Gerät in einem bestimmten Kreissektor auftreffen. Beim Hammerwerfen hat dieser Wurfsektor einen Winkel von 40°. Der Mittelpunkt des Sektors ist zugleich der Mittelpunkt des Wurfkreises.

a) Wie lang ist der Bogen, der eine Wurfweite von 60 m markiert? Bedenke, dass die Weite von der Begrenzung des Wurfkreises gemessen wird.

b) Wie groß ist die Fläche des Wurfsektors (ohne Wurfkreis) bis zu einer Wurfweite von 70 m?

**7.** Die Laufbahnen im Stadion werden von Halbkreisen und Geradenstücken begrenzt.

a) Die Länge der Innenbahn (Bahn 1) beträgt 400 m, dabei wird 30 cm von der inneren Kante entfernt gemessen. Wie lang sind Kurven und Geradenstücke entlang der Messlinie?

b) Die einzelnen Laufbahnen sind 1,22 m breit.
Wie lang ist Bahn 2, 3, 4, ... 8? Bei diesen Bahnen wird die Länge in 20 cm Abstand vom inneren Rand gemessen.

## Vermischte Aufgaben

**1.** a) Berechne von jedem Grundstück ① bis ④ den Flächeninhalt.

b) Berechne die Kaufpreise bei einem Quadratmeterpreis von 95 €.

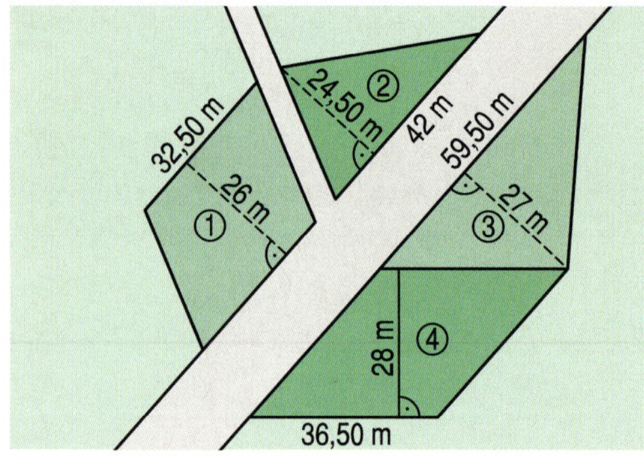


**2.** Die Möhnetalsperre ist etwa 1 040 ha groß.

a) Wie viele Fußballplätze (110 m lang, 60 m breit) haben zusammen diesen Flächeninhalt?

b) Welche Seitenlänge hat ein Quadrat mit dem Flächeninhalt der Möhnetalsperre?

**3.** Recherchiere und zeichne maßstäblich die rechteckigen Spielfelder von drei Sportarten.

**4.** Berechne die gesuchte Größe der Figur.

a) Rechteck: $A = 9{,}88\ cm^2$; $a = 5{,}2\ cm$; $b = ▒$

b) Dreieck: $A = 14{,}7\ mm^2$; $h = 3{,}5\ mm$; $g = ▒$

c) Dreieck: $A = 11{,}44\ cm^2$; $g = 8{,}8\ cm$; $h = ▒$

d) Parallelogramm: $A = 46{,}8\ cm^2$; $g = 7{,}2\ m$; $h = ▒$

$$A = \frac{g \cdot h}{2}$$
$$14{,}7 = \frac{g \cdot 3{,}5}{2}$$
$$g \cdot 1{,}75 = 14{,}7 \quad | : 1{,}75$$

**5.** Welchen Flächeninhalt hat ein rechteckiges Grundstück mit 20 m Breite und 130 m Umfang?

**6.** Übertrage ins Heft. Zeichne deine Zerlegung oder Ergänzung und berechne den Flächeninhalt.

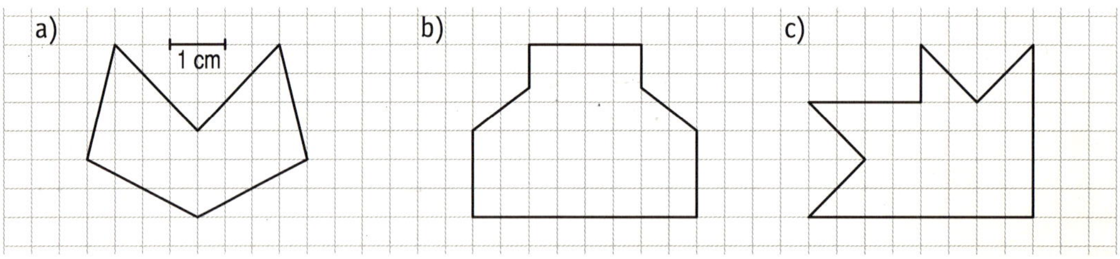


**7.** Zeichne zwei verschiedene Figuren, beide 10 cm² groß. Kennzeichne in jeder die Längen mit ihren Maßen, die du so gewählt hast, dass die Figur den verlangten Flächeninhalt hat.

a) Rechtecke  b) Dreiecke  c) Parallelogramme  d) Trapeze  e) Quadrate

**8.** Bestimme den Flächeninhalt. Berechne zunächst die Strecke x mithilfe des Satzes des Pythagoras.

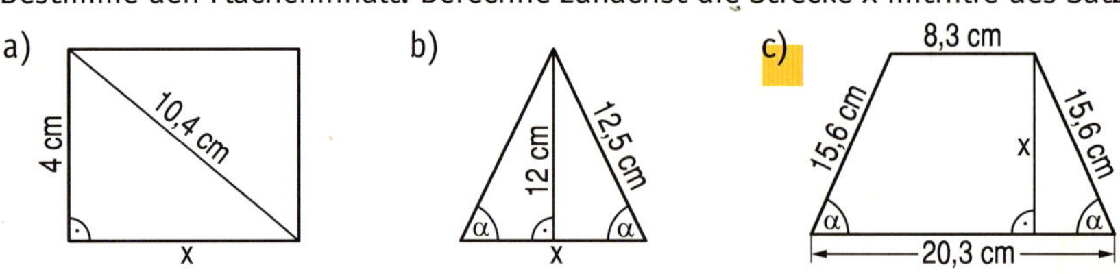


**TIPP**

$x^2 + 4^2 = 10{,}4^2$

**9.** Bestimme die gesuchte Größe. Berechne zunächst eine Hilfsstrecke.

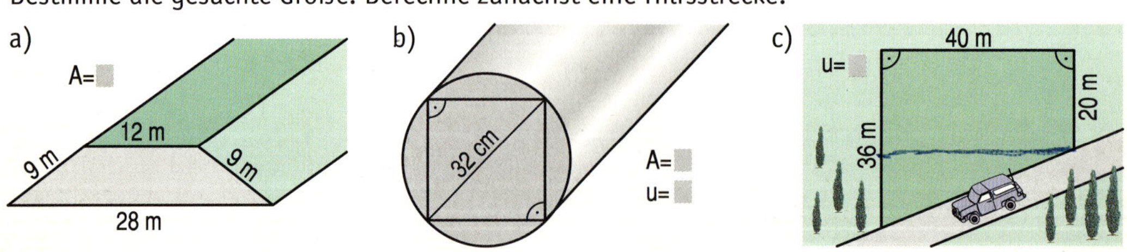

**10.**

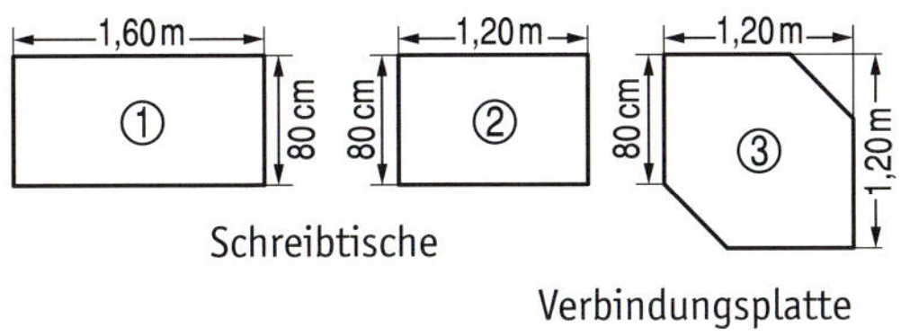


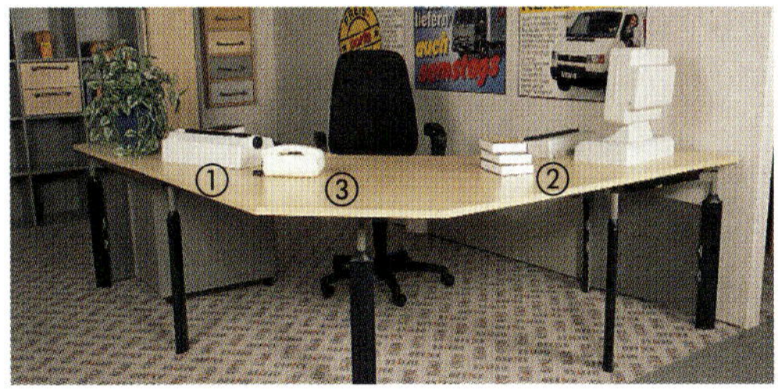


a) Berechne die Fläche der abgebildeten Tischkombination.

b) Entwerft in *Partnerarbeit* einen zusätzlichen quadratischen Tisch, der sich gut mit den anderen Teilen kombinieren lässt.

c) Zeichnet dann verschiedene Tischkombinationen.

**11.** Berechne die Fläche der Hausfront. Türen und Fenster bleiben unberücksichtigt.

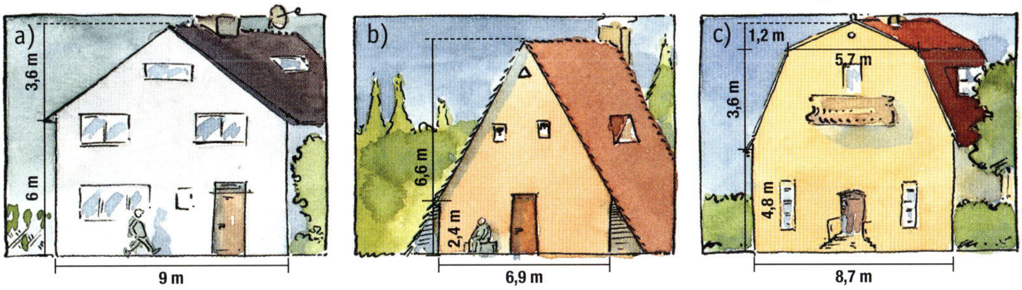


**12.** Die abgebildete Brandmauer soll gestrichen werden; zuerst mit einer Grundierung, dann mit Farbe. 1 *l* Grundierung reicht für 5 m², 1 *l* Farbe für 7,5 m². Beides wird nur in 10-*l*-Eimern angeboten, der Eimer Grundierung zum Preis von 39,85 €, der Eimer Farbe für 47,95 €. Stelle Fragen und berechne die Lösungen.

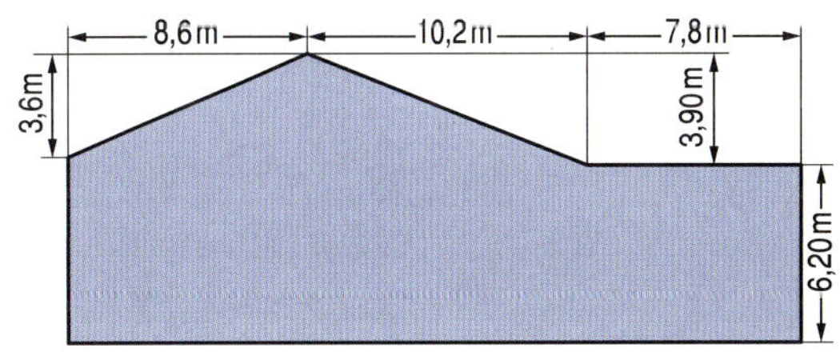


**13.** Übertrage die Figur ins Heft. Zerlege sie so in 3 Teile, dass du daraus ein Quadrat legen kannst. Die Seitenlänge des Quadrats kannst du im Voraus aus dem Flächeninhalt berechnen.

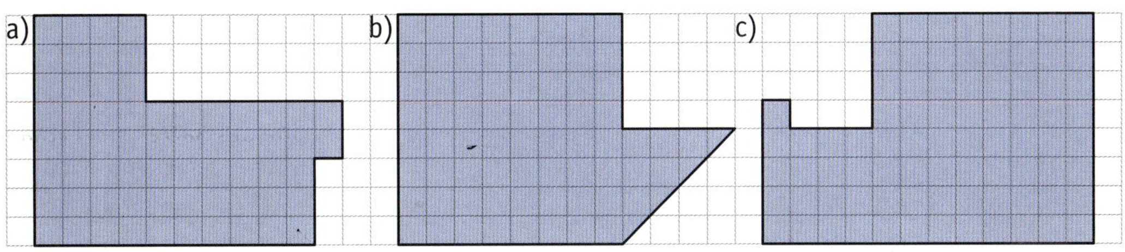


**14.** a) Zeichne einen Kreis mit r = 4 cm und darin ein regelmäßiges Sechseck. Warum muss die Strecke a so lang sein wie der Radius r?

b) Berechne die Höhe in einem Teildreieck, dann den Flächeninhalt des Sechsecks.

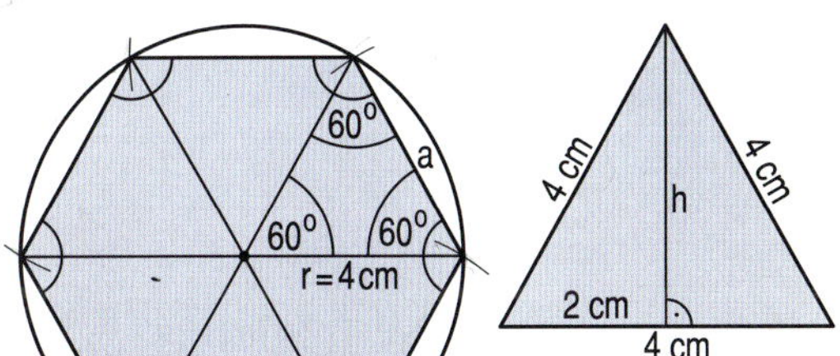


$h^2 + 2^2 = 4^2 \quad | -2^2$

$h^2 = 4^2 - 2^2$

h = ▒

**15.** Ein Beet hat die Form eines regelmäßigen Sechsecks mit 2,60 m Seitenlänge. Berechne Umfang und Flächeninhalt des Beetes.

**16.** Die Außenwände der Schutzhütte sollen einen wetterfesten Schutzanstrich erhalten. Wie groß ist die zu streichende Fläche?

**17.** Ein quadratisches Grundstück hat einen Flächeninhalt von 1764 m². Wie breit ist ein rechteckiges Grundstück mit demselben Flächeninhalt, das 49 m lang ist?

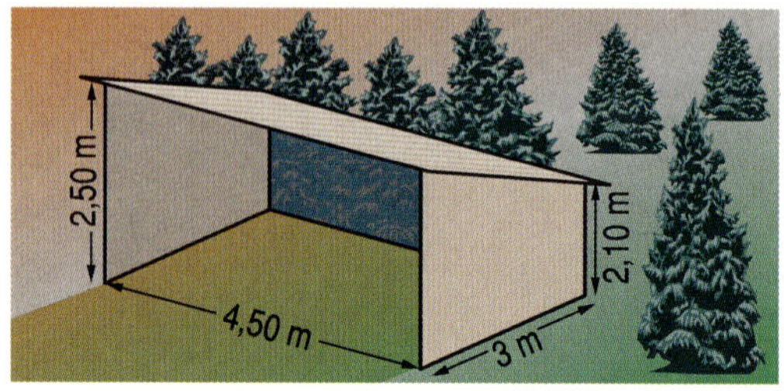


**18.** Berechne Umfang und Flächeninhalt der Figur. Runde auf eine Stelle nach dem Komma.

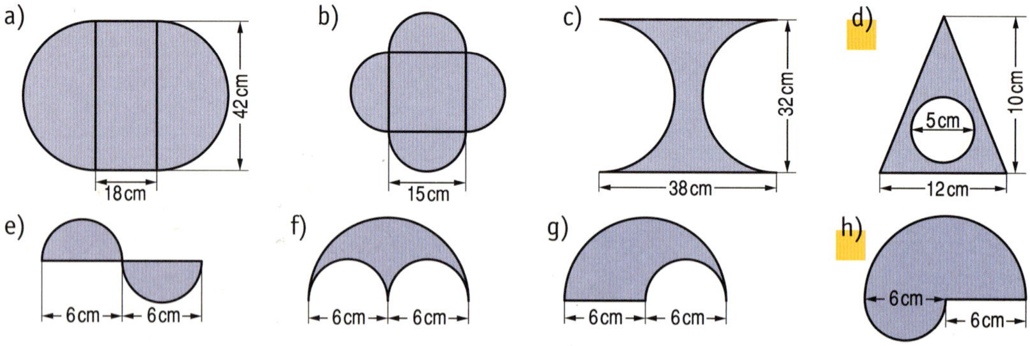


**19.** Klaus hat für seine kleine Schwester ein Holzpuzzle aus vier Teilen hergestellt und die Flächen bunt gefärbt. Die Puzzleteile sind 1 cm dick.
1 cm³ des Holzes wiegt 0,9 g. 225 – 50 = 175

a) Berechne den Flächeninhalt der grünen Puzzlefläche.

368,40 b) Wie schwer ist das hellblaue Puzzleteil? 900 – 490,6

10 + 11,88 c) Wie lang sind die Seiten des gelben Dreiecks? 405,4

d) Stelle weitere Fragen und gib die Lösungen an.

Wie viel Prozent ist D.

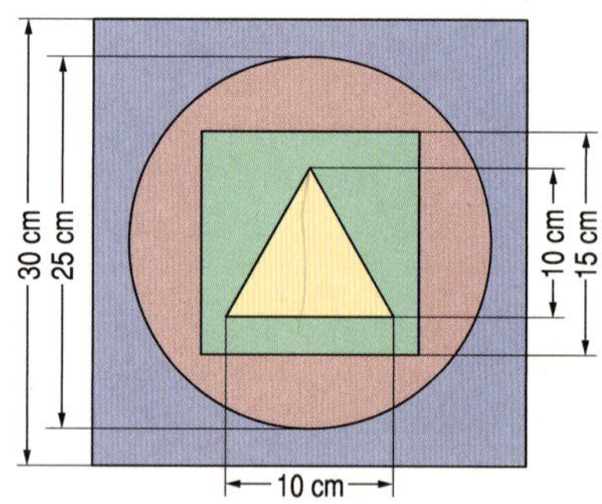


**20.** Übertrage die Figur in dein Heft. Berechne den Flächeninhalt durch Zerlegen oder Ergänzen. Übernimm benötigte Maße aus deiner Zeichnung.

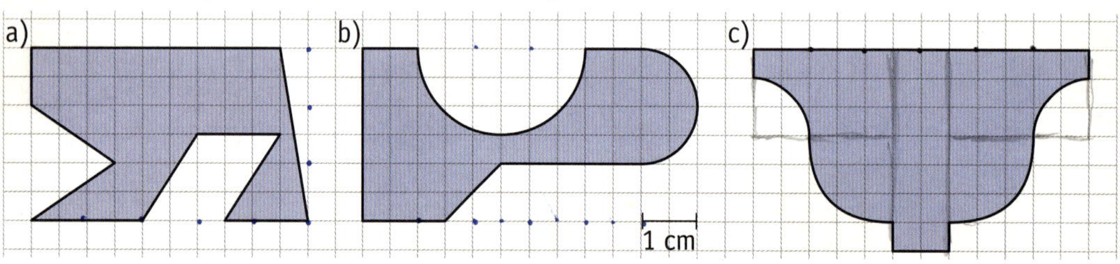


**21.** Berechne die gesuchte Größe.

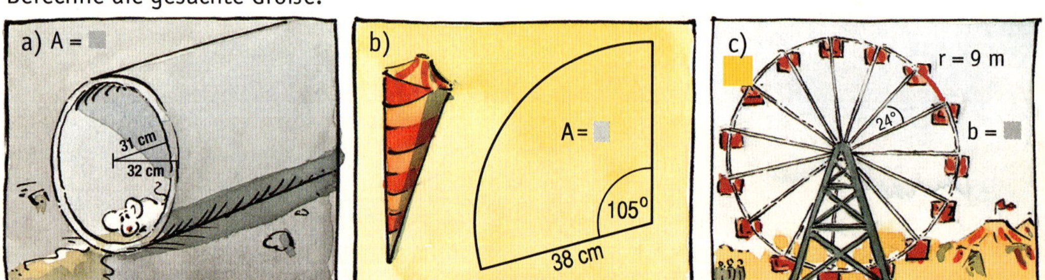

**1.** Übertrage die Tabelle und fülle sie aus.

| | a) | b) | c) |
|---|---|---|---|
| Maßstab | 1 : 500 | 1 : 10 000 | |
| Länge in der Zeichnung | 6 cm | | 2,5 cm |
| Länge in der Wirklichkeit | | 750 m | 625 m |

**2.** a) Zeichne ein Rechteck mit a = 6 cm und b = 4 cm. Vergrößere es so, dass a = 7,2 cm wird.

b) Wie groß ist der Maßstab k?

**3.** a) Vergrößere von A aus im Maßstab 3 : 1.

b) Verkleinere von B aus im Maßstab 1 : 2.

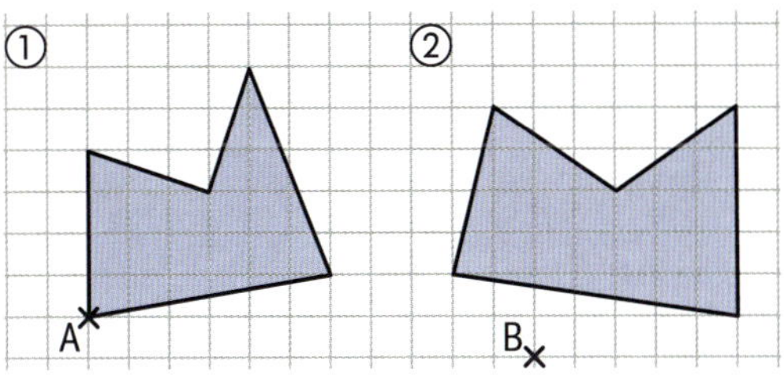


**4.** Berechne die Länge der Strecke x.

a)

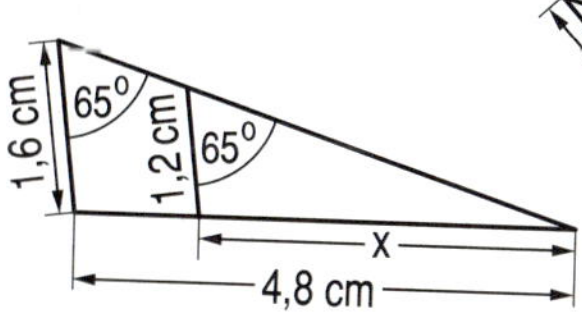


b)

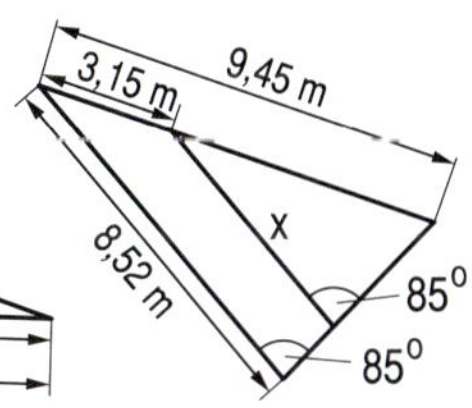


**5.** Berechne den Flächeninhalt der Figur.

a)

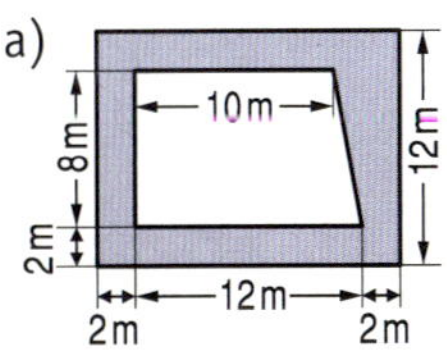


b)

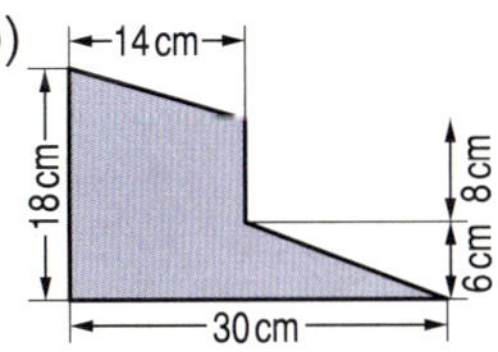


**6.** Berechne den Flächeninhalt des Kreisringes.

a) Radien: außen 8 cm; innen 5 cm

b) Radien: außen 5,4 cm; innen 3,8 cm

**7.** Bei einer Schießscheibe entspricht jeder Ziffer 1, 2, … 9 ein Kreisring mit der Breite 0,5 cm. Der 10 entspricht ein Kreis mit dem Radius 0,5 cm.
Berechne den Flächeninhalt der Kreisringe 1 und 7.

**8.** Berechne den Flächeninhalt des Kreisausschnittes und die Länge des Kreisbogens.

a) r = 26 cm; $\alpha = 83°$  b) r = 4,2 m; $\alpha = 7°$

c) r = 6,6 cm; $\alpha = 29°$  d) r = 1,1 km; $\alpha = 11°$

### Vergrößern und Verkleinern

Maßstab =
Länge Bild : Länge in Wirklichkeit

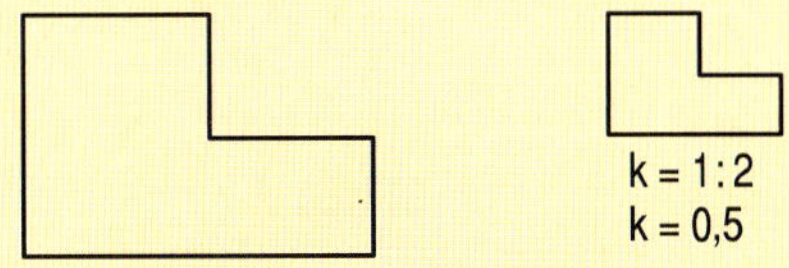


### Verfahren zum Vergrößern und Verkleinern

$\overline{ZA'} = k \cdot \overline{ZA}$

$\overline{ZB'} = k \cdot \overline{ZB}$

$\overline{ZC'} = k \cdot \overline{ZC}$

$\overline{ZD'} = k \cdot \overline{ZD}$

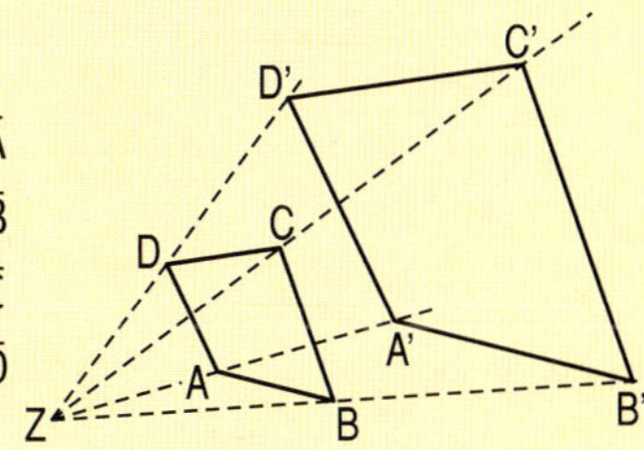


### Ähnliche Dreiecke

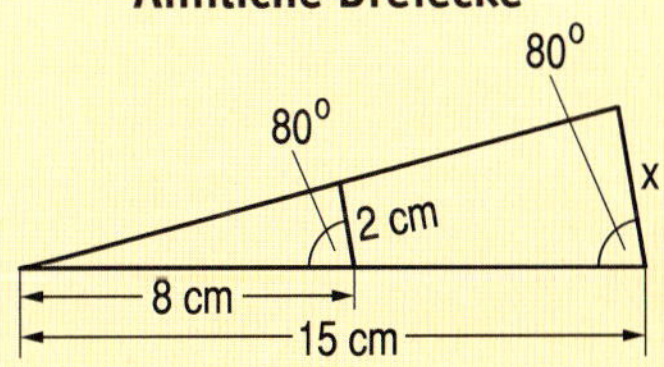


$\frac{x}{2} = \frac{15}{8}$   x = 3,75 cm

### Flächeninhalt von Vielecken

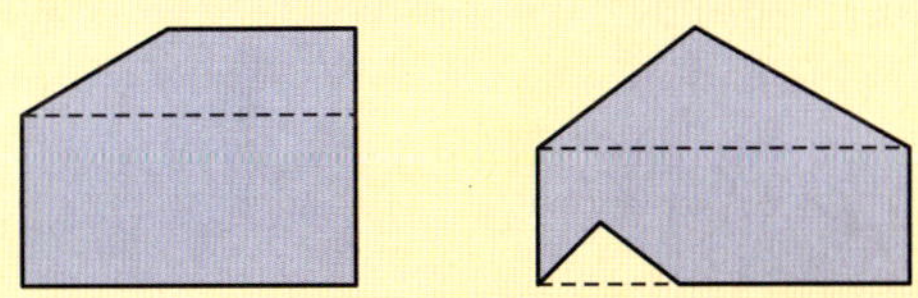

- Vielecke zerlegen oder ergänzen
- Teilflächen berechnen
- Flächeninhalte der Teilflächen addieren oder subtrahieren

### Kreisring

*Flächeninhalt:*

$A = A_{\text{äußerer Kreis}} - A_{\text{innerer Kreis}}$

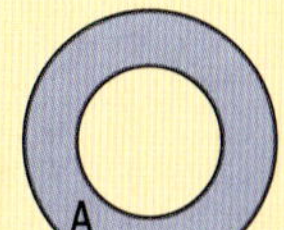


### Kreisausschnitt

| Winkel | Fläche | Bogen |
|---|---|---|
| 360° | $A_{Kreis}$ | $u_{Kreis}$ |
| 1° | ■ | ■ |
| $\alpha$ | A | b |

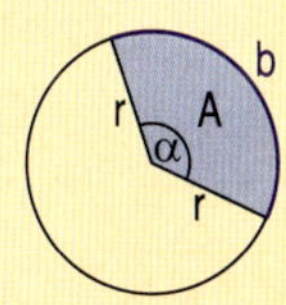

DIAGNOSETEST

**1.** In einer Bauzeichnung (Maßstab 1 : 50) hat ein rechteckiges Zimmer die Maße 10,8 cm und 8,2 cm. Berechne die Grundfläche in der Wirklichkeit.

**2.** Zeichne ein Dreieck ABC mit a = 4,5 cm; b = 5,1 cm; c = 6,9 cm.

a) Verkleinere das Dreieck von einem Punkt außerhalb des Dreiecks mit k = 0,8.

b) Vergrößere das Dreieck von einem Punkt außerhalb des Dreiecks mit k = 1,4.

**3.** a)

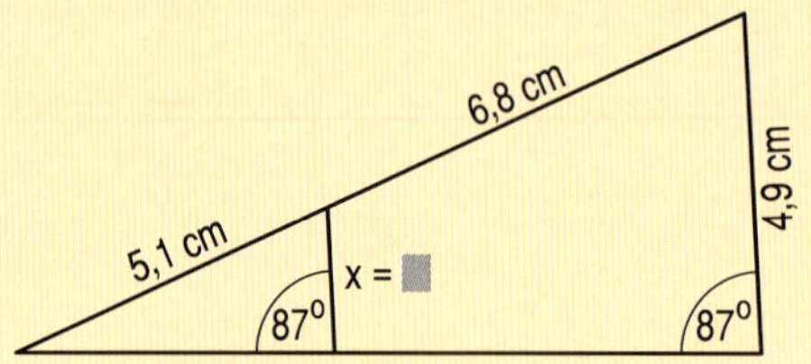


b)

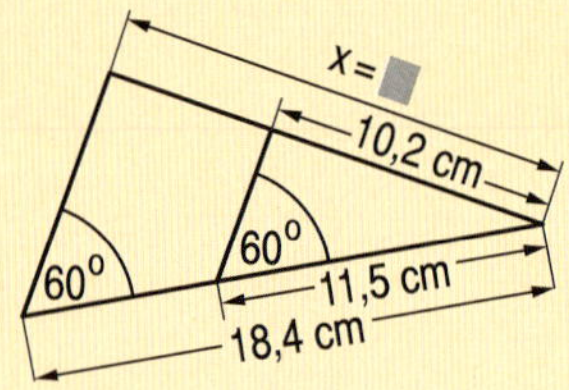


**4.** a)

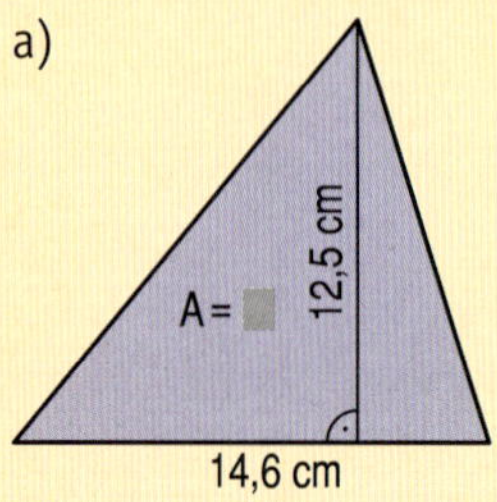


b)

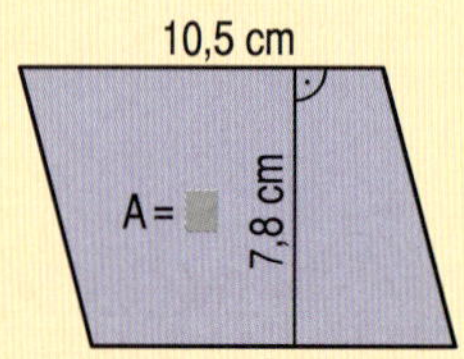


**5.**

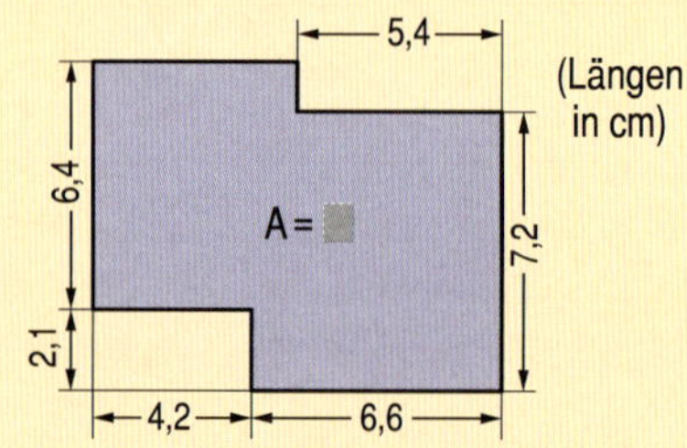


## Wähle weitere 5 Aufgaben aus.

**1.** Zeichne ein Rechteck mit a = 3,5 cm und b = 6,2 cm. Vergrößere es von einem Punkt außerhalb des Rechtecks aus mit k = 1,5. Vergleiche die Flächeninhalte.

**2.** Die große Rosette im Straßburger Münster hat 13,5 m Durchmesser.

a) Berechne den Umfang und den Flächeninhalt der Rosette. Runde auf zehntel Meter (Dezimeter) bzw. auf zehntel Quadratmeter.

b) Welchen Durchmesser hat ein Kreis mit halb so großem Umfang, welchen Flächeninhalt hätte er?

**3.** Skizziere zunächst im Heft. Berechne den Flächeninhalt (Längen in m).

a)

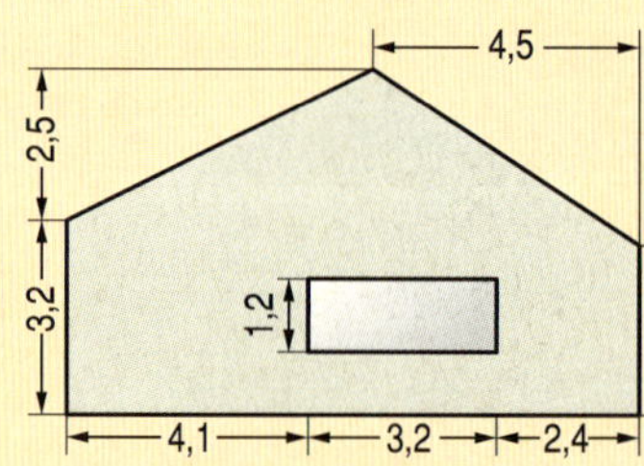


b)

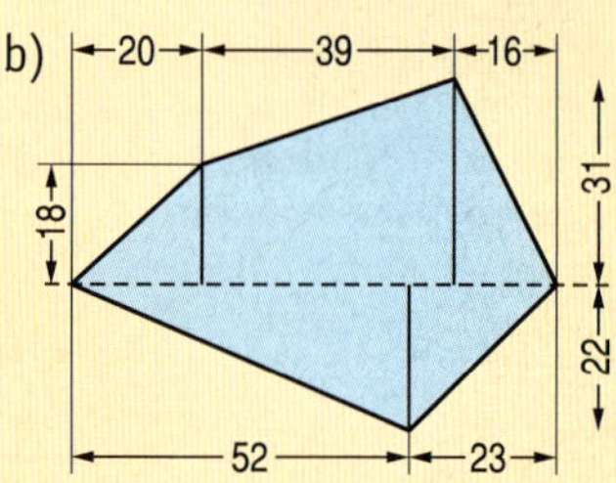


**4.**

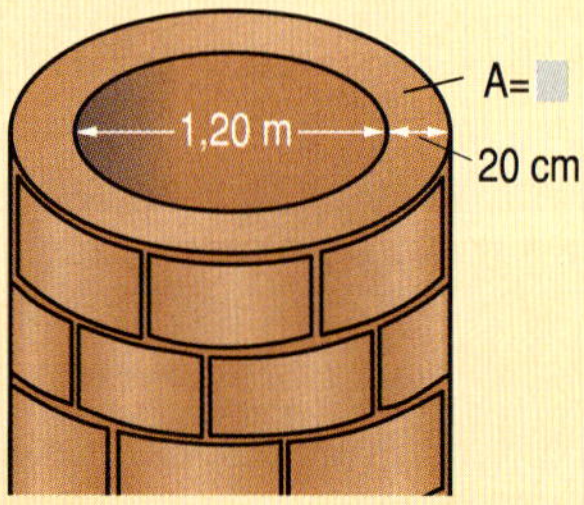


**5.**

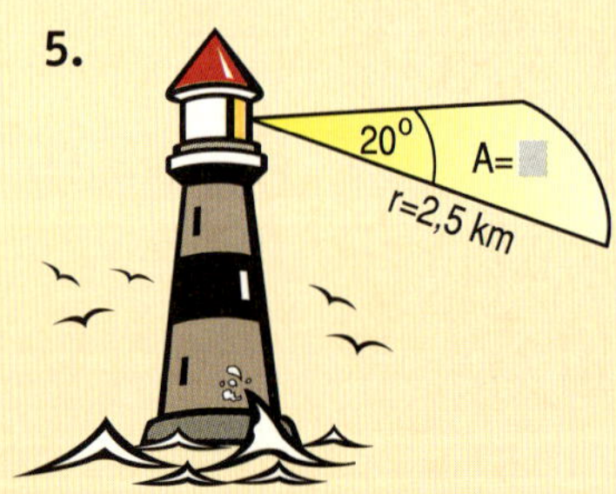


**6.**

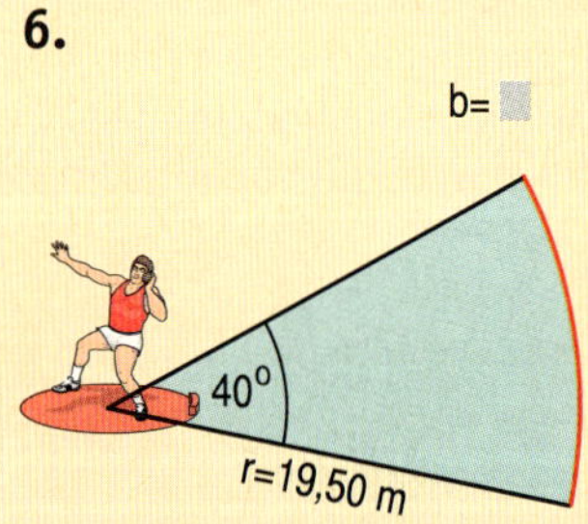

# Prozent- und Zinsrechnung

# 4

**Die Welt als Dorf**

Wenn die Welt ein Dorf
mit nur 100 Einwohnern wäre ...

... wären davon:

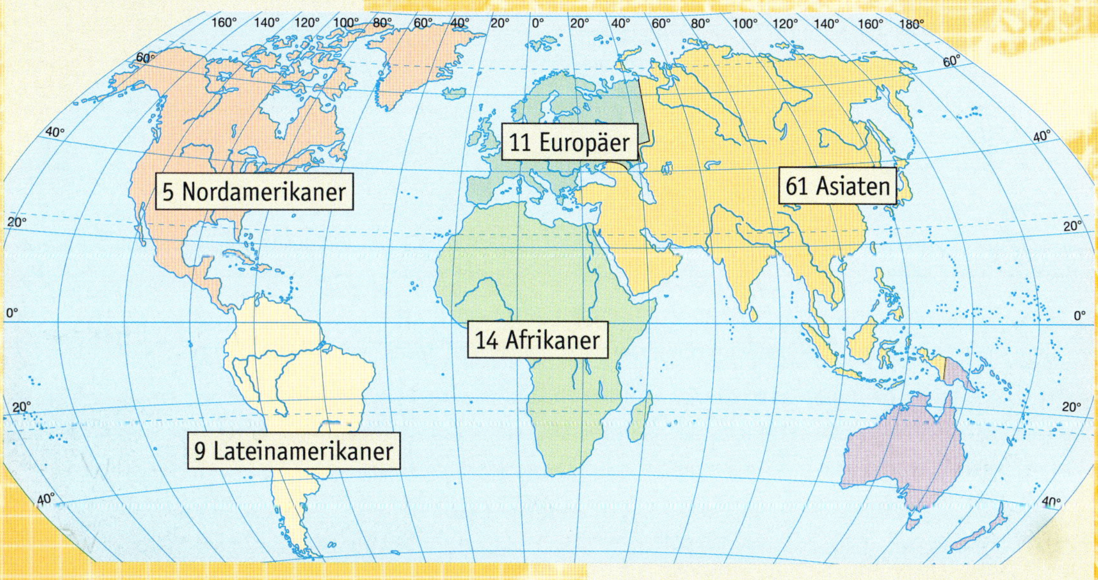

**Altersstruktur**

29 Dorfbewohner wären Kinder unter 15 Jahren.
7 wären älter als 65.
50 Menschen im Dorf sind Frauen.
50 sind Männer.

**Zukunft**

Die Zahl der Dorfbewohner würde jährlich um eine Person steigen. Im Jahre 2050 würden bereits 143 Menschen im Dorf leben:
31 Afrikaner
7 Nordamerikaner
10 Europäer
13 Lateinamerikaner
und 82 Asiaten

## Anwenden der Prozentformel

**1.** a) Erstellt in Gruppen Lernplakate für die Berechnung von *Prozentwert* (W), *Grundwert* (G) und *Prozentsatz* ($\frac{p}{100}$ = p%). Wählt dazu das entsprechende Beispiel von der Tafel. Achtet vor allem bei der Berechnung des Grundwertes auf den richtigen Umgang mit der Prozentformel.

b) Präsentiert eure Ergebnisse und führt eine Abstimmung durch: „Welches ist das beste Plakat?" Beachtet bei eurer Bewertung u. a.: Richtigkeit, Übersichtlichkeit und Sauberkeit.

c) Wie viel Prozent der Stimmen bekam jedes eurer Plakate?

**2.** Berechne die fehlende Größe und runde sinnvoll.

a) 16 % von 267,50 € b) 29 % von 67,47 € c) 6 % sind 28,80 € d) 4 % sind 49,40 €
e) 24 € von 640 € f) 18 € von 324 € g) 9 % von 456,38 € h) 12 % sind 25,90 €

**3.** Prozentwert, Grundwert, Prozentsatz – was ist gegeben, was ist gesucht? Berechne die fehlende Größe. Runde sinnvoll.

a) 24 von 624 Autos waren beim Bremsentest fehlerhaft.
b) Nur 16 % von 196 Kleinwagen hatten volle Punktzahl beim Lichttest.
c) 135 von 785 Mittelklassewagen kosten über 12 000 €.
d) 76 Lkws waren beim Geschwindigkeitstest zu schnell. Das sind 53 %.
e) 22 % von 454 Motorrädern hatten eine höhere Höchstgeschwindigkeit als 167 $\frac{km}{h}$.
f) 4 %, also 21 Limousinen, hatten Lackschäden.
g) Im Eröffnungsspiel hat Deutschland 4 Tore geschossen, der Gegner nur 50 % davon.

**4.** Die Markgrafen-Schule hat 800 Schüler und Schülerinnen. Es gibt 432 Mädchen auf der Schule. 32 % der Jungen sind größer als 1,50 m. 34 % aller Schülerinnen und Schüler kommen mit dem Fahrrad zur Schule. 324 Mädchen besitzen ein Handy. Es gibt 28 Lehrerinnen an der Schule, das sind 65 % aller Lehrkräfte. Stelle Fragen und berechne die Lösungen, runde sinnvoll, falls nötig.

**5.** Berechne den Prozentwert W. Runde, wenn nötig.

a) 150 % von 2,30 € b) 250 % sind 620 Stück
c) 255 % von 6 kg d) 300 % sind 500 m
e) 127 % von 35 kg f) 122 % sind 7 200 m
g) 334 % von 3 000 € h) 800 % sind 0,30 €

**6.** Melanie sammelt Autogramme. Voriges Jahr hatte sie genau 26 Autogramme. Heute beträgt ihre Sammlung 300 % davon.

> Prozentsätze über 100 %
> W ist größer als G
> *Beispiel:* 200 % = $\frac{200}{100}$ = 2
> 200 % von G ist das Doppelte.
> Berechne 150 % von 40 kg.
> W = 40 · 1,5 W = 60 kg

**7.** Erfinde eigene Aufgaben, bei denen Grundwert, Prozentwert oder Prozentsatz gesucht sind, und stelle sie deinen Mitschülern. Erstelle eine ausführliche Lösung zu jeder Aufgabe.

## Vermehrter und verminderter Grundwert

Vermehrter Grundwert:

| alter Preis | neuer Preis |
|---|---|
| 216 € | ? |

Erhöhung

| Grundwert 100 % | 30 % |
|---|---|
| vermehrter Grundwert 130 % | |

neuer Preis = 216 € · 1,3
(= alter Preis · Prozentfaktor)

**1.** a) *Partnerarbeit:* Besprecht den Hefteintrag. Berechnet anschließend den neuen Preis.
b) Erstellt in Partnerarbeit eine entsprechende Grafik zur Berechnung des verminderten Grundwertes. Berechnet anschließend den verminderten Preis aus dem Comic mit dem Prozentfaktor.

**2.** a) Das Gehalt von Frau Haller betrug 1 505 €. Sie bekommt eine Gehaltserhöhung von 3,7 %.
b) Oma Haller bekommt nach einer 3,5%igen Gehaltserhöhung nun 1 562,85 €.
c) Herrn Hallers Gehalt von bisher 1 856 € wird um 1,8 % gekürzt.
d) Tochter Theresa bekommt nach einer 2,4%igen Gehaltskürzung nun 2 450 €.
e) Wie sehen die alte und die neue Finanzlage der ganzen Familie Haller aus (im Monat, im Jahr)?

**3.** Der alte Preis wird 2-mal erhöht bzw. vermindert. Berechne den neuen Preis und die gesamte prozentuale Veränderung.
a) Alter Preis: 59 €, 1. Erhöhung 10 %, 2. Erhöhung 3 %
b) Alter Preis: 230 €, 1. Minderung 2,5 %, 2. Minderung 4 %
c) Alter Preis: 950 €, 1. Minderung 3,5 %, 2. Minderung 6 %
d) Alter Preis: 45 €, 1. Erhöhung 7 %, 2. Erhöhung 11 %
e) Alter Preis: 68 €, 1. Erhöhung 4,5 %, 2. Erhöhung 3 %

Alter Preis: 85 €
1. Erhöhung 4 %,
2. Erhöhung 3 %

$85\ € \xrightarrow{\cdot 1,04} ■ \xrightarrow{\cdot 1,03} 91,052\ €$

Der neue Preis beträgt 91,05 €.

**4.** Berechne den alten Preis. Der neue Preis ist gegeben.
a) plus 10 %, plus 5 %: 45,00 €
b) minus 3 %, minus 2 %: 130 €
c) plus 2 %, minus 9 %: 80,50 €
d) minus 1,2 %, minus 1,4 %: 247 €

**5.** Winterschlussverkauf.
a) Die Pullover wurden 2-mal um 4 % reduziert. Der alte Preis betrug 65 €.
b) Beim Kauf von 3 Stück bekommt man nochmals 15 % Rabatt.
c) Winterschuhe wurden im „Kaufhaus Gut" alle zuerst um 12 %, dann um 15 % und schließlich nochmals um 30 % reduziert. Berechne einige Beispiele.
d) Wegen extrem großer Nachfrage hat das Kaufhaus die Preise für Skiunterwäsche nach 15%iger Reduzierung zuerst wieder um 5 % und dann nochmals um 10 % erhöht.

**6.** Im Jahr 2007 wurde die Mehrwertsteuer von 16 % auf 19 % erhöht. Was bedeutet dies für die Verbraucher und die Händler? Überlegt in Gruppen mit eigenen Beispielen.

!!!!

## Kfz-Versicherung

**Sachversicherer aller Art** SaA

Kraftfahrzeugversicherungsschein Nr.: 03325-21.6
Für Herrn W. Agen

| Versicherungsumfang | Tarifbeitrag in € | | Vers.-beitrag in € |
|---|---|---|---|
| 1. Haftpflichtversicherung unbegrenzte Deckung | 628,40 | SF 5 | 377,04 |
| 2. Teilkasko mit 150 € Selbstbeteiligung | 164,25 | | 164,25 |
| Jahresbeitrag | | | 541,29 |

Der Versicherungsbeitrag in der Kfz-Haftpflicht hängt davon ab, wie viele Jahre man schadensfrei gefahren ist.
Fährt man unfallfrei, gewährt die Versicherung jeweils nach einem Jahr einen Rabatt auf den Tarifbetrag. Man rückt eine SF-Stufe höher.
Hat die Versicherung im letzten Kalenderjahr für einen Schaden bezahlt, wird der Schadensfreiheitsrabatt zurückgestuft. Man zahlt einen höheren Versicherungsbeitrag.

**1.** a) Ist Herrn Agens Versicherungsbeitrag richtig berechnet? Kontrolliere.

b) Wie viel müsste er im nächsten Jahr zahlen, wenn er dieses Jahr einen Haftpflichtschaden hätte?

| Schadens-freiheitsklasse (Beitragssatz) | Rückstufung bei einem Schaden nach |
|---|---|
| SF 20 (30 %) | SF 18 |
| SF 19 (30 %) | SF 10 |
| SF 18 (30 %) | SF 10 |
| SF 17 (35 %) | SF 7 |
| SF 16 (35 %) | SF 7 |
| SF 15 (35 %) | SF 6 |
| SF 14 (40 %) | SF 6 |
| SF 13 (40 %) | SF 5 |
| SF 12 (40 %) | SF 5 |
| SF 11 (40 %) | SF 5 |
| SF 10 (45 %) | SF 4 |
| SF 9 (45 %) | SF 4 |
| SF 8 (50 %) | SF 4 |
| SF 7 (50 %) | SF 3 |
| SF 6 (55 %) | SF 2 |
| SF 5 (60 %) | SF 2 |
| SF 4 (65 %) | SF 1 |
| SF 3 (75 %) | SF 1 |
| SF 2 (85 %) | SF 1/2 |
| SF 1 (100 %) | SF 1/2 |
| SF 1/2 (120 %) | S |
| S (155 %) | M |
| 0 (240 %) | M |
| M (245 %) | M |

**2.** a) Ines ist in der Klasse 0 eingestuft. Der Tarifbeitrag beträgt 358,60 €. Wie viel € muss Ines im ersten Jahr bezahlen?

b) Nach einem Jahr unfallfreien Fahrens wird sie in die Klasse S eingestuft. Wie hoch ist dann ihr Versicherungsbeitrag?

c) Ines hat ihr Auto im Jahr 2008 gekauft. In welchem Jahr zahlt sie bei unfallfreiem Fahren erstmalig 50 % des Tarifbeitrages?

Schlechte Mitteilung für Anfänger(innen):
Hast du deinen Führerschein noch keine drei Jahre, wirst du in Klasse 0 (Null) eingestuft.

**3.** Konrad wird als Führerscheinneuling in der Klasse SF 1/2 eingestuft. Für sein Auto beträgt der Tarifbetrag 410,75 €.

a) Wie hoch ist der Versicherungsbeitrag?

b) Im ersten Jahr verursacht er zwei Unfälle, sodass er im Folgejahr in der Klasse M (Malus) eingestuft wird. Wie hoch ist der Versicherungsbeitrag?

Gute Mitteilung für Anfänger(innen):
Hat ein Elternteil einen Führerschein und ist in einer SF-Klasse, wirst du als Neuversicherte(r) in der Klasse SF 1/2 eingestuft.

!!!!

**4.** Herr Lange ist in SF 8 eingestuft. Er verursacht einen Unfall und lässt ihn durch die Versicherung begleichen.

a) In welche Klasse wird er im nächsten Jahr eingestuft?

b) Wie lange muss er unfallfrei bleiben, um wieder SF 8 zu erreichen?

**5.** Frau Brandt ist in der Klasse SF 18. Sie bezahlt 421,45 € Versicherungsbeitrag. Einen Unfallschaden lässt sie durch die Versicherung begleichen.

a) Berechne die Grundprämie (SF 1).

b) Wie viel € muss Frau Brandt im ersten Jahr nach dem Unfall bezahlen?

**6.** Jens meldet nach bestandener Führerscheinprüfung im Oktober 2000 ein Auto an. Als Anfänger wird er in Klasse SF 1/2 eingestuft. Wann bezahlt er bei unfallfreiem Fahren 100 % der Prämie?

Ohne Vollgas kommst du schneller ans Ziel.

Erst denken, dann Gas geben.

**7.** Tina ist in die Klasse SF 1 eingestuft und bezahlt 325 €. Berechne die Versicherungsbeiträge bei unfallfreiem Fahren für die nächsten vier Jahre.

**8.** Herr Burg ist im Jahr 2008 in der Schadensklasse SF 7 eingestuft und zahlt 483 €. Er verursacht einen Unfall. Der Schaden beträgt 1 000 €. Herr Burg überlegt, ob er den Schaden selbst bezahlt. Lässt er ihn durch die Versicherung begleichen, wird er im nächsten Jahr zurückgestuft.

a) Übertrage die Aufstellung in dein Heft und vervollständige sie bis zum Jahr 2017.

b) Wie viel € muss Herr Burg in beiden Fällen in 10 Jahren insgesamt bezahlen?

c) Wie würdest du entscheiden?

| Schadenregulierung selbst: 1 000 € | | | durch Versicherung | |
|---|---|---|---|---|
| Jahr | Klasse | Prämie | Klasse | Prämie |
| 2008 | SF 7 | 483,00 | SF 7 | 483,00 |
| 2009 | SF 8 | 483,00 | SF 3 | ⋮ |
| 2010 | SF 9 | ⋮ | SF 4 | ⋮ |
| 2011 | SF 10 | ⋮ | SF 5 | ⋮ |
| ⋮ | ⋮ | ⋮ | ⋮ | ⋮ |
| 2017 | SF 16 | ⋮ | SF 11 | ⋮ |
| | Summe: | ____ | Summe: | ____ |

!!!!

## Kostenberechnung beim Pkw

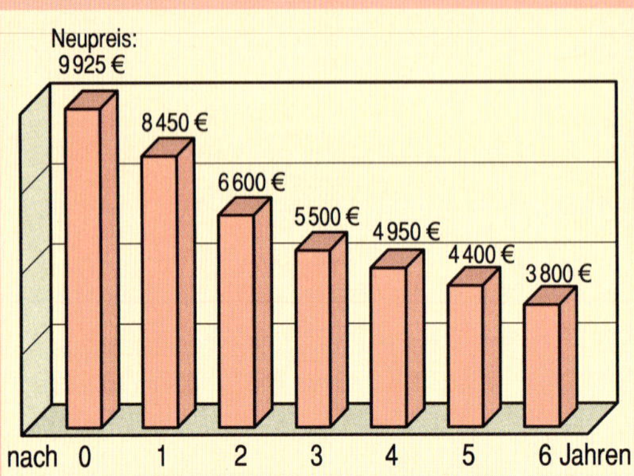

**1.** Arbeitet mit der Grafik für den Werteverlust eines Neuwagens.

a) Stellt mindestens drei Fragen. Schreibt Rechenweg und Antwort auf.

b) Legt selbst eine Tabelle (Tabellenkalkulation) wie im Bild an und vervollständigt sie.

D3 =C3/$B$2

| | A | B | C | D | E | F |
|---|---|---|---|---|---|---|
| 1 | Jahr | Wert nach Jahren | Wertverlust bezogen auf das Vorjahr | Wertverlust bezogen auf den Neupreis | Wert des Pkw in % | |
| 2 | 0 | 9.925 € | ----- | ----- | 100 | |
| 3 | 1 | 8.450 € | 1.475 € | 14,9% | | |
| 4 | 2 | 6.600 € | | | | |
| 5 | 3 | 5.500 € | | | | |
| 6 | 4 | 4.950 € | | | | |
| 7 | 5 | 4.400 € | | | | |
| 8 | 6 | 3.800 € | | | | |

= C3 / $B$2

**2.** Stellt zu jedem Kasten mindestens eine Frage und berechnet die Lösung in einer Arbeitsgruppe.

① Frau Schwackes Pkw ist 6 Jahre alt. Der Wert ihres Fahrzeugs wird mit 6 552 € angegeben. Das sind 42 % des Neupreises.

② Herr Lepo hatte seinen Wagen zu einem Neupreis von 22 800 € gekauft. Nach 3 Jahren möchte er ihn verkaufen. Der Händler bietet 15 500 € für den Wagen.

③ Ines hat festgestellt, dass ihr Pkw zum Neupreis von 14 200 € nach 2 Jahren nur noch einen Wert von 68 % hat.

④ Murats Pkw hat nach 2 Jahren einen Wert von 7 100 €. Im 1. Jahr betrug der Wertverlust 1 600 €, im 2. Jahr betrug der Verlust 2 100 €.

!!!!

**Kalkulierte Kosten für mein Auto:**

| | |
|---|---|
| Wertverlust im 1. Jahr: | 1 470,00 € |
| Steuern im Jahr: | 141,00 € |
| Versicherung SF 1/2 (120 %) | 438,00 € |
| Inspektion und Reparaturen: | 400,00 € |
| Benzinkosten bei einer Fahrleistung von ca. 18 000 km im Jahr: | ■ € |
| Jahreskosten: | ■ € |
| Kosten im Monat: | ■ € |
| Kosten pro km: | ■ € |

**3.** a) Berechne die Benzinkosten für ein Jahr. Corinna fährt ca. 18 000 km im Jahr. Ihr Auto benötigt 6 *l* Superbenzin auf 100 km (erkunde den aktuellen Benzinpreis selbst).

b) Übertrage die Kostenkalkulation in dein Heft und vervollständige sie.

c) Corinna verdient im Monat 1 017 € netto. Wie viel Prozent davon betragen die Ausgaben für ihr Auto?

d) Wie verändern sich die Kosten, wenn Corinna den Wertverlust für ihr Auto nicht berücksichtigt? Wie viel Prozent von ihrem Gehalt muss sie dann für ihr Auto berücksichtigen?

**4.** Corinna erhält eine Mitteilung ihrer Kfz-Versicherung.

a) Wie viel Euro muss Corinna für die Auto-Haftpflichtversicherung jetzt bezahlen? Erkunde dazu aktuelle Daten im Internet. Angaben auf vorangehenden Seiten in diesem Buch können auch dabei helfen.

b) Im 2. Jahr hat das Auto von Corinna einen geringeren Wertverlust; sie kalkuliert 1 150 €. Berechne die monatlichen Kosten mit der neuen Schadensfreiheitsklasse. Wie viel Prozent vom Nettogehalt (1 017 €) betragen die Ausgaben für ihr Auto jetzt?

**Versi – TOP**
Sachversicherungen aller Art

**KFZ-Versicherungsschein-Nr. 00/142**

Sehr geehrte Frau Corinna Beck,

wir teilen Ihnen mit, dass Sie nunmehr in der Schadensfreiheitsklasse SF 1 eingestuft sind.

**5.** Ines kalkuliert für Urlaubsfahrten 350 € Fahrgeld und für Taxifahrten 250 € im Jahr.

a) Berechne die durchschnittlichen Ausgaben aller Fahrtkosten pro Monat. Wie viel Prozent sind das von ihrem Netto-Monatsgehalt?

b) Vergleiche die Kosten von Ines mit denen von Corinna.

Steckbrief von Corinnas Freundin Ines:

- Verdienst: 1 280 € netto
- Kein Auto
- Urlaub mit der Bahn
- Monatskarte: 84 €

## Diagramme lesen und zeichnen

**1.** Im Jahresmittel stehen Deutschland durch Niederschlag und Wasserzufluss ca. 164 Mrd. $m^3$ Wasser zur Verfügung. Aus der Tabelle kannst du die Anteile entnehmen, die dem Wasserkreislauf entnommen und dann wieder zugeführt werden.

a) Wie viel Prozent der verfügbaren Wassermenge werden insgesamt genutzt?

b) Berechne den prozentualen Anteil, den die angegebenen Wassernutzer an der verfügbaren Wassermenge haben und stelle den Sachverhalt in einem Kreisdiagramm dar.

**2.** Am Streifendiagramm (1 mm ≙ 1 %) kannst du ablesen, woher das Trink- und Nutzwasser kam. Die Gesamtmenge betrug 6,5 Mrd. $m^3$. Wie viel $m^3$ Wasser entfallen auf die einzelnen Bereiche?

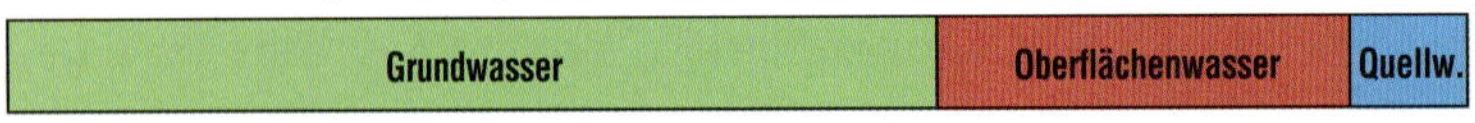


**3.** Die Grafik zeigt den durchschnittlichen Tagesverbrauch von Wasser pro Einwohner.

a) Um wie viel Prozent hat sich der durchschnittliche Verbrauch von 1987 bis 2006 verringert?

b) Der Preis für Frischwasser einschließlich Abwasser beträgt 5,20 € für 1 $m^3$ (1000 *l*). Wie viel € bezahlt durchschnittlich jeder Einwohner im Jahr?

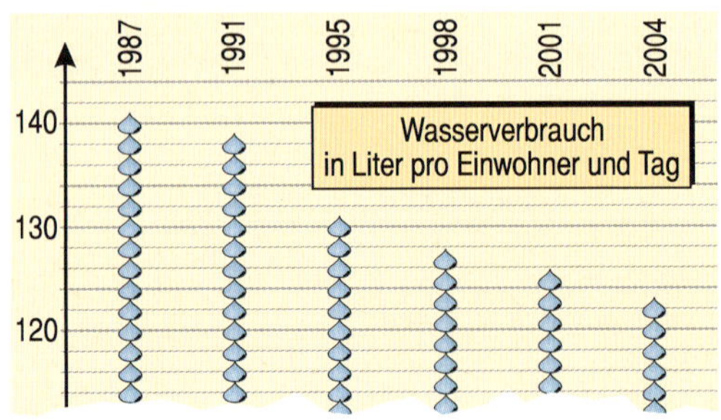


**4.** Mit einfachen Mitteln kann man Wasser sparen.

a) Wie viel Liter Wasser braucht man täglich mit Spararmaturen?

b) Um wie viel Prozent verringert sich der durchschnittliche Wasserbedarf bei C gegenüber A?

c) Berechne die jährliche Ersparnis von C gegenüber A bei einem Wasserpreis von 2,71 €/$m^3$ und 3,03 €/$m^3$ Abwassergebühr.

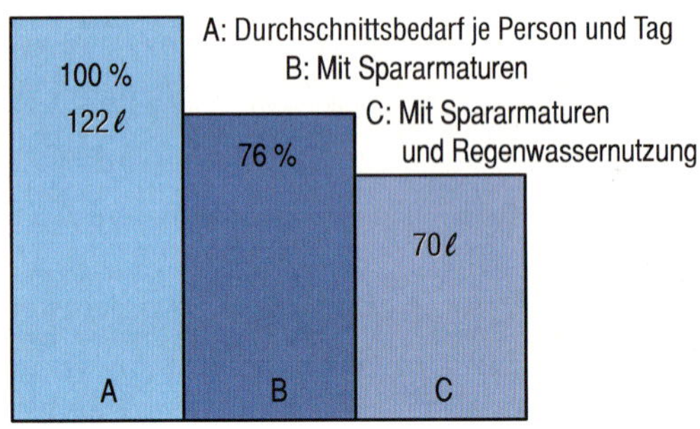


**5.** Der Grafik kannst du entnehmen, wozu die durchschnittliche Verbrauchsmenge von 128 *l* Wasser pro Tag und Einwohner genutzt wird.

a) Stimmt die Aussage: „Nur ca. 2 % der Tagesmenge werden zum Kochen und Trinken verwendet"?

b) Wie viel Liter Wasser werden täglich nur zum Entfernen von „Schmutz" verwendet? Wie viel Prozent sind das von der Tagesmenge?

c) Stelle die Prozentanteile für alle Angaben in einem Kreisdiagramm dar.

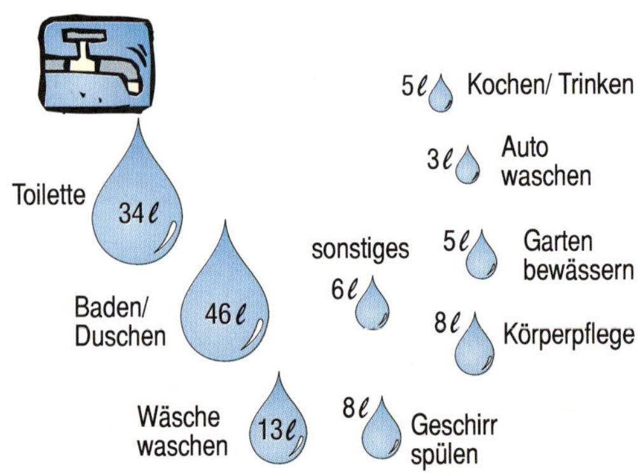

!!!!

## Die beliebtesten Ausbildungsberufe in NRW

# Bleib FIT!

**Die Ergebnisse der Aufgaben 1 bis 6 ergeben die Namen von zwei berühmten Abenteurern.**

**1.** Löse die Gleichungen: x = ▪

a) 7x + 24 = 55,5  b) 5(x + 12) = – 20

c) 4x – 14 = 30 – 7x  d) 0,5x + 12 = 0,2x + 18

**2.** Bei einem Test in der Klasse 10a wurden diese Punktzahlen erreicht.

| | | | | | | | |
|---|---|---|---|---|---|---|---|
| 15 | 18 | 18 | 18 | 19 | 24 | 24 | 29 |
| 29 | 31 | 31 | 31 | 35 | 36 | 36 | 38 |

a) Wie hoch ist die durchschnittliche Punktzahl?

b) Bestimme den Median (Zentralwert).

c) Wie viel Prozent der Schüler erreichten mehr als 31 Punkte?

**3.** Eine Radtour dauert 40 Minuten bei einer Durchschnittsgeschwindigkeit von 18 $\frac{km}{h}$.

a) Wie lang ist die Strecke? ▪ km

b) Wie viel Minuten dauert die Fahrt bei einer Durchschnittsgeschwindigkeit von 20 $\frac{km}{h}$?

**4.** Eine Konservendose hat einen Durchmesser von 72 mm und eine Höhe von 75 mm.
Berechne Volumen und Oberfläche. Runde auf einen ganzzahligen Wert.

V = ▪ $cm^3$  O = ▪ $cm^2$

**5.** Ein TV- Bild hat eine Höhe von h = 36 cm.
Das Verhältnis von Breite b zur Höhe h ist 4:3.

a) Wie breit ist der Bildschirm? b = ▪ cm

b) Wie lang ist die Diagonale? d = ▪ cm

**6.** Berechne den Flächeninhalt (Maße in cm).

a)

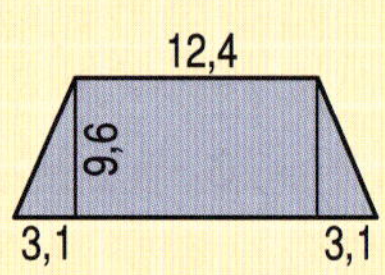


A = ▪ $cm^2$

b)

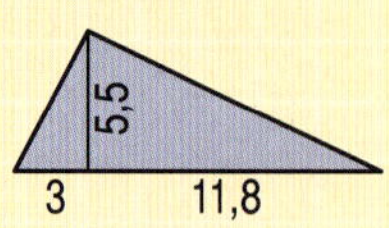


A = ▪ $cm^2$

- −121 G
- −112 M
- −16 M
- 5,5 I
- 4,5 A
- 6 Y
- 4 U
- 12 N
- 18 N
- 20 N
- 22 U
- 23 B
- 25 E
- 27 D
- 27,1 E
- 29 S
- 32 N
- 35 T
- 36 H
- 40,7 Y
- 42 E
- 48 L
- 60 A
- 148,8 R
- 158,6 F
- 251 L
- 305 I
- 324,8 A

## Zinsrechnung

> *Zinsen für 1 Jahr:*
> Zinsen = Kapital *mal* Zinssatz
> $Z = K \cdot \frac{p}{100}$

**1.** a) Löse die Zinsformel nach K und auch nach $\frac{p}{100}$ auf.
b) Berechne die Zinsen für 650 € Kapital und 5 % Zinssatz.
c) Welches Kapital bringt bei 4 % Zinssatz 45 € Jahreszinsen?
d) Bei welchem Zinssatz erbringen 500 € Kapital 15 € Zinsen?

**2.** 1 000 € Kapital bringen bei 5 % Zinssatz als Jahreszinsen 50 €. Wie hoch sind die Jahreszinsen
a) bei doppeltem Kapital und gleichem Zinssatz,
b) bei halbem Kapital und doppeltem Zinssatz,
c) bei doppeltem Kapital und doppeltem Zinssatz?

**3.** Bei einer Bank beträgt der Zinssatz für Spareinlagen mit gesetzlicher Kündigungsfrist 2,5 % und bei einjähriger Kündigungsfrist 3,75 %. Der Kunde möchte 8 800 € anlegen. Wie viel Euro beträgt der Zinsunterschied zwischen beiden Angeboten?

**4.** Herr Mayer erhält nach einem Jahr sein angelegtes Geld mit Zinsen zurück. Der Zinssatz betrug 3 %. Er bekommt 1 287,50 € zurück. Wie viel Geld hat er angelegt?

**5.** Frau Konrad spart auf ein Wohnmobil. Sie legt 40 000 € an und erhält nach einem Jahr 1 360 € Zinsen. Zu welchem Zinssatz wurde ihr Kapital verzinst?

!!!! **6.** Herr und Frau König möchten ein Haus kaufen, das 350 000 € kostet. Wenn sie alle ihre Ersparnisse zusammenlegen, kommen sie auf 80 000 € Eigenkapital. Von der Bausparkasse können sie 120 000 € Bauspardarlehen zu 4,5 % bekommen, vom Arbeitgeber 40 000 € Darlehen zu 3 %. Die örtliche Bank berechnet für die Kredite bis 200 000 € einen Zinssatz von 6 %. Die Monatsrate für alle Kredite berechnet sich so: Jahreszinsen plus 1 % der Kreditsumme als Tilgung, die Summe geteilt durch 12. Überlegt in Partnerarbeit, wie die Königs den Kauf finanzieren sollen und wie hoch dann die monatliche Belastung ist.

**7.** Welches der beiden Angebote ist günstiger? Die Rückzahlung erfolgt nach einem

a)

> Kleinkredit 5 000 €
> Zinssatz 12 %, 1 % Bearbeitungsgebühr

> Kreditsumme 5 000 €
> Ihre Kosten 625 € alles inklusive

b)

> Sofortkredit 12 000 €
> Zinssatz 13,2 %, keine weiteren Kosten

> Sie benötigen 12 000 €?
> einmalige Gebühr 350 € + 12,5 % Jahreszins

!!!! **8.** a) Für welches Angebot würdet ihr euch entscheiden? Stellt eure Berechnungen der Klasse vor.
b) Welche Kreditangebote findet ihr in der Zeitung, bei Banken, Sparkassen oder im Internet?

> **KKF-Bank**
> ***5 000 €***
> Laufzeit 1 Jahr
> Zinssatz 6,2 % p.a.
> Einmalige Gebühr 20 €

> **Sparbank**
> ***5 000 €***
> Laufzeit 1 Jahr
> Zinssatz 6,6 % p.a.
> Keine weiteren Kosten

> **Bank für Kredite**
> ***5 000 €***
> Laufzeit 1 Jahr
> Zinssatz 5 % p.a.
> Einmalige Gebühr nur 1,5 %

**9.** Herr Mayer hat eine Wohnung für 117 000 € gekauft und vermietet sie für 412 € monatlich.
a) Welchem Zinssatz entsprechen die Mieteinnahmen?
b) Wie viel Zinsen bekäme Herr Mayer, wenn er das Geld zu 3,5 % angelegt hätte?

**10.** Der Bruchteil des Jahres wird durch den Bruch $\frac{t}{360}$ angegeben.

a) Was bedeutet dabei die Variable t?

b) Warum steht im Nenner die Zahl 360?

> Zinsen für den Bruchteil eines Jahres:
> Zinsen = Kapital *mal* Zinssatz *mal* Bruchteil
>
> $$Z = K \cdot \frac{p}{100} \cdot \frac{t}{360}$$

**11.** a) Herr Marx hat 30 Tage lang sein Girokonto um 2 000 € überzogen. Der Zinssatz für Schulden dieser Art beträgt 14 % bei seiner Bank. Wie viel Zinsen hat Herr Marx zu zahlen?

b) Frau Marschner hat 4 600 € auf ihrem Sparkonto, der Zinssatz ist 3 %. Nach 4 Monaten löst sie das Konto auf. Wie viel Euro bekommt sie dann als Zinsen gutgeschrieben?

c) Ein Darlehen von 24 000 € wird mit 8,5 % verzinst. Berechne die Zinsen für drei Monate.

**12.** Für ein Darlehen, das zu 6 % ausgeliehen war, wurden nach einem viertel Jahr 144,60 € Zinsen gezahlt. Wie hoch war das Darlehen? Löse zuerst die Zinsformel nach K auf.

**13.** Zu Jahresbeginn hat Frau Geiger 7 800 € auf der Bank, die mit 2,5 % verzinst werden. Nach 4 Monaten erhöht die Bank auf 3 % Zinssatz.

a) Wie viel Zinsen erhält Frau Geiger für die ersten 4 Monate, wie viel für die restlichen 8 Monate?

b) Wie hoch ist der Kontostand am Ende des Jahres?

> Wenn sich die Kontostände im Lauf eines Jahres verändern, werden die Jahreszinsen so berechnet:
> 1. Man unterteilt das Jahr in einzelne Zeitabschnitte, in denen der Kontostand und der Zinssatz unverändert waren.
> 2. Man berechnet die Zinsen für die einzelnen Abschnitte.
> 3. Man addiert die einzelnen Zinsen.

**14.** Klaus hat 960 € auf seinem Sparkonto und nimmt zwei Einzahlungen vor. Er möchte die Jahreszinsen berechnen.

a) Erstelle die Tabelle und berechne die Zinsen, die am Ende des Jahres gutgeschrieben werden.

b) Wie sieht die Tabelle aus, wenn die Bank am 1. Oktober den Zinssatz auf 3 % ändert?

| | A | B | C | D | E | F |
|---|---|---|---|---|---|---|
| 1 | Datum | Kontostand in € | Einzahlung in € | Zinssatz in % | Zinstage | Zinsen in € |
| 2 | 01. Jan. | 960 | | 2,5 | | |
| 3 | 01. Apr. | | 430 € | 2,5 | | |
| 4 | 01. Sep. | | 180 € | 2,5 | | |
| 5 | 31. Dez. | | | 2,5 | | |
| 6 | | | | | | |

**15.** Osman erhält von seiner Bank 75 € Zinsen. Er hat 7 500 € angelegt und erhält 3 % Zinsen. Wie lange war das Geld angelegt? Löse zuerst die Zinsformel nach t auf.

**16.** Eine Rechnung für eine Autoreparatur in Höhe von 386 € wurde nicht rechtzeitig bezahlt. Die Firma verlangt bei einem Zinssatz von 14 % einen Aufschlag von 13,51 €. Wie viele Monate wurde die Rechnung zu spät bezahlt?

**17.** An jedem 1. Tag eines Monats zahlt Sebastian 100 € auf sein Konto. Der Zinssatz ist 3 %.

a) Wie viele Monate lang wird das Geld verzinst, das er im Januar, Februar ... einzahlt?

b) Berechne den gesamten Sparbetrag einschließlich Zinsen am Jahresende.

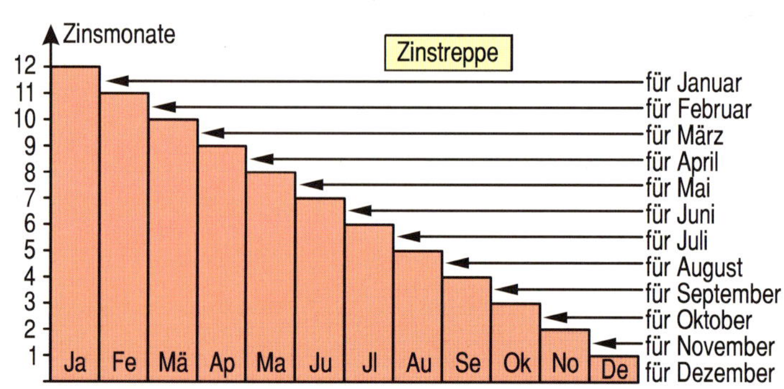

## Ratenzahlung

Bearbeitet die Aufgaben 1 bis 4 arbeitsteilig und präsentiert sie dann der Klasse.

**1.** a) Wie viel Euro zahlt Jörg insgesamt für das Mofa, wenn er Ratenzahlung wählt?
b) Um wie viel Prozent verteuert sich dadurch das Mofa gegenüber dem Barzahlungspreis?
c) Gibt es Gründe für den Ratenkauf, auch wenn er teurer ist als Barzahlung?

**2.** Wenn Jörg die Raten monatlich auf ein Sparkonto einzahlt, bekommt er Zinsen.
a) Vervollständige die Tabelle für 12 Einzahlungen und berechne die Zinsen, die Jörg nach einem Jahr erhalten würde.
b) Wie viel € hätte Jörg nach einem Jahr insgesamt auf seinem Konto?
c) Wie viel Monate müsste Jörg sparen, um einen Kontostand von 1500 € zu erreichen?

**Sparbank**

Sparen bringt Zinsen: 5 % p.a.

Beispiel: Monatszins = $\frac{1}{12}$ Jahreszins

Bei monatlicher Einzahlung von 145 €

| Datum | Kontostand | Monate | Zinsen |
|---|---|---|---|
| 1. 1. | 145 € | 1 | 0,60 € |
| 1. 2. | 290 € | 1 | ■ € |
| 1. 3. | | | |

**3.** Wenn Jörg auf Raten kauft, verliert er auch die Zinsen, die er bei der Sparbank (vgl. 2 a) erlangen könnte. Um wie viel € verteuert sich das Mofa einschließlich Zinsverlust?

**4.** a) Wie hoch sind die Kreditkosten bei der Stadtbank, wenn Jörg einen Kredit über 1500 € mit einer Laufzeit von 12 Monaten nimmt?
b) Berechne die monatliche Rate.

**Stadt-Bank**

Darlehen bis 5 000 €

| | |
|---|---|
| Zinssatz: | 0,45 % pro Monat |
| Bearbeitungsgebühr: | 2 % |
| Laufzeit: | 12, 24 oder 36 Monate |

**5.** Welchen Rat würdest du Jörg geben, wenn das Mofa in einem Jahr
a) dasselbe wie heute kostet,
b) 8 % teurer ist als heute?

## Vermischte Aufgaben

**1.** Berechne im Kopf erst 1 %, dann p %.

a) 6 % von 500 € b) 8 % von 700 g c) 2 % von 250 kg
d) 5 % von 400 € e) 7 % von 2 000 g f) 3 % von 5 000 kg
g) 4 % von 900 € h) 9 % von 600 g i) 4 % von 3 000 kg

| | | | | | |
|---|---|---|---|---|---|
| 56 | E | 150 | E | 20 | Z |
| 140 | W | 30 | N | 54 | K |
| 5 | T | 36 | R | 120 | E |

**2.** Bestimme im Kopf oder mit dem Taschenrechner die passende Lösungszahl.

| | a) | b) | c) | d) | e) | f) |
|---|---|---|---|---|---|---|
| Grundwert (G) | 84 kg | ■ € | 265 m | 6 g | 4,25 € | ■ € |
| Prozentsatz (p%) | 11 % | 34 % | ■ % | 0,9 % | ■ % | 15 % |
| Prozentwert (W) | ■ kg | 247,52 € | 47,7 m | ■ g | 5,27 € | 188,10 € |

Lösungszahlen: 0,054 124 9,24 728 1 254 18

**3.** Was ist gegeben, was ist gesucht? Berechne die fehlende Größe, rund dabei sinnvoll.

a) Die Fläche von Deutschland beträgt 357 050 km², davon sind 106 488 km² bewaldet.

b) Düsseldorf hat 577 500 Einwohner (Stand 2005). Das sind 3,2 % der Einwohner von NRW.

**4.** *Partnerarbeit:* Berechnet und vergleicht die prozentuale Verteilung der Schülerinnen und Schüler auf die genannten Schulformen in Deutschland und in NRW. Schreibt dazu einen kurzen Text für die (Schul-) Zeitung.

*Statistisches Bundesamt Wiesbaden:*
Im Schuljahr 2005/2006 besuchten Schüler/innen diese Schulformen in Deutschland:

| | |
|---|---|
| Hauptschulen | 1 023 800 |
| Realschulen | 1 324 700 |
| Gymnasien | 2 431 300 |
| Integrierte Gesamtschulen | 520 700 |
| Förderschulen | 416 200 |

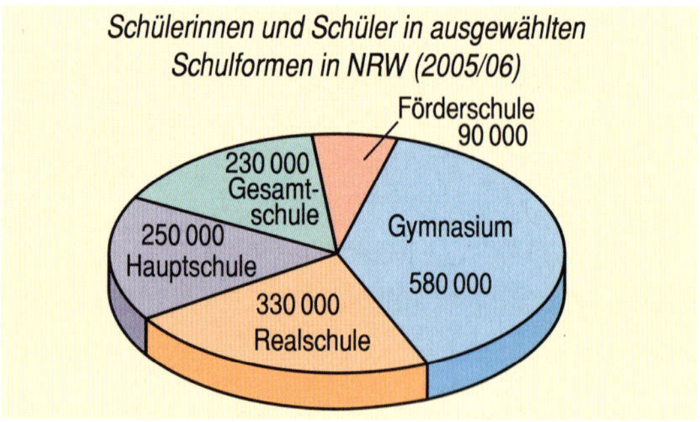


**5.** Berechne die Jahreszinsen.

a) K = 526,25 €, p% = 2,5 %
b) K = 14 000 €, p% = 11,2 %
c) K = 2 350 €, p% = 3,2 %
d) K = 82,35 €, p% = 1,8 %

Summe aller Zinsen: 1 657,84 €

**6.** Was ist gegeben, was ist gesucht? Berechne die fehlende Größe.

a) Herr Blank hat einen Kredit über 15 000 € für ein Jahr aufgenommen. Er bezahlt dafür 1 875 € Zinsen.

b) Alexia hat auf ihrem Sparkonto ein Jahr lang 780 €. Der Zinssatz beträgt 2,6 %.

c) „28,60 € Zinsen bei einem Zinssatz von 5,25 % im Jahr!", freut sich Susi.

d) Für einen Kredit über 4 000 € bezahlt Herr Paul nur 9 % Zinsen im Jahr.

360 D
20,28 E
12,5 G
544,76 L

**7.** Berechne die Zinsen.

a) K = 790 €, p% = 2,5 %, für 1 Jahr
b) K = 520 €, p% = 3 %, für 3 Monate
c) K = 850 €, p% = 5 %, für 78 Tage
d) K = 612 €, p% = 12 %, für 125 Tage

Summe aller Zinsen: 58,36 €

## Was macht Petra mit dem Geldgeschenk?

**1.** Welche Kleidungsstücke kann Petra kaufen?

**2.** Petra berechnet mit einer Tabellenkalkulation, wie ihr Kapital über die Jahre wächst.

a) In Feld B5 hat sie nicht die Zahl 500 hingeschrieben, sondern den Befehl **=B1**. Warum ist das vorteilhafter?

b) Im Feld C5 ist der Befehl **=B5*$B$2** eingegeben. Die Bedeutung der Dollarzeichen erkennst du, wenn du sie zunächst weglässt und dann den Befehl von C5 nach C6 kopierst.

c) Wie lauten die Befehle für die Felder D5 und B6?

C5 | *fx* | =B5*$B$2

| | A | B | C | D |
|---|---|---|---|---|
| 1 | **Kapital:** | **500,00 €** | | |
| 2 | **Zinssatz** | **3,00%** | | |
| 3 | Jahr | Anfangs- | Zinsen | Endkapital |
| 4 | | kapital | | |
| 5 | 1 | 500,00 | 15,00 | 515,00 |
| 6 | 2 | 515,00 | 15,45 | 530,45 |
| 7 | 3 | 530,45 | 15,91 | 546,36 |
| 8 | 4 | 546,36 | 16,39 | 562,75 |
| 9 | 5 | 562,75 | 16,88 | 579,64 |
| 10 | 6 | 579,64 | 17,39 | 597,03 |

**3.** Lege selbst solch eine Tabelle an, mit der du das Kapital am Ende des 10. Jahres berechnen kannst. Schätze vorher, in welchem Hunderterbereich wird es sein?

**4.** **Zinseszins** bedeutet: „Zinsen von Zinsen". Erkläre, warum das hier eine Rolle spielt, und woran man das in der Tabelle erkennt.

**5.** a) Was muss Petra in der Tabelle ändern, wenn sie nur 400 € sparen will?

b) Und was ist zu ändern, wenn sie mit 4 % Zinssatz rechnen will?

**6.** Wähle selbst ein Kapital und einen Zinssatz und berechne, nach wie viel Jahren du dann das $1\frac{1}{2}$-Fache oder gar das Doppelte deines Anfangskapitals hättest. Vergleiche mit den Ergebnissen deiner Mitschüler.

## Geldwachstum über mehrere Jahre

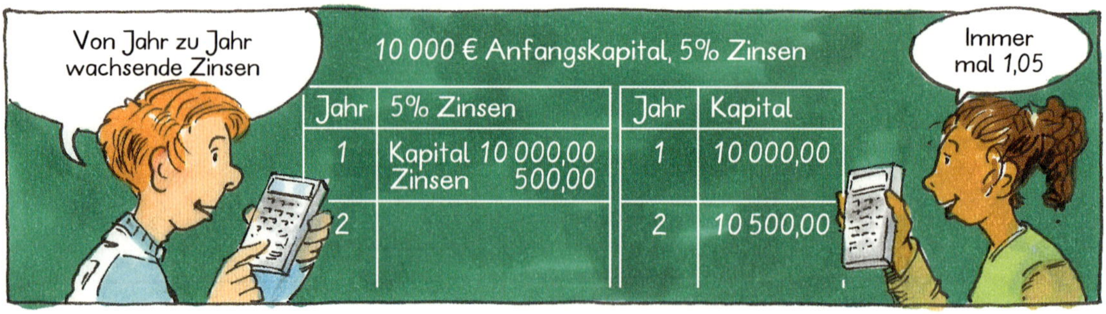


**1.** *Partnerarbeit:* Kai und Kinga berechnen das Kapital nach mehreren Jahren. Führt beide Rechenwege aus und besprecht ihre Vor- und Nachteile.

Wenn die Zinsen zusammen mit dem jeweiligen Kapital verzinst werden, wächst das Kapital in jedem Jahr mit dem gleichen Faktor (Zinsfaktor q)

$q = 1 + \frac{p}{100}$ *Zinsfaktor q*

$K \xrightarrow{\cdot q} K_1 \xrightarrow{\cdot q} K_2 \cdots\cdots \xrightarrow{\cdot q} K_n$ *Anfangskapital K*

$K_n = K_0 \cdot q^n$ *Endkapital $K_n$ nach n Jahren*

**2.** Bestimme erst den Zinsfaktor q und dann das Endkapital mit Zinseszins.

a) K = 6 000 €
p% = 6 %
n = 8 Jahre

b) K = 4 500 €
p% = 3 %
n = 10 Jahre

c) K = 10 000 €
p% = 9 %
n = 15 Jahre

**TIPP**
K = 2 500 €; p% = 4,5 %; n = 18 Jahre
q = 1,045  2 500 [x] 1,045 [$y^x$] 18 [=]

**3.** Die Eltern von Sven haben anlässlich seiner Geburt einen Betrag von 4 000 € zu einem Zinssatz von 4,5 % fest angelegt. Auf welchen Betrag wächst das Sparguthaben in 18 Jahren?

**4.** Die Zwillinge Lutz und Lisa haben im Lotto gewonnen. Jeder bekommt 60 000 €. Beide zahlen den Gewinn auf ein Sparkonto ein. Der Zinssatz beträgt für beide 5,5 %.

a) Lutz hebt jeweils seine Zinsen am Ende des Jahres ab. Wie viel € Zinsen sind das nach 6 Jahren?

b) Lisa geht nicht an ihr Konto. Auf wie viel € ist ihr Gewinn nach 6 Jahren angewachsen? Wie viel € hat sie damit an Zinsen verdient?

c) Nach wie viel Jahren hat Lisa erstmals mehr als 100 000 € auf ihrem Konto?

**5.**

① 

| | A | B | C | D |
|---|---|---|---|---|
| 1 | Kapital: | 10.000 € | Zinssatz: | 4% |
| 2 | | | | |
| 3 | | Jahresanfang | | Jahresende |
| 4 | Jahr | Kapital | Zinsen | Kapital |
| 5 | 1 | 10.000,00 € | 400,00 € | 10.400,00 € |
| 6 | 2 | 10.400,00 € | 416,00 € | 10.816,00 € |
| 7 | 3 | | | |

= B6 * $D$1

②

| | A | B |
|---|---|---|
| 1 | Kapital: | 10.000 € |
| 2 | Zinsfaktor: | 1,04 |
| 3 | | |
| 4 | Jahr | Kapital |
| 5 | 1 | 10.400,00 € |
| 6 | 2 | 10.816,00 € |
| 7 | 3 | |

= B5 * $B$2

a) Ein Kapital von 10 000 € wird zu 4 % Zinssatz angelegt. An jedem Jahresende werden die Zinsen gutgeschrieben und dann mit verzinst. Wie hoch ist das Kapital nach 10 Jahren? Welche Tabellenkalkulation, ① oder ②, gefällt dir besser? Begründe und rechne.

b) Ändere deine Tabelle so, dass du mit ihr das Endkapital nach 7 Jahren berechnen kannst für ein Anfangskapital von 15 000 € bei 5 % Zinssatz.

c) Nach wie vielen Jahren hat sich ein Anfangskapital bei einem Zinssatz von 5 % verdoppelt?

## Exponentielles Wachstum

**1.** *Partnerarbeit:* Wie viele Karpfen werden es wohl nach vier Jahren sein? Erklärt euch gegenseitig euren Rechenweg. Wie geht es am einfachsten?

Eine Anfangsgröße $G_0$ wächst **exponentiell** in Abhängigkeit von n (z. B. der Zeit), wenn sie in gleichen Abständen von n immer um denselben Wachstumsfaktor q zunimmt. Der zugehörige Prozentsatz p% der Zunahme heißt *Wachstumsrate*.

$q = 1 + p\% = 1 + \frac{p}{100}$ $\qquad G_0 \xrightarrow{\cdot q} G_1 \xrightarrow{\cdot q} G_2 \cdots\cdots \xrightarrow{\cdot q} G_n$ $\qquad G_n = G_0 \cdot q^n$

*Wachstumsfaktor* *Anfangsgröße* *Endgröße nach n Jahren*

**2.** Familie Schmitt rechnet mit einer Mieterhöhung von 4 % nach jeweils drei Jahren. Die Miete beträgt jetzt 750 €. Wie hoch wird die Miete nach der 5. Erhöhung sein? Rechne schrittweise:

750 € $\xrightarrow{\cdot 1{,}04}$ 780 € $\longrightarrow$ ☐ $\longrightarrow$ ☐ $\longrightarrow$ ☐ $\longrightarrow$ ☐

**3.** Frau Schall verdient monatlich 3 500 €. Für die Zukunft erwartet sie jährlich 3 % mehr Gehalt.

a) Mit welchem Wachstumsfaktor nimmt das Gehalt jährlich zu?

b) Berechne das erwartete Montagsgehalt $G_n$ nach n = 1, 2, .... 10 Jahren (Tabelle).

**4.** Der Preis des Pkw der Marke Forvo beträgt heute 11 000 €. Man kann davon ausgehen, dass sein Preis jährlich um 2,5 % steigt. Wie teuer wird der Forvo in 4 Jahren sein?

**5.** Tante Lina hat 32 wohlschmeckende Pralinen bekommen. Um nicht alle auf einmal zu vernaschen, isst sie jede Woche 50 % von den noch vorhandenen Pralinen. Präsentiert die Abnahme des Pralinenvorrats vom ersten bis zum letzten Tag in einer Tabelle und in einem Säulendiagramm.

**6.** Führt gemeinsam in der Klasse folgendes Spiel durch: Alle stehen auf, jeder hat eine Münze in der Hand. Alle werfen die Münze gleichzeitig. Wer Zahl wirft, setzt sich. Spielt, bis alle sitzen.

a) Notiert die Anfangszahl $G_0$ und die Zahl $G_n$ der noch Stehenden nach jedem Münzwurf in einer Tabelle. Erstellt auch eine Grafik hierzu.

b) Um wie viel Prozent nimmt die Anzahl der Stehenden nach jedem Münzwurf ungefähr ab?

c) Spielt dasselbe Spiel mit einem Würfel. Vereinbart, bei welchem Ausfall man sich setzen muss.

**7.** Prognose aus dem Jahr 2000: Der Literpreis für Super-Benzin steigt von 0,90 € jährlich um 10 %.

a) Wie hoch wären demnach die Preise 2010, 2020 und 2030?

b) Stimmt die Prognose für den heutigen Preis von Super-Benzin?

## Weltbevölkerung

Die *Deutsche Stiftung Weltbevölkerung* (DSW) unterhält im Internet eine Weltbevölkerungsuhr, die anzeigt, wie viele Menschen in der aktuellen Minute leben. Das Bild zeigt die Zahl am 24.08.2006 um 8.50 Uhr.
Zur Zeit wächst die Zahl um 150 Menschen pro Minute.
Eine Quelle im Internet ist: http://www.weltbevoelkerung.de

Fotos: Thomas Einberger, Dietmar Falk, EC/UNFPA Initiative for RH in Asia.

**1.** a) Welche Zahl müsste diese Weltbevölkerungsuhr jetzt anzeigen, wenn du dies liest? Vergleiche dein Rechenergebnis mit der tatsächlichen Anzeige.
b) Wie viele Menschen kommen jährlich hinzu? Wie viel Prozent von den bereits vorhandenen 6,5 Mrd. sind das?

**2.** Im Jahr 2005 nahm die Weltbevölkerung um 1,2 % zu. Angenommen diese jährliche Wachstumsrate bliebe unverändert.
a) Wie viele Menschen gäbe es dann im Jahre 2010?
b) Stelle das Wachstum der Bevölkerung für die Jahre 2005, 2010, 2015, ... graphisch dar, bis 13 Mrd. erreicht sind.
c) Überlege, ob das immer so weiter gehen kann. Informiere dich über die Möglichkeiten auch im Internet.

**3.** Im Jahre 1804 erreichte die Weltbevölkerung erstmals eine Milliarde. Nimm dies auch als Wert für 1805.
a) Mit welchem gleichbleibenden Wachstumsfaktor q ist die Zunahme auf 6,5 Milliarden im Jahr 2005 erklärbar?
b) Stelle dieses Bevölkerungswachstum für die Jahre 1805, 1815, 1825, ..., 2005 graphisch dar.
c) Überlege, ob dieses Wachstum auch vor 1805 immer so gewesen sein kann. Informiere dich auch im Internet.

**DSW Report 2005**

| Region | ± pro Jahr |
|---|---|
| Afrika | 2,3 % |
| Nordamerika | 0,6 % |
| Lateinamerika | 1,6 % |
| Asien (ohne China) | 1,6 % |
| China | 0,6 % |
| Ozeanien | 1,0 % |
| Europa | – 0,1 % |

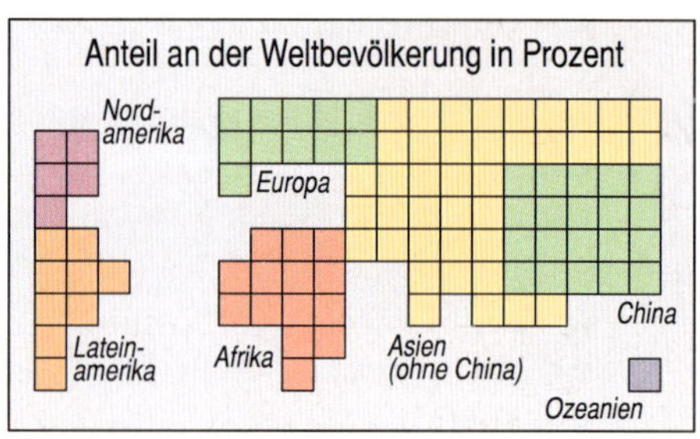


**4.** Die Grafik zeigt die ungefähre Verteilung der im Jahre 2005 lebenden 6,5 Mrd. Menschen.
a) Bestimme die Prozentsätze und damit die Bevölkerungszahlen in den einzelnen Regionen.
b) Berechne mit den regionalen Wachstumsraten die Bevölkerungszahlen für das Jahr 2050.
c) Zeichne ein Diagramm für die regionale Verteilung im Jahr 2050.

TESTEN • ÜBEN • VERGLEICHEN

**1.** Berechne die fehlende Größe.

| | a) | b) | c) |
|---|---|---|---|
| Grundwert G | 136 € | | 420 kg |
| Prozentsatz p% | 16 % | 64 % | |
| Prozentwert W | | 24,32 m | 483 kg |

**2.** Lena hat von 124 möglichen Punkten 88 Punkte erzielt. Wie viel Prozent sind das?

**3.** Setze in die Jahreszinsformel ein und berechne dann die fehlenden Größen.

a) Kapital: 950 €, Jahreszinsen: 52,25 €

b) Zinssatz: 4,25 %, Jahreszinsen: 314,50 €

c) Zinssatz: 2,5 %, Kapital: 1 800 € (für 1 Jahr)

**4.** Berechne mit der Zinsformel die fehlende Größe.

a) K = 4 200 €
p% = 3,25 %
t = 164 Tage

b) Z = 14,35 €
p% = 7 %
t = 72 Tage

c) K = 520 €
Z = 1,23 €
t = 34 Tage

**5.** Herr Dax überzieht sein Gehaltskonto für 24 Tage um einen Betrag von 2 200 €. Die Bank verlangt 14,5 % Zinsen dafür. Wie viel Zinsen muss er bezahlen?

**6.** Sandra hat zum Geburtstag einen Sparvertrag mit 250 € Anfangskapital und 3,5 % Zinssatz bekommen. Sie kann nach 5 Jahren über das Endkapital mit den gesamten Zinseszinsen verfügen. Wie viel Euro sind das?

**7.** Selim hat nach 6 Jahren bei 4 % Zinssatz ein Endkapital einschließlich Zinseszinsen von 2 530,64 € erhalten.
Wie groß war das Anfangskapital?

**8.** In wie viel Jahren verdoppelt sich ein Anfangskapital von 1 000 € bei 3,5 % Zinssatz?

**9.** Die Einwohnerzahl einer Stadt wird in den nächsten 5 Jahren voraussichtlich um 2,5 % jährlich zunehmen. Heute hat die Stadt 238 000 Einwohner.

a) Wie viele Einwohner werden es in 5 Jahren sein? Runde auf Tausend Einwohner.

b) Angenommen, diese Wachtumsrate gilt länger als 5 Jahre. Nach wie vielen Jahren würden dann das erste Mal mehr als 300 000 Einwohner in der Stadt leben?
Löse durch Probieren.

---

In der **Prozentrechnung** gilt die Formel:

$$\mathbf{W = G \cdot \frac{p}{100}}$$

*Beispiel:*

| | |
|---|---|
| Von wie viel € sind 25 € genau 4,5 %? | $25 = G \cdot 0{,}045 \mid : 0{,}045$ |
| | $25 : 0{,}045 = 555{,}55...$ |
| gesucht: G | $G \approx 555{,}56$ € |

---

In der **Zinsrechnung** gelten die Formeln:

Zinsen für 1 Jahr: $Z = K \cdot \frac{p}{100}$

Zinsen für t Tage: $\mathbf{Z = K \cdot \frac{p}{100} \cdot \frac{t}{360}}$

(1 Jahr = 360 Tage 1 Monat = 30 Tage)

*Beispiele:*

| | |
|---|---|
| Z = 13 € (für 1 Jahr) | K = 400 €, p% = 3 % |
| K = 520 € | für 39 Tage |
| gesucht: p% | gesucht: Z |
| $Z = K \cdot \frac{p}{100}$ | $Z = K \cdot \frac{p}{100} \cdot \frac{t}{360}$ |
| $13 = 520 \cdot \frac{p}{100} \mid : 520$ | $Z = 400 \cdot 0{,}03 \cdot 39 : 360$ |
| $p\% = 0{,}025 = 2{,}5\,\%$ | $Z = 1{,}30$ € |

---

**Kapitalwachstum über mehrere Jahre**

Wenn außer dem Kapital K auch die Zinsen mit p% verzinst werden (Zinseszins), wächst das Kapital exponentiell in jedem Jahr mit demselben Wachstumsfaktor (Zinsfaktor) q.

$q = 1 + \frac{p}{100}$

$K \xrightarrow{\cdot q} K_1 \xrightarrow{\cdot q} K_2 \ldots \xrightarrow{\cdot q} K_n$ $\quad \mathbf{K_n = K \cdot q^n}$

*Beispiel:*

K = 500 €, p% = 6 %, n = 5 Jahre

$K_5 = 500 \cdot 1{,}06^5$ Endkapital = 669,11 €

---

**Exponentielles Wachstum**

Eine Anfangsgröße $G_0$ wächst exponentiell, wenn sie in gleichen Abständen immer um denselben Wachstumsfaktor q zunimmt. Der zugehörige Prozentsatz p% der Zunahme heißt Wachstumsrate.

$q = 1 + \frac{p}{100}$ (bei Abnahme: $q = 1 - \frac{p}{100}$)

$G_0 \xrightarrow{\cdot q} G_1 \xrightarrow{\cdot q} G_2 \ldots \xrightarrow{\cdot q} G_n$ $\quad \mathbf{G_n = G_0 \cdot q^n}$

DIAGNOSETEST

1. Für einen Jahreswagen bezahlt Frau Franke 25 600 €, das sind 80 % vom Neupreis. Berechne den Neupreis.

2. Ein Rennauto kostet 590 €. Zu Beginn der neuen Saison wird der Preis um 35 % reduziert. Berechne den neuen Preis.

3. Leon hat auf seinem Sparkonto ein Kapital von 3 800 €. Er bekommt 2,8 % Zinsen dafür. Wie viel € Zinsen bekommt er nach einem Jahr?

4. Weil Herr Ehmke sein Konto für 25 Tage um 1 400 € überzogen hat, muss er dafür 13,4 % Zinsen bezahlen. Wie viel Euro sind das?

5. Ein Kapital von 3 000 € wird 2 Jahre mit Zinseszins zu 4 % verzinst. Berechne das Endkapital.

## Wähle weitere 5 Aufgaben aus.

1. An der Bürgermeisterwahl im März 2007 von Wahlsdorf beteiligten sich 70 % der wahlberechtigten Bürger.
   a) Wie viele Bürger waren insgesamt wahlberechtigt?
   b) Wie viel Prozent der abgegebenen Stimmen entfielen auf die einzelnen Kandidaten. Runde das Ergebnis auf eine Stelle nach dem Komma.

| Wahlergebnis | |
|---|---|
| Frau Sanddorn | 1 350 Stimmen |
| Herr Mehlmann | 750 Stimmen |
| Frau Fischbauch | 1 100 Stimmen |
| ungültige Stimmen | 55 |

2. Inge möchte 1 500 € bei der Bank für drei Jahre anlegen. Sie erhält zwei Angebote. Für welches Angebot sollte sie sich entscheiden? Begründe mit einer Rechnung.
   A: Im ersten Jahr 2 %, im zweiten Jahr 3,5 % und im dritten Jahr 5 % Zinsen, immer mit Zinseszins.
   B: Gleichbleibend 3,5 % Zinsen über drei Jahre mit Zinseszinsen.

3. Eine Sitzecke zum Preis von 2 400 € wurde zum Firmenjubiläum um 15 % reduziert. Im neuen Jahr wurde der Preis noch einmal um 17 % gesenkt. Berechne den jetzigen Preis.

4. Durchschnittlich beträgt der Restwert für zweijährige Pkws 65,9 % des Neupreises. Berechne den Wert eines zwei Jahre alten Pkws, dessen Neupreis 15 800 € betrug.

5. Nachdem die Mehrwertsteuer zum 1.1.2007 von 16 % auf 19 % erhöht wurde, berechnet Meister Sperling nun 38,08 € für eine Arbeitsstunde. Was kostete eine Arbeitsstunde im Jahr 2006?

6. In einem Labor werden Colibakterien untersucht, die ihren Bestand in 20 Minuten verdoppeln. Wie viele Bakterien umfasst die Kultur nach 2 Stunden, wenn es anfangs 100 Bakterien waren?

7. Zu Beginn des Jahres hat Karim 850 € auf seinem Sparkonto. Die Bank gewährt 2,5 % Zinsen. Zum 1. Mai erhöht die Bank den Sparzins auf 3,2 %. Welches Kapital hat Karim am Ende des Jahres auf seinem Konto, wenn er weder abhebt noch einzahlt?

8. Frau Nehm leiht bei der KKF-Bank 8 500 € zu einem Zinssatz von 7,5 %. Nach weniger als einem Jahr zahlt sie 8 588,54 € zurück. Nach wie vielen Tagen hat sie den Kredit abgelöst?

9. Herr Palm hat ein Festgeldkonto, das er nach 210 Tagen auflöst. Er bekommt bei einem Zinssatz von 2,5 % einen Betrag von 102,08 € Zinsen. Welches Kapital hat er festgelegt?

# Körper

# 5

## Volumen von Prisma und Zylinder

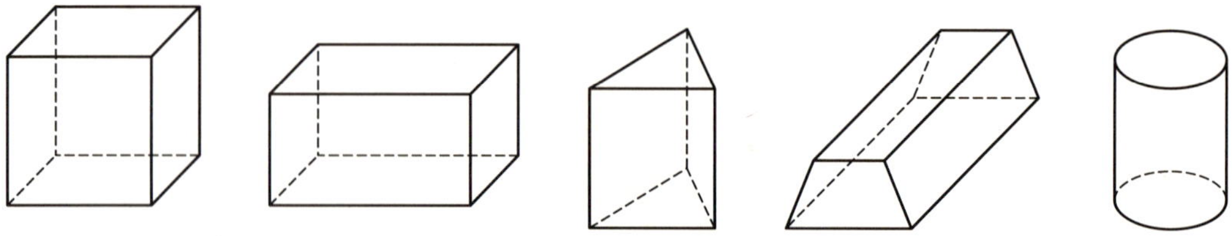

**1.** *Partnerarbeit:* Erstellt ein Lernplakat zur Volumenberechnung. Skizziert die oben abgebildeten Körper, benennt sie, notiert die Formeln und markiert in den Zeichnungen die in den Formeln vorkommenden Größen. Welche Formel gilt für alle oben abgebildeten Körper?

**2.** Berechne das Volumen des bemaßten Körpers.

a)

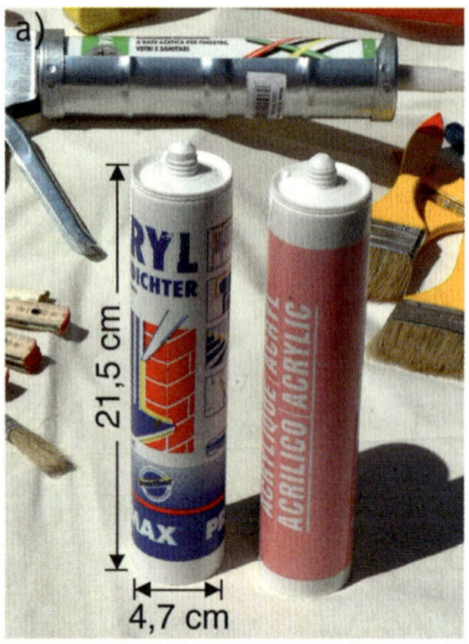


b)

c)

**3.** Berechne das Volumen des Zylinders.

a) r = 5 cm, h = 10,5 cm  b) r = 6 mm, h = 12 mm  c) r = 12,4 cm, h = 12,4 cm  d) d = 24 cm, h = 52 cm  e) d = 3,6 dm, h = 1,5 dm

**4.** Berechne die gesuchte Größe. Runde auf eine Stelle nach dem Komma.

a) Quader
$G = 15{,}7\ cm^2$
$V = 102{,}3\ cm^3$
h = ■ cm

b) Dreieckprisma
$V = 70{,}2\ cm^3$
h = 7,8 cm
G = ■ $cm^2$

c) Trapezprisma
$V = 87{,}5\ cm^3$
h = 7,0 cm
G = ■ $cm^2$

d) Zylinder
r = 4,5 cm
$V = 623{,}8\ cm^3$
h = ■ cm

**5.** Berechne das Volumen des Prismas. Die Grundfläche ist ein gleichschenkliges Dreieck. Berechne zuerst die fehlende Höhe, indem du im roten Teildreieck den Satz des Pythagoras anwendest.

a)

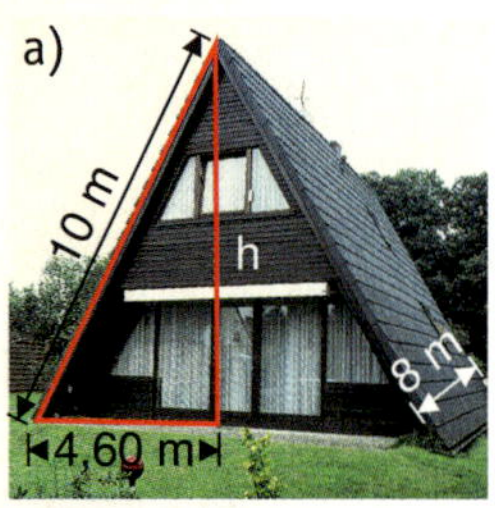


b)

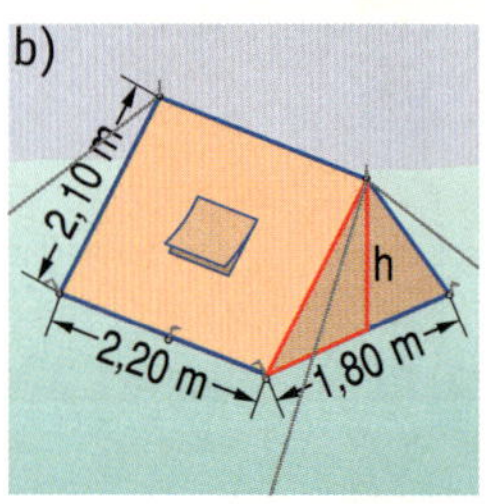


c)

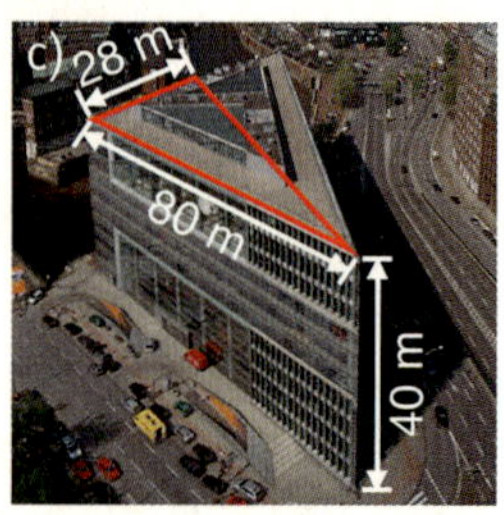


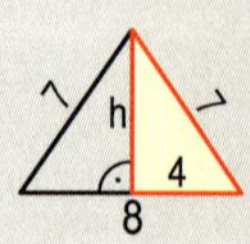


$h^2 + 4^2 = 7^2$
$h^2 = 7^2 - 4^2$
$h^2 = 33$
$h = \sqrt{33}$
$h \approx 5{,}7\ cm$

**6.** Wie verändert sich das Volumen eines Zylinders, wenn man

a) die Körperhöhe verdoppelt,  b) den Radius verdoppelt,  c) den Radius halbiert?

## Oberfläche von Prisma und Zylinder

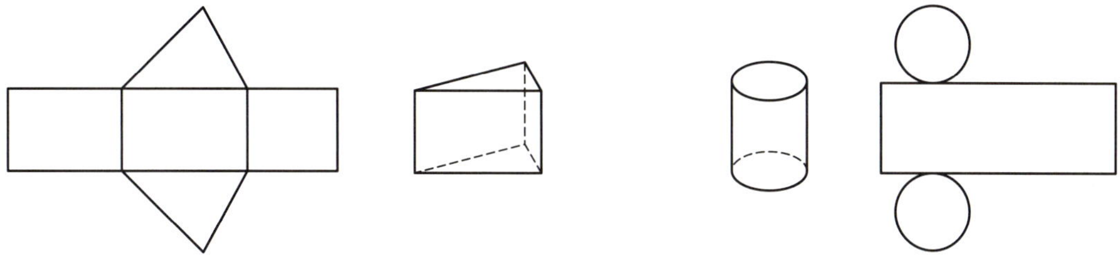

**1.** *Partnerarbeit:* Skizziert die beiden oben abgebildeten Körpernetze, notiert die Formeln für die Oberfläche und markiert in den Netzen die in den Formeln vorkommenden Größen. Gibt es eine Oberflächenformel, die für beide Körper anwendbar ist?

**2.** Berechne die Oberfläche des Quaders.

a) a = 12 cm, b = 7 cm, c = 52 cm

b) a = 1,57 m, b = 0,96 m, c = 1 m

**3.** Skizziere das Netz und schreibe Maße daran. Berechne die Oberfläche.

a)

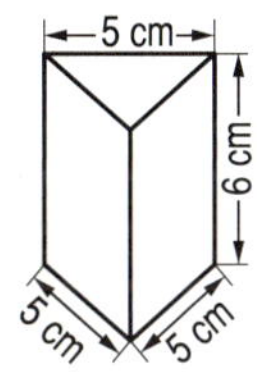


b)

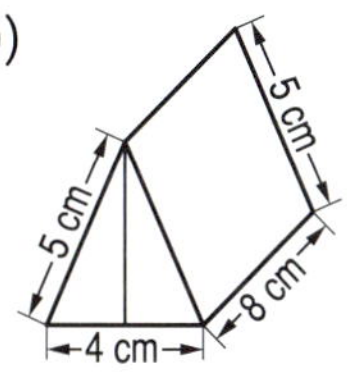


c)

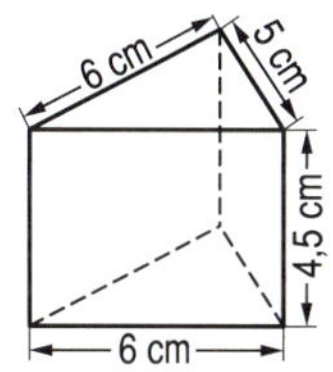


d)

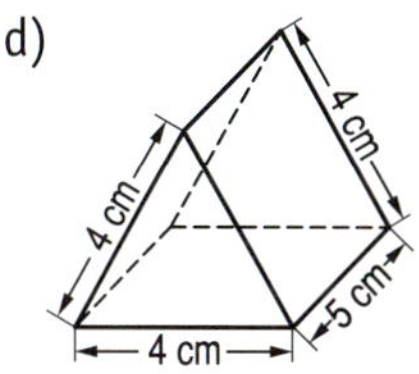


**4.** Berechne die Oberfläche des Zylinders.

a) r = 6 cm, h = 7,2 cm

b) r = 5 mm, h = 12 mm

c) r = 7,4 cm, h = 13,2 cm

d) d = 36 cm, h = 44 cm

e) d = 3,4 dm, h = 9,2 cm

**5.** Wie viel $cm^2$ Weißblech wird für die Dose benötigt?

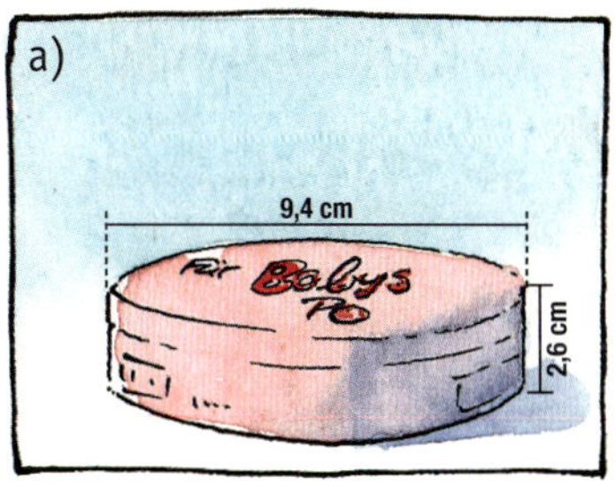


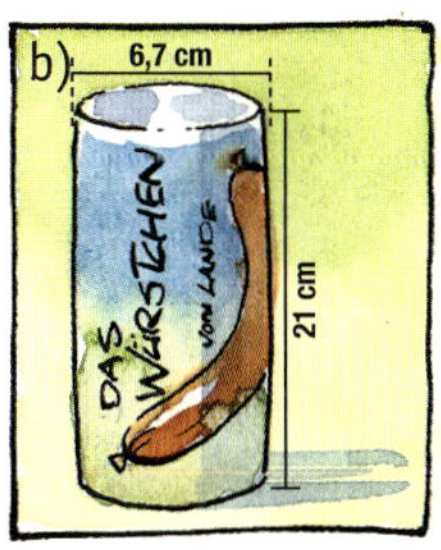

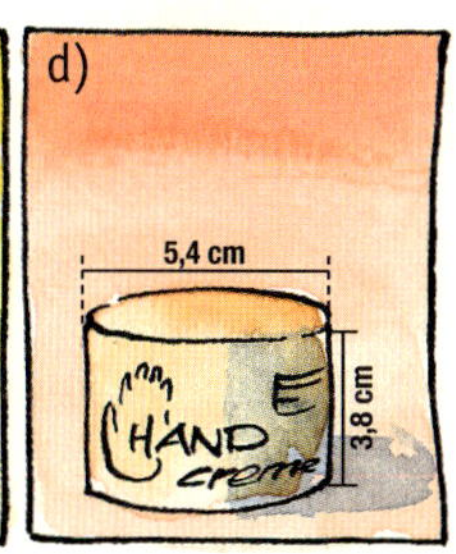


**6.** Zeichne das Netz des Zylinders. Dazu muss zuerst der Umfang u berechnet werden.

a) r = 2 cm  h = 5 cm

b) r = 1,5 cm  h = 4 cm

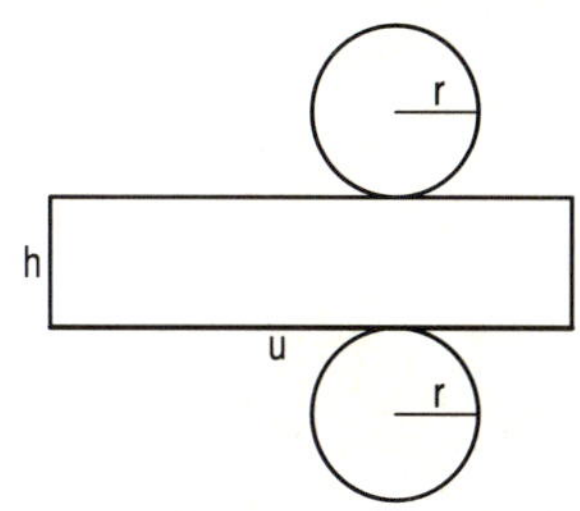


**7.** Berechne die gesuchte Größe des Zylinders.

a) O = 124,5 $cm^2$;  r = 3,2 cm;  h = ▒ cm

b) O = 82,5 $cm^2$;  h = 2,6 cm;  r = ▒ cm

**8.** *Partnerarbeit:* Informiert euch über technische Daten von Straßenwalzen und beantwortet dann:

a) Wie groß ist die Fläche, die bei einer vollen Walzenumdrehung gewalzt wird?

b) Welche Fläche wird in einer Stunde gewalzt, wenn die Walze ununterbrochen mit gleicher Geschwindigkeit fährt?

## Pyramiden zeichnen und bauen

**1.**

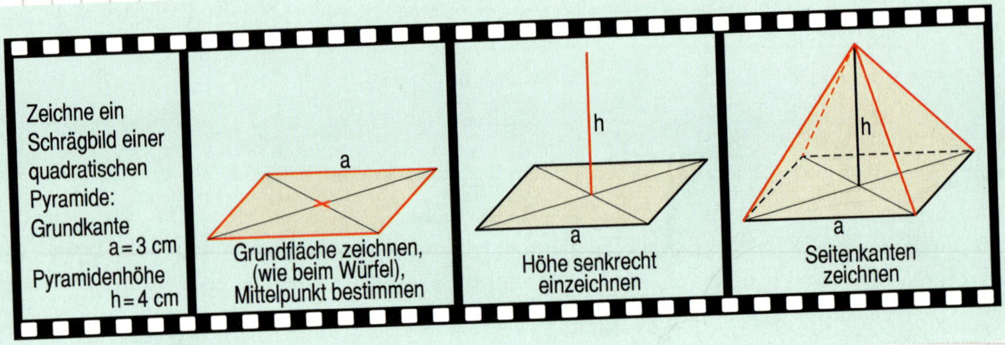


**2.** Fertige ein Pyramidenmodell nach folgender Bauanleitung an.

a) Übertrage das Netz auf festes Papier.

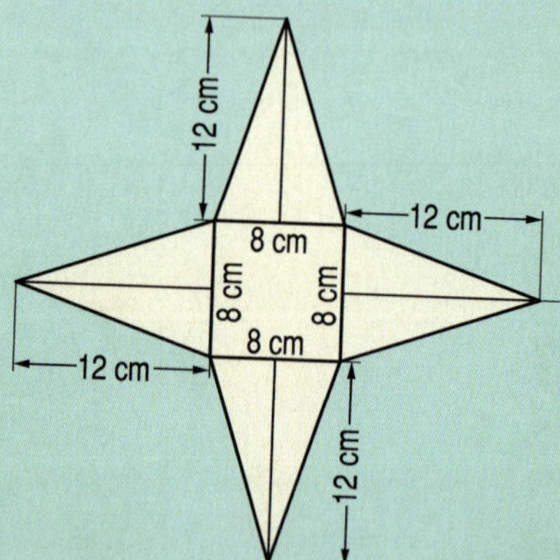


b) An den Dreiecken des Mantels 4 Klebelaschen einzeichnen.

Ausschneiden, an den Faltlinien knicken und zum Pyramidenmodell zusammenkleben.

**3.** Fertige ein Kantenmodell einer Pyramide an.

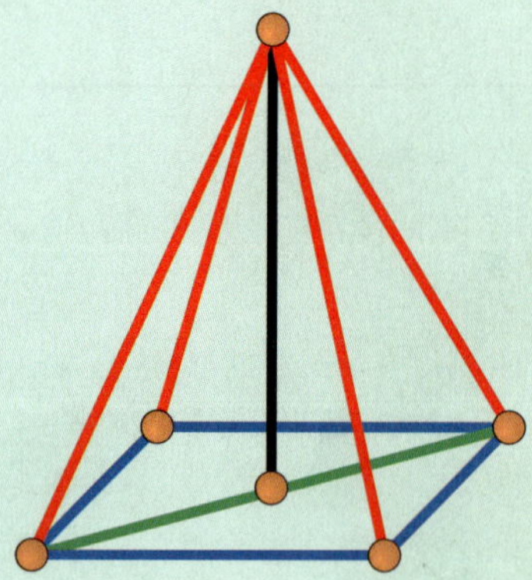

Verwende für die Kanten folgende Trinkhalme:

4 mit Länge 8 cm (im Bild blau)
4 mit Länge 10 cm (im Bild rot)
1 mit Länge 11,3 cm (grün)
1 mit Länge 8,2 cm (schwarz)

Verwende zum Verbinden der Trinkhalme Knete (oder Klebstoff):

- 6 kleine Knetkugeln formen
- Trinkhalme in die Knetkugeln drücken und zum Pyramiden-Kantenmodell verbinden

## Rechtwinklige Dreiecke in Pyramiden

!!!!

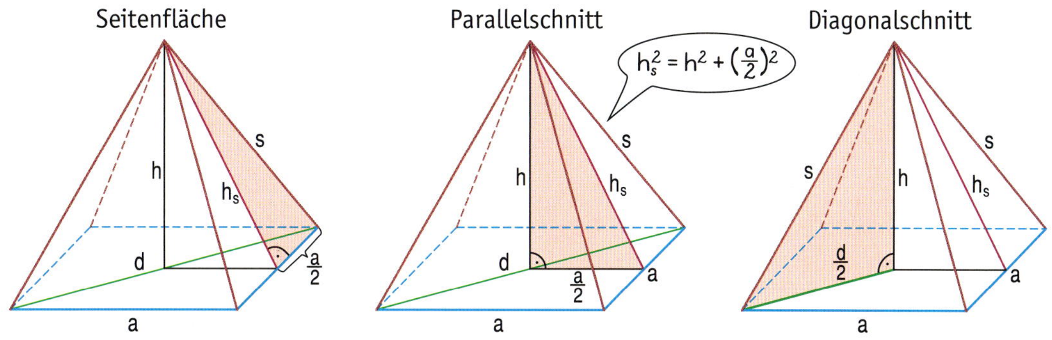


**a: Grundkante** **s: Seitenkante** **h: Pyramidenhöhe** **$h_s$: Höhe der Seitenfläche** **d: Diagonale**

Bearbeitet die Aufgaben in Partnerarbeit.

**1.**

$h_s$ = ▪

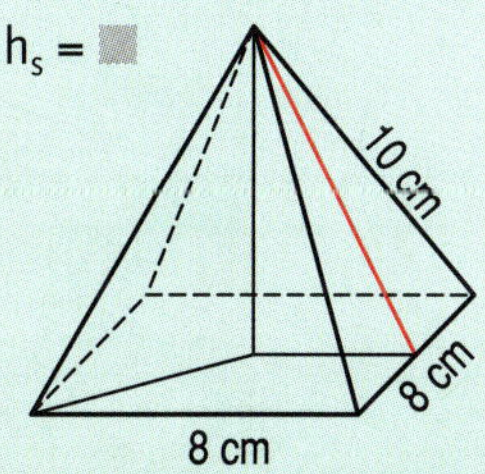


**2.**

$h_s$ = ▪

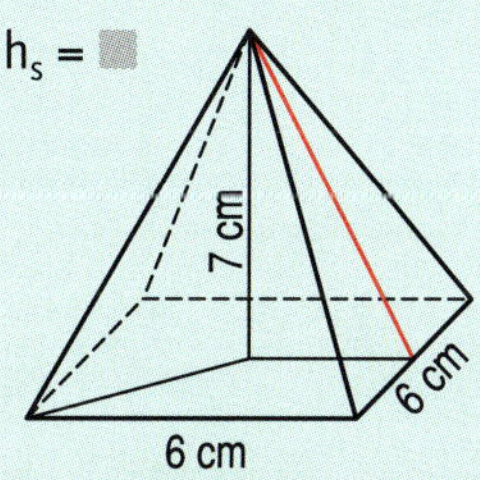


**3.**

a = ▪

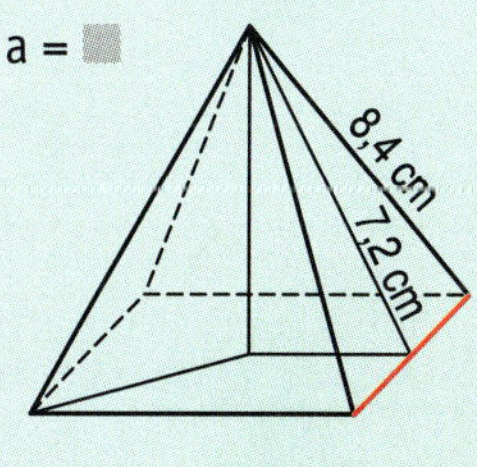


**4.**

a = ▪

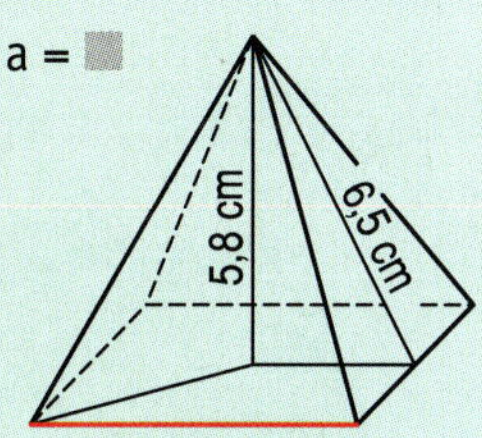


**5.**

h = ▪

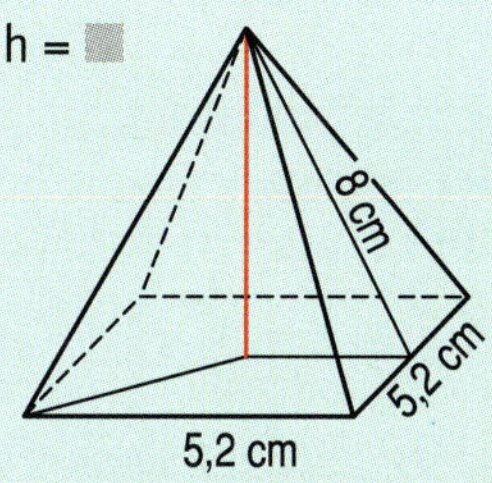


**6.**

h = ▪

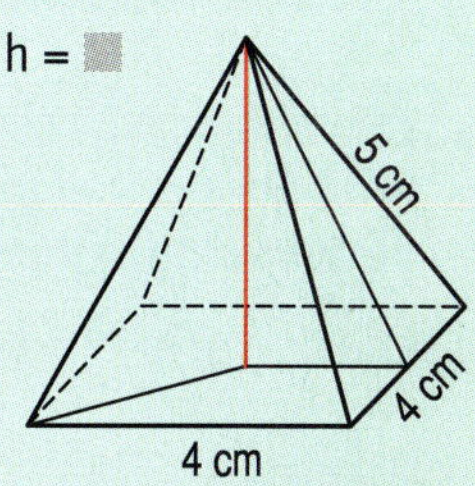


**7.**
Eine quadratische Pyramide hat die Grundkante 9 cm und die Seitenkante 11 cm. Berechne die Höhe einer Seitenfläche.

**8.**
Eine quadratische Pyramide hat die Körperhöhe 6,5 cm und die Höhe einer Seitenfläche 7,5 cm. Berechne die Grundkante.

**9.**
Die Seitenkante einer quadratischen Pyramide misst 24 cm, die Grundkante 20 cm. Berechne die Körperhöhe h der Pyramide.

## Oberfläche der Pyramide

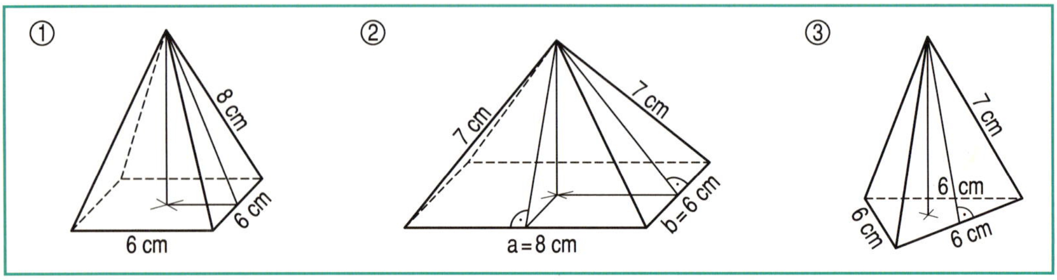


**1.** *Gruppenarbeit:* Bildet Gruppen zu 3–4 Schülern und wählt eine der drei Pyramiden.

a) Skizziert das Netz der Pyramide und tragt die gegebenen Maße in die Skizze ein.

b) Berechnet die Oberfläche der Pyramide und tragt euren Lösungsweg der Klasse vor.

**2.** *Partnerarbeit:* Erklärt die beiden Formeln im Kasten für quadratische Pyramiden.

**Quadratische Pyramide**

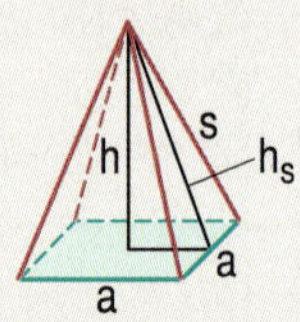


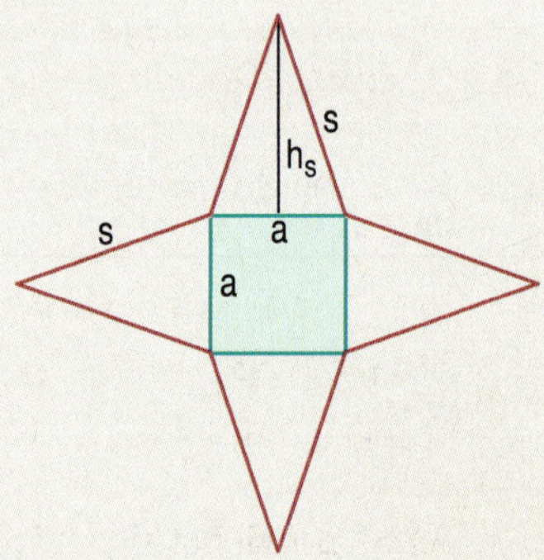


$M = 2\,a\,h_s$

$O = a^2 + 2\,a\,h_s$

**3.** Eine quadratische Pyramide hat die Grundkante $a = 3$ cm und die Seitenhöhe $h_s = 4$ cm.

a) Zeichne das Netz der Pyramide.

b) Berechne den Mantel und die Oberfläche der Pyramide.

**4.** Berechne die Oberfläche der quadratischen Pyramide.

a) $a = 5$ cm  $h_s = 6$ cm

b) $a = 8{,}4$ cm  $h_s = 9{,}2$ cm

**5.** Zeichne das Netz und das Schrägbild einer quadratischen Pyramide mit $a = 6$ cm, $h = 4$ cm und $h_s = 5$ cm. Beschrifte a, s, h und $h_s$ und berechne Mantelfläche und Oberfläche der Pyramide.

**6.** Von einer quadratischen Pyramide ist die Grundkante a sowie die Körperhöhe h gegeben. Skizziere ein Schrägbild der Pyramide und markiere die gegebenen Stücke mit Farbe. Berechne die Seitenhöhe $h_s$ (Pythagoras), den Mantel M und die Oberfläche O der Pyramide.

a) $a = 12$ cm  $h = 4$ cm  b) $a = 4$ cm  $h = 7$ cm  c) $a = 5{,}6$ cm  $h = 3{,}7$ cm

**7.** Das Foto zeigt eine quadratische Pyramide. Überlege, ob es sinnvoll ist, die Mantelfläche oder die Oberfläche zu berechnen. Entscheide dich und berechne.

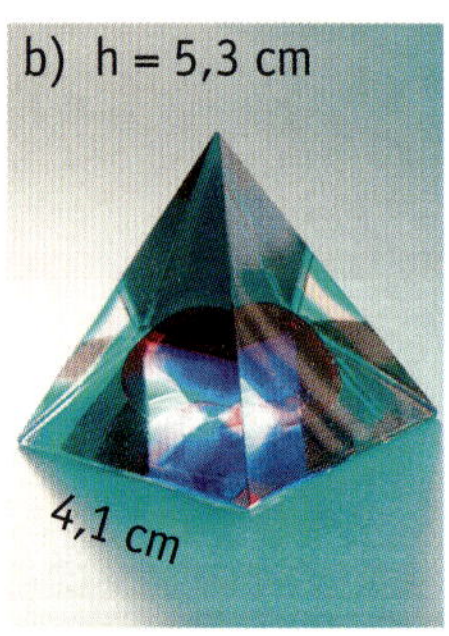


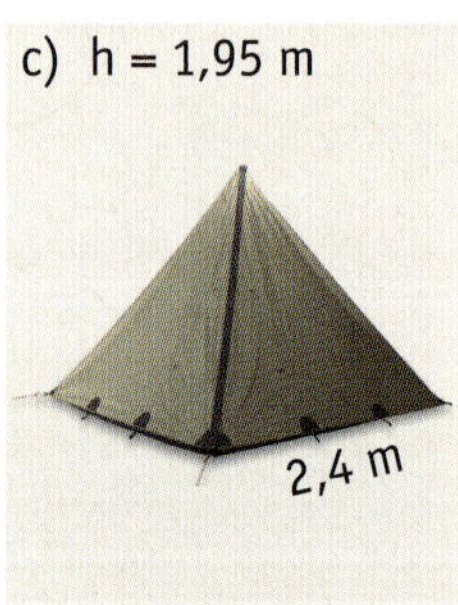


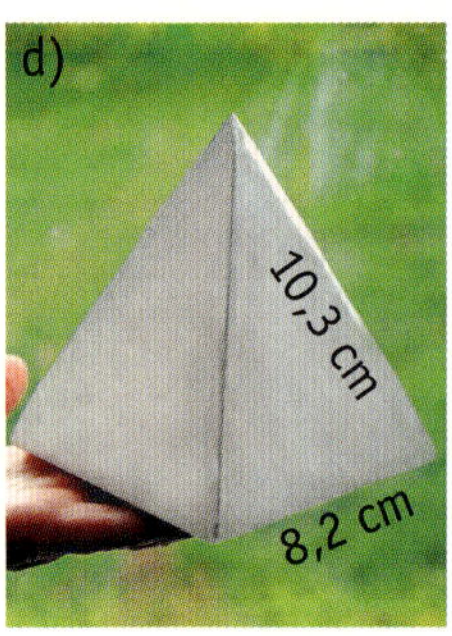

## Oberfläche des Kegels

**1.** *Partnerarbeit:*
a) Bastelt mit Papier und Schere einen Kegelmantel wie im Bild mit vielen „Tortenstücken".
b) Begründet, warum bei sehr vielen Stücken die neue Fläche fast ein Rechteck ist.
c) Erklärt euch gegenseitig die Formeln im Merkkasten.

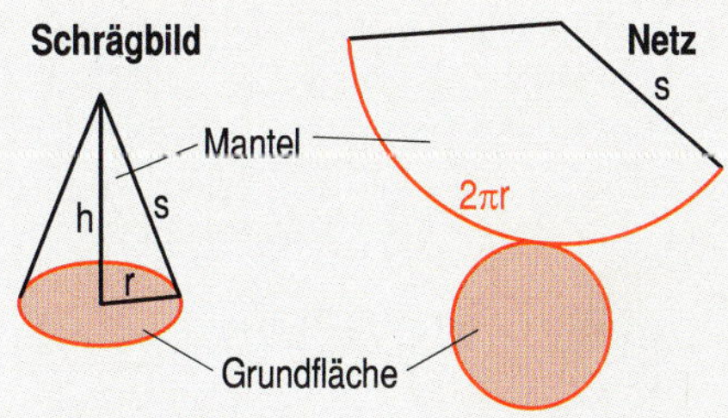


$O = G + M$
$M = \pi rs$
$O = \pi r^2 + \pi rs$

Oberfläche gleich Grundfläche plus Mantel

**2.** Berechne die Mantelfläche M und die Oberfläche O des Kegels.
a) r − 2 cm   s − 3 cm
b) r = 4,5 cm   s = 6,2 cm
c) d = 3,0 m   s = 3,5 m

**3.** Alte Turmdächer sind häufig mit historischen Schindeln bedeckt. Wie viel $m^2$ wurden gebraucht?

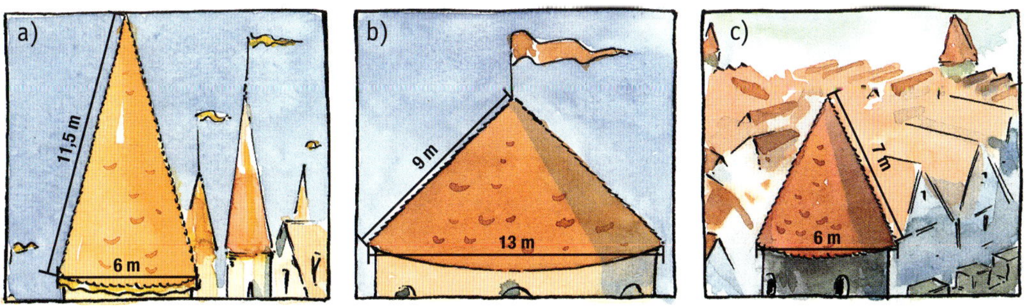


**4.** Berechne die Oberfläche des Kegels. Berechne die fehlende Größe mit dem Satz des Pythagoras.
a) r = 12 cm   h = 28 cm
b) d = 6,4 cm   h = 9,1 cm
c) s = 7,4 m   h = 4,2 m

**5.** a) Zeichne das Netz eines Kegelmantels mit $\alpha = 120°$ und s = 4 cm.
Schneide den Kegelmantel aus und überlege dir, wie der Radius der Grundfläche bestimmt werden kann.
Zeichne die Grundfläche und schneide sie ebenfalls aus. Passe den Kegelmantel an die Grundfläche an. Überprüfe so deine Berechnungen.

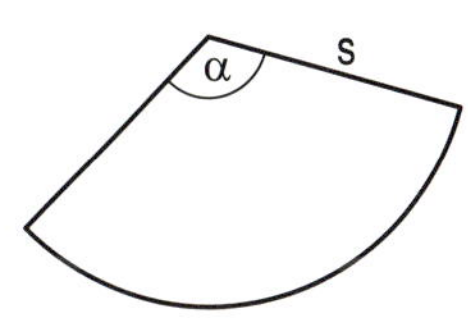


b) Baue ein Kegelmodell mit eigenen Maßen für $\alpha$ und s.

**6.** *Partnerarbeit:* Wie ändert sich die Oberfläche eines Kegels, wenn man alle Längen verdoppelt? Überlegt und überprüft euer Ergebnis an einem Zahlenbeispiel.

## Vermischte Aufgaben

**1.** Berechne die Mantel- und die Oberfläche der Pyramide. Konstruiere, falls nötig.

a) b) c) d)

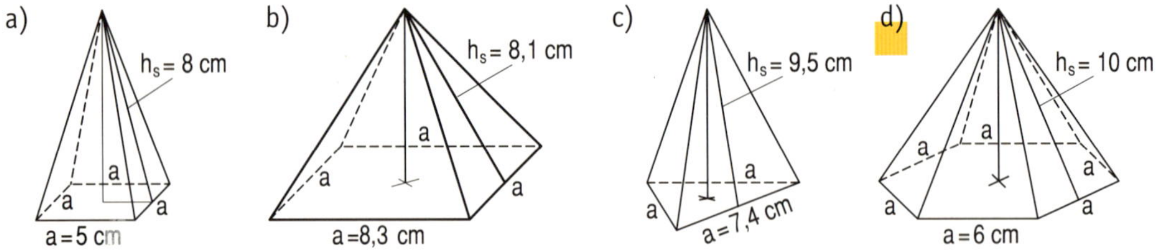


**2.** Die beiden Kirchturmspitzen einer alten Kirche haben die Form von quadratischen Pyramiden. Sie sollen ein neues Kupferdach bekommen. Jede Turmspitze hat eine Grundkantenlänge von 9,2 m und eine Pyramidenhöhe von 15,2 m. Wie viel $m^2$ Kupferblech werden für die beiden Turmspitzen benötigt?

**3.** Von den Größen einer quadratischen Pyramide Grundkante a, Seitenhöhe $h_s$, Mantelfläche M, Grundfläche G und Oberfläche O sind zwei gegeben. Berechne daraus die restlichen Größen.

a) $a = 4$ cm $h_s = 7$ cm b) $a = 5{,}6$ cm $M = 78{,}4\ cm^2$ c) $h_s = 12{,}3$ cm $M = 209{,}1\ cm^2$

d) $a = 9{,}4$ m $O = 291{,}4\ m^2$ e) $G = 21{,}16\ dm^2$ $O = 69{,}0\ dm^2$ f) $M = 434\ cm^2$ $O = 783\ cm^2$

**4.** Das pyramidenförmige Turmdach soll mit Schindeln gedeckt werden.

a) Wie groß ist die Dachfläche?

b) Wie teuer werden die Dacharbeiten, wenn für 1 $m^2$ Kosten von 108 € berechnet werden?

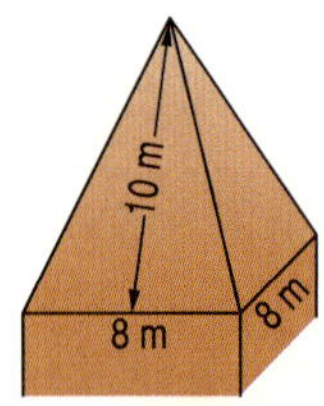


**5.** Berechne die Oberfläche des Kegels.

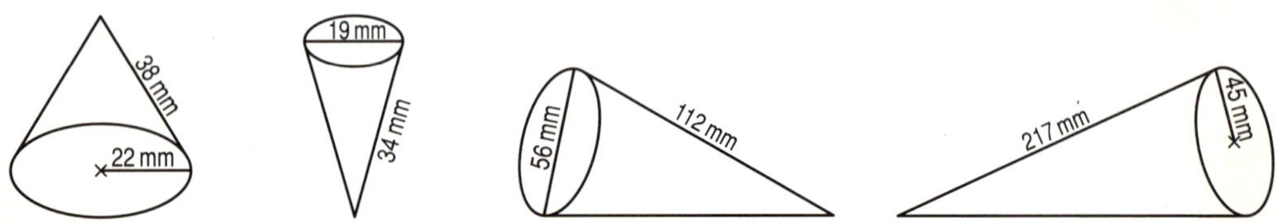


**6.** Für welche Werte von r und s wird die Kegeloberfläche 100 $cm^2$ groß? Probiere mit einer Tabellenkalkulation und gib drei Möglichkeiten an.

| | A | B | C | D | E |
|---|---|---|---|---|---|
| 1 | Radius r (cm) | 2,0 | 4,0 | | |
| 2 | Mantellinie s (cm) | 4,0 | 12,0 | | |
| 3 | Oberfläche O (cm²) | 37,7 | 201,1 | | |
| 4 | | | | | |

=PI() * C1 ^2 + C1 * C2

**7.** *Partnerarbeit:* Nennt Gegenstände, die annähernd ein Kegel oder eine Pyramide sind. Skizziert sie und gebt sinnvolle Maße für sie an. Präsentiert eure Lösung in der Klasse.

**8.** Ein Werkstück aus Blech besteht aus zwei Kegeln. An der Naht der gemeinsamen Grundfläche ist der Umfang 1,20 m groß.

a) Wie viel Blech benötigt man für die Herstellung des Werkstücks?

b) Wie viel wiegt das Werkstück aus 2-mm-dickem Eisenblech?

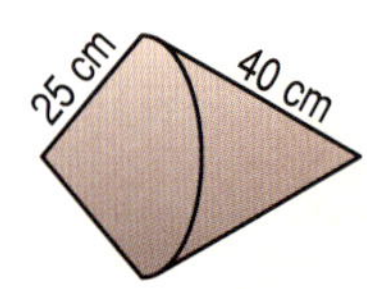


**9.** Stelle die Formel nach der roten Größe um. a) $M = \pi r s$ b) $M = \pi r s$ c) $O = \pi r^2 + \pi r s$

## Volumen von Pyramide und Kegel

**1.** a) *Partnerarbeit:* Was schätzt ihr, wie oft das Wasser der Pyramide in den Quader passt? Prüft selbst nach und erstellt die Formel für das Volumen der Pyramide.

b) Wie lässt sich das dargestellte Verfahren auch auf Kegel anwenden? Beschreibt die dazu benötigten Körpermodelle.

**Quadratische Pyramide**

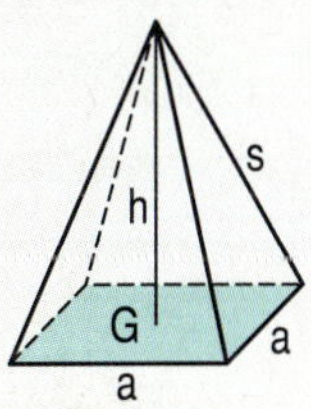


$V = \frac{1}{3}a^2h$

Für Pyramiden und Kegel gilt:

$V = \frac{1}{3} \cdot G \cdot h$

**Kegel**

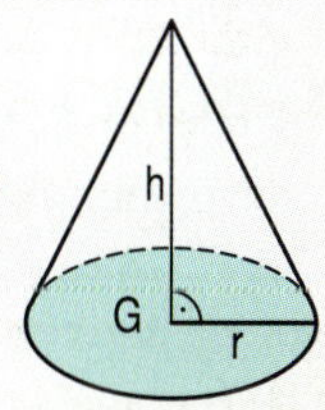


$V = \frac{1}{3}\pi r^2h$

**2.** Berechne das Volumen des Körpers.

a)
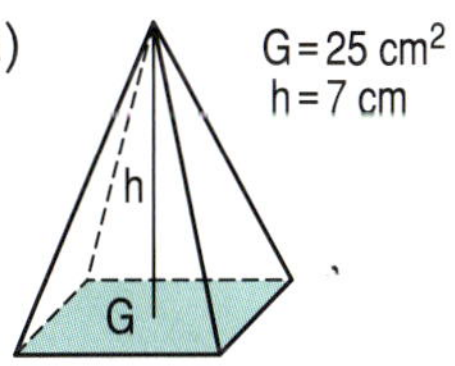


b)
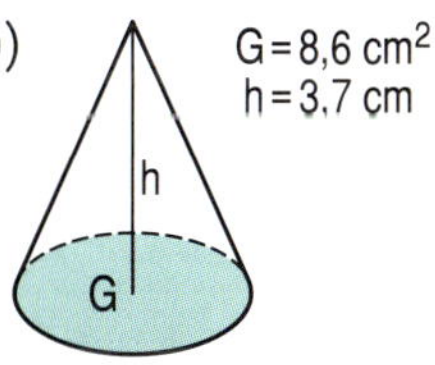


c)
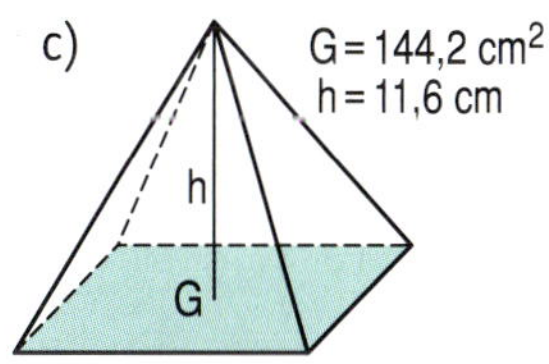


d)
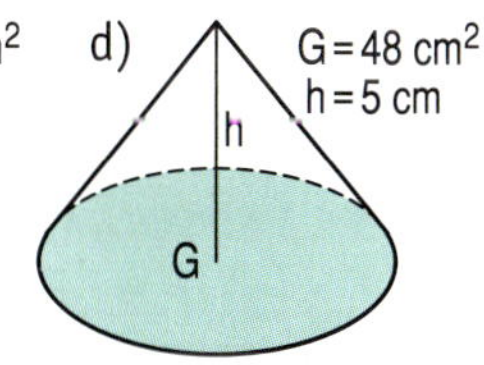


**3.** Berechne das Volumen des Körpers (Maße in cm). Runde auf cm³.

a)
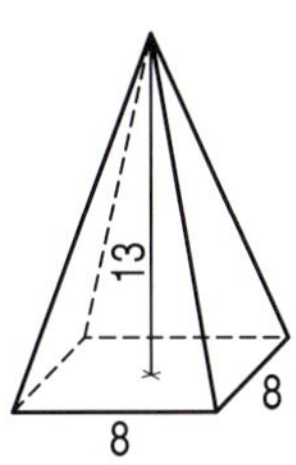


b)
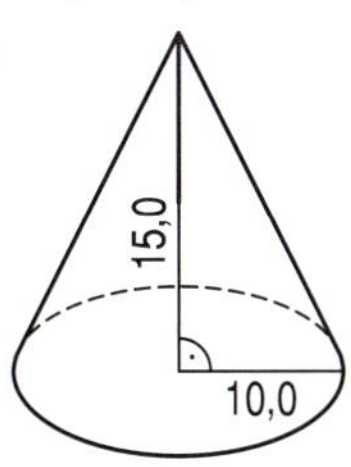


c)
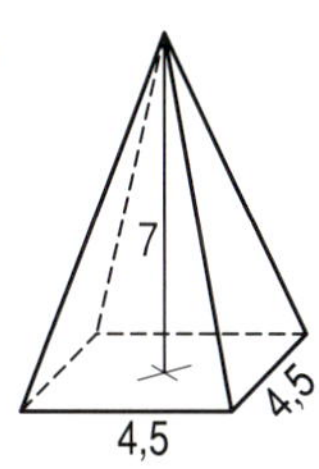


d)
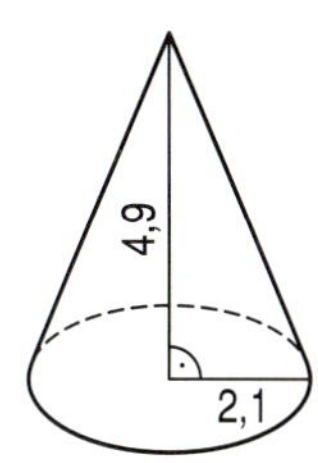


**4.** Berechne das Volumen der Pyramide mit der Körperhöhe h und der Grundkante a.

a) a = 6 cm h = 5 cm b) a = 2,6 cm h = 3,9 cm c) a = 8,4 cm h = 7,2 m

**5.** Berechne das Volumen des Kegels. Runde auf eine Nachkommastelle.

a) r = 3 cm h = 4,5 cm b) r = 5,5 cm h = 6,3 cm c) d = 42 mm h = 50 mm

**6.** Berechne das Volumen des abgebildeten Körpers.

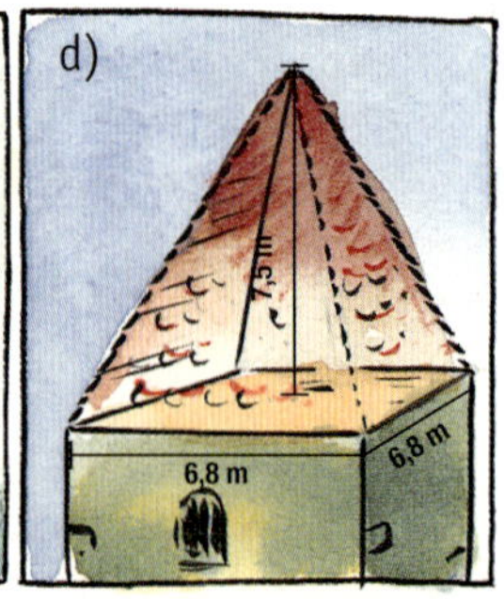


**7.** Die Chefren-Pyramide ist nach der Cheops-Pyramide das zweitgrößte Steingebäude der Welt. Sie hat heute eine Grundkantenlänge von 210 m und eine Höhe von 136,5 m.

a) Berechne das Volumen der Chefren-Pyramide.

b) Berechne die Masse der Chefren-Pyramide. 1 $m^3$ der verwendeten Steinblöcke wiegt 2,7 t.

c) Ursprünglich war die Chefren-Pyramide 143,5 m hoch und hatte eine Grundkantenlänge von 215 m. Um wie viel $m^3$ hat sich das Volumen verringert?

**8.** Aus einem Holzwürfel mit 8 cm Kantenlänge soll der größtmögliche Kegel gedrechselt werden.

a) Berechne das Volumen des Kegels.

b) Wie viel $cm^3$ Abfall entsteht?

**9.** Über ein Förderband wird Sand abgeladen. Dabei entsteht ein fast kegelförmiger Haufen.

a) Welches Volumen hat ein 4 m hoher Sandhaufen mit einem Umfang von 38,7 m?

b) Es werden 681,9 $m^3$ Sand 6,50 m hoch aufgeschüttet. Welche Bodenfläche wird bedeckt?

c) Bei feuchtem Sand ist das Verhältnis Radius zu Höhe ungefähr 3 : 2. Wie viel $m^3$ Sand enthält ein 5 m hoher Kegel?

**10.** Ein Lot (Senkblei, Dichte $\varrho = 11{,}3\ \frac{g}{cm^3}$) hat die Form eines Kegels, ist 8 cm hoch und hat einen Durchmesser von 3 cm. Wie schwer ist das Lot?

**11.** a) Ein kegelförmiges Glas fasst 0,2 *l* und ist 10 cm tief. Berechne den Durchmesser am oberen Glasrand.

b) Wie hoch muss ein kegelförmiges Trinkglas sein, das 120 ml fasst und am oberen Rand 4,5 cm Durchmesser hat?

**12.** Eine Firma stellt Werkstücke aus Stahl her, die die Form eines Doppelkegels haben. Der Durchmesser d des Werkstücks beträgt 46 mm, die Mantellinie s ist 64 mm lang. Wie schwer ist das Werkstück, wenn Stahl die Dichte 8,3 $\frac{g}{cm^3}$ hat?

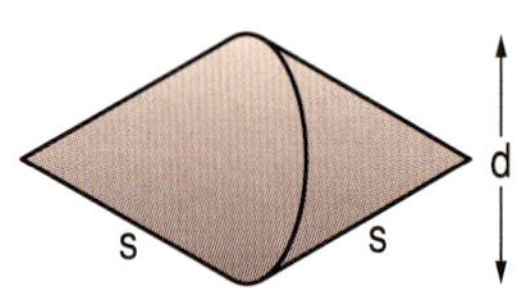

## Vermischte Aufgaben

**1.** Berechne das Volumen des Körpers (Längenangaben in cm)

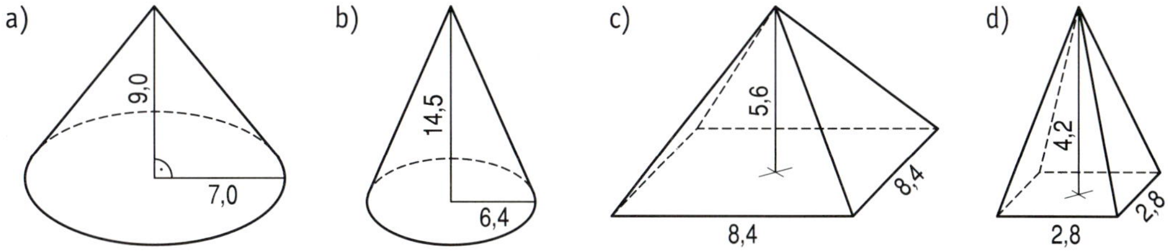


**2.** Berechne die Oberfläche des Körpers.

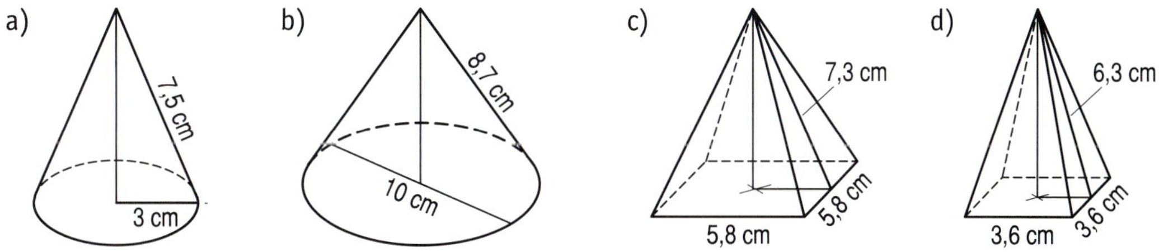


**3.** Berechne das Volumen und die Oberfläche des Kegels. Fehlende Größen kannst du mit dem Satz des Pythagoras ermitteln.

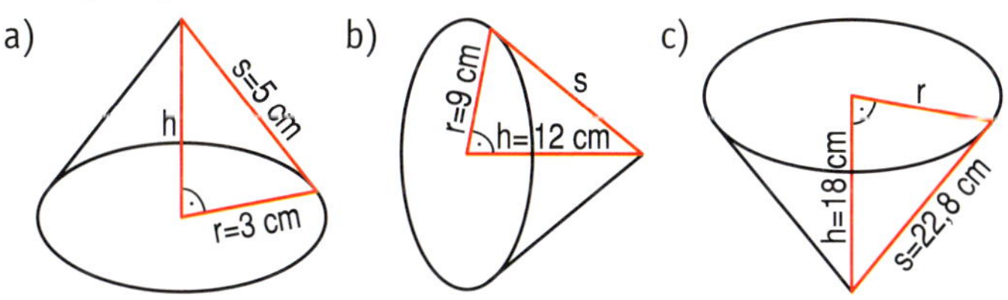


$h^2 + r^2 = s^2$   $r = 3, s = 5$
$h^2 + 3^2 = 5^2$   $| -3^2$
$h^2 = 5^2 - 3^2$
$h^2 = 16$   $| \sqrt{\ }$
$h = $ ▢

**4.** Berechne Volumen und Oberfläche der quadratischen Pyramide, zunächst aber die fehlende Stücke mit dem Satz des Pythagoras.

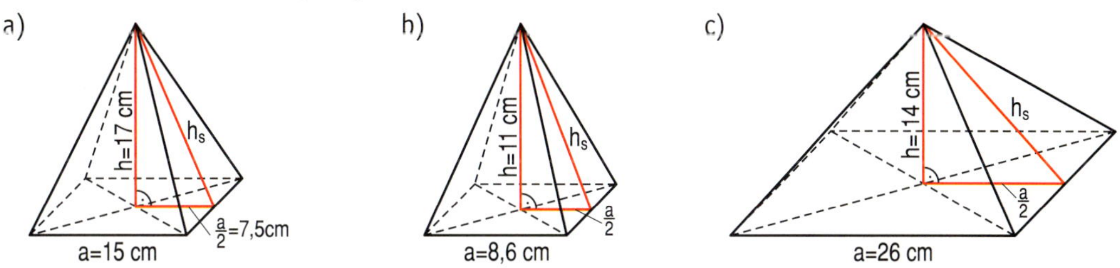


**5.** Zeichne ein Schrägbild (Skizze) der Pyramide, berechne von a, h und $h_s$ die fehlende Größe und dann Volumen und Oberfläche.

a) a = 24 cm; h = 15 cm   b) a = 9 cm; $h_s$ = 17 cm   c) h = 13 cm; $h_s$ = 13,6 cm

**6.** Eine bekannte Porzellanmanufaktur bietet Salz- und Pfefferstreuer in geometrischen Formen an.

a) Wie groß ist das Fassungsvermögen für Salz bzw. Pfeffer, wenn die Maße Innenmaße sind?

b) Wie viel Quadratzentimeter der Fläche sind jeweils mit Pünktchen, wie viel mit buntem Muster bemalt? Berechne jeweils die Mantelflächen.

**7.** Sina und Anna wollen zelten. Ihnen steht ein etwas älteres Modell in Pyramidenform mit einer Höhe von 2 m zur Verfügung. Die Seitenlänge der quadratischen Grundfläche beträgt auch 2 m. Wie viel Rauminhalt bietet das Zelt?

**8.** Berechne Volumen und Oberfläche des Kegels. Fertige zuerst eine Skizze des Kegels an.

a) $r = 3$ cm; $h = 4$ cm b) $r = 5{,}8$ cm; $s = 8{,}2$ cm c) $d = 12{,}4$ mm; $h = 9{,}1$ mm

**9.** Berechne Oberfläche und Volumen der quadratischen Pyramide. Fertige zuerst eine Planskizze an.

a) $a = 4{,}2$ cm; $h = 5{,}6$ cm b) $a = 6{,}4$ cm; $s = 4{,}8$ cm c) $a = 5{,}25$ m; $h_s = 4{,}50$ m

**10.** Ein Karnevalshütchen ist 8 cm hoch und hat einen Umfang von 44 cm. Berechne den Materialverbrauch. Die Klebelasche bleibt unberücksichtigt. Dazu berechne zuerst den Radius aus dem Umfang des Hütchens und anschließend die Mantellinie s mit dem Satz des Pythagoras.

**11.** Ein kegelförmiges Sektglas ist bis zur halben Höhe gefüllt. Ist es halb voll oder ...?

**12.** Berechne die Oberfläche (alle Längen in cm).

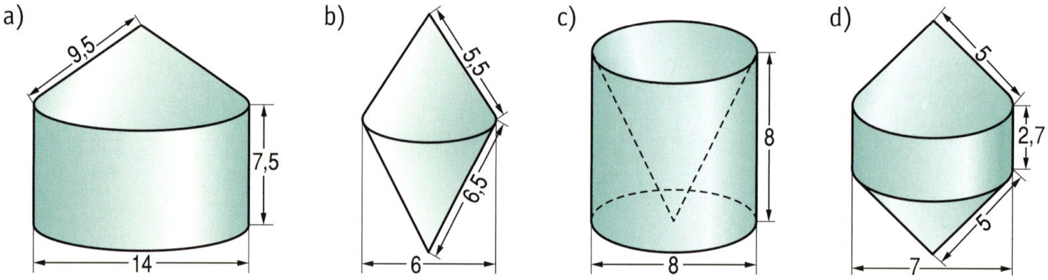


**13.** Ein Zirkuszelt hat 110 m Umfang. Insgesamt ist es 12 m hoch. Die kegelförmige Kuppel beginnt in einer Höhe von 5 m. Wie viel m² Plane überdecken das Zeltgerüst? Gehe dabei in folgenden Schritten vor:

① Zeichne zunächst eine Planskizze, beschrifte sie.
② Ermittle den Radius aus dem Umfang.
③ Berechne damit den Zylindermantel.
④ Berechne die Höhe h der Kuppel als Höhendifferenz.
⑤ Ermittle s mit dem Satz des Pythagoras.
⑥ Berechne den Kegelmantel und addiere ihn zum Zylindermantel.

**14.** Welche Masse hat ein Briefbeschwerer aus Edelstahl in der Form einer quadratischen Pyramide mit der Grundkantenlänge 5 cm und der Höhe 4 cm? (Dichte von Edelstahl: $8{,}4\ \frac{g}{cm^3}$)

**15.** Eine Pfadfindergruppe will ein Zelt mit Boden in der Form einer quadratischen Pyramide bauen. Das Zelt soll 2,80 m hoch sein und eine Grundkantenlänge von 3,60 m haben. Wie viel Stoff wird benötigt?

**16.** Besorge dir einen kegelförmigen und einen pyramidenförmigen Gegenstand. Berechne Volumen und Oberfläche der beiden Körper. Miss dazu die notwendigen Längen.

**17.** Aus einem Holzwürfel mit 8 cm Kantenlänge soll der größtmögliche Kegel gedrechselt werden. Berechne das Volumen des Kegels und gib an, wie viel cm³ Abfall entsteht.

# Bleib FIT!

**Die Ergebnisse der Aufgaben 1 bis 7 ergeben den Namen von vier Sportarten.**

**1.** Berechne und schreibe ohne Zehnerpotenzen.

a) $1{,}4 \cdot 10^3 - 6{,}5 \cdot 10^2$  b) $4{,}4 \cdot 10^2 - 3{,}2 \cdot 10^1$

c) $4 \cdot 10^{-2} + 3 \cdot 10^{-1}$  d) $5 \cdot 10^{-3} + 7 \cdot 10^{-2}$

**2.** Der große Zeiger einer Uhr ist vom Drehpunkt zur Spitze 10 cm lang. Wie viel cm legt die Zeigerspitze

a) an einem Tag,  b) in 20 Minuten zurück?

Runde auf ganze cm.

**3.** Berechne den Flächeninhalt A und den Umfang u der Figur (Angaben in cm). Runde auf eine Stelle nach dem Komma.

A = ▒ cm²  u= ▒ cm

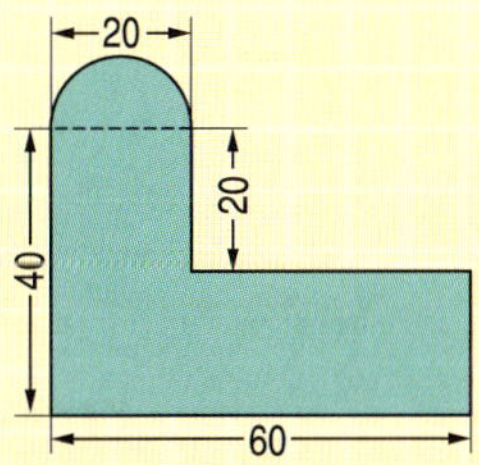


**4.** Für die 500 m bis zur Spitze des höchsten Bürohauses der Welt braucht der Aufzug 39 Sekunden. Berechne die Durchschnittsgeschwindigkeit des Aufzugs. Runde auf Zehntel.

a) v = ▒ $\frac{m}{s}$  b) v = ▒ $\frac{km}{h}$

**5.** Berechne die Länge von x in der Figur. Runde auf mm (Maße in cm).

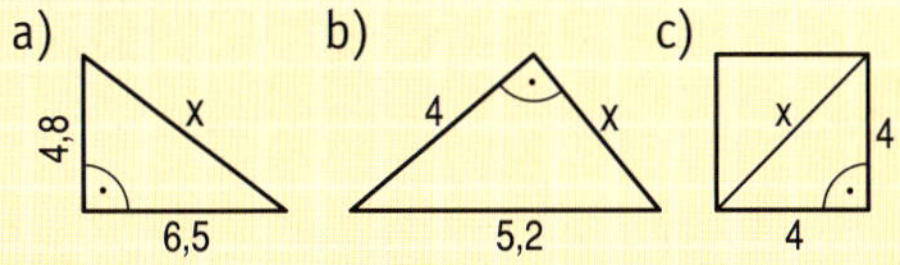


**6.**

| | a) | b) | c) |
|---|---|---|---|
| Grundwert | 71,50 € | 89 € | ▒ € |
| Prozentsatz | 4 % | ▒ % | 25 % |
| Prozentwert | ▒ € | 26,70 € | 37,50 € |

**7.** Wie lang ist die Seite a des Quadrats? Achte auf die Maßeinheiten.

a) A = 1764 cm²; a= ▒ m

b) A = 0,1225 m²; a = ▒ cm

| | |
|---|---|
| 0,075 | O |
| 0,34 | L |
| 0,42 | L |
| 0,5 | F |
| 2,86 | Y |
| 3,4 | S |
| 3,3 | G |
| 5,7 | B |
| 8,1 | U |
| 11,8 | N |
| 12 | L |
| 12,8 | E |
| 21 | O |
| 25 | S |
| 30 | G |
| 35 | F |
| 46,1 | R |
| 46,2 | R |
| 150 | O |
| 161,4 | L |
| 211,4 | L |
| 408 | O |
| 750 | P |
| 1508 | B |
| 1757,1 | U |

!!!!

## Die Cheops-Pyramide in Ägypten

**Arbeitet in Gruppen**

**1.** a) Informiert euch im Lexikon oder im Internet (zum Beispiel unter www.wikipedia.de) über die Cheops-Pyramide, wo sie liegt, wann und warum sie gebaut wurde, wie groß sie ist, und und ...

b) Bei eurer Recherche solltet ihr entdeckt haben, dass die *ursprünglichen* Maße (Höhe, Grundkante) größer waren als die *heutigen*. Wie ist dieser Unterschied zu erklären?

**2.** Zeichnet ein Schrägbild der Cheops-Pyramide mit den *ursprünglichen* Maßen im Maßstab 1:5000.

(Name des Königs in Hieroglyphen)

**3.** Bastelt ein Pappmodell der Cheops-Pyramide ausgehend von den ursprünglichen Maßen. Für ein Modell im Maßstab 1:1000 benötigt ihr 6 DIN-A4-Bogen festes Papier oder dünnen Karton, von denen ihr 2 Bogen zusammenkleben müsst. Um die Seitenflächen zu zeichnen, benötigt ihr deren Höhe oder deren Kantenlänge; wenn ihr sie nicht im Internet gefunden habt, müsst ihr sie mit dem Satz des Pythagoras berechnen.

**4.** a) Berechnet das Volumen der Pyramide sowohl mit den ursprünglichen als auch mit den heutigen Maßen.

b) Um wie viel Kubikmeter hat sich das Volumen bis heute verringert? Wie viel Prozent sind das?

**5.** Für den Bau der Pyramide wurden vorwiegend quaderförmige Kalksteinblöcke mit einer Dichte von etwa 2,5 $\frac{g}{cm^3}$ verwendet. Wie viel Lkws mit 25 t Nutzlast wären zum Transport der Gesteinmasse notwendig? Veranschaulicht die Länge dieser Lkw-Schlange.

**6.** Nach Schätzungen besteht die Cheops-Pyramide aus etwa 2,5 Mio. Kalksteinblöcken. Kann dies stimmen? Welche Maße könnten dann die Steinquader haben, wenn sie alle gleich wären?

## Die Glaspyramide vor dem Louvre in Paris

!!!!

**Gruppenarbeit**

**1.** a) Informiert euch im Lexikon oder im Internet über die Glaspyramide vor dem Louvre und über den Louvre selbst. Ihr benötigt insbesondere die Grundkante und die Höhe der Pyramide.

**2.** Die Glaspyramide wurde von Architekten als maßstäbliche Verkleinerung der Cheops-Pyramide geplant. Recherchiert die Maße der Cheops-Pyramide und bestimmt den ungefähren Maßstab der Verkleinerung.

**3.** Für die Seitenkanten der Glaspyramide wurden besonders stabile Stahlträger verwendet. Bestimmt deren Länge.

**4.** Die Glassegmente sitzen in Aluminiumhalterungen, die bündig mit dem Glas abschließen, sodass eine glatte Oberfläche entsteht. Sie wird mit einer Spezialmaschine gereinigt. Berechnet die zu reinigende Fläche.

**5.** Über die Anzahl der Glassegmente der Pyramide gibt es je nach Quelle unterschiedliche Angaben, richtig ist: 603 Rauten, 70 Dreiecke. Begründet, warum diese Zahlen stimmen.

**6.** Die rautenförmigen Glassegmente haben Diagonalen der Längen 3,0 m und 1,9 m, die Dreiecke sind jeweils eine Hälfte davon. Das Glas ist 21 mm dick und hat eine Dichte von 2,5 $\frac{t}{m^3}$. Wie schwer ist die gesamte Glashülle?

## Volumen der Kugel

**1.** *Partnerarbeit:* Leitet mit Hilfe des Comics die Formel für das Volumen der Halbkugel und der Kugel her und präsentiert das Ergebnis der Klasse.

> Das Volumen der Kugel mit dem Radius r beträgt
>
> $V = \frac{4}{3}\pi r^3$
>
> 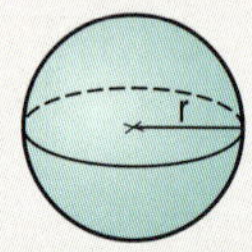
> 

**2.** Berechne das Volumen der Kugel. a) r = 14 cm b) r = 7,2 cm c) d = 8 cm d) d = 12,4 cm

**3.** Berechne das Volumen des kugelförmigen Gegenstandes.

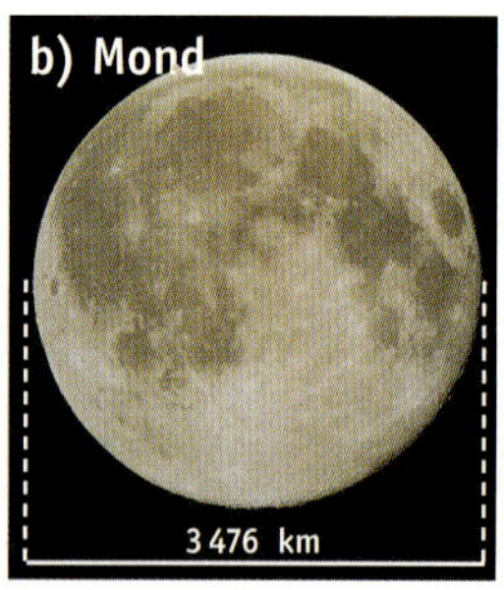


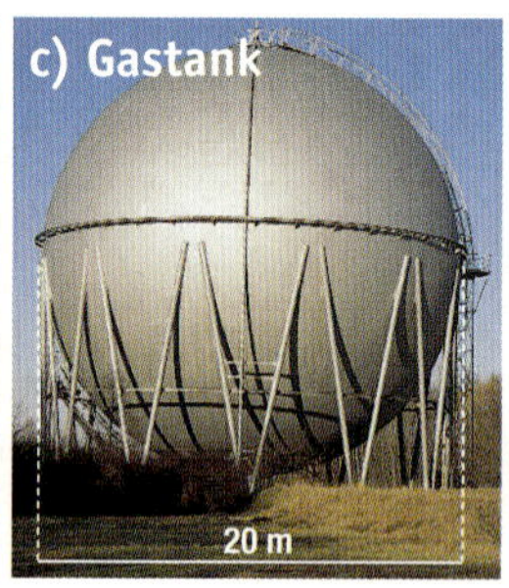

**4.** Eine Einzelkugel mit Durchmesser 60 cm soll geschmolzen werden. Aus der Schmelzmasse sollen 1000 kleine Kugeln hergestellt werden. Berechne den Durchmesser der kleinen Kugeln.

**5.** Berechne das Volumen des Balles.

a) Golfball: d = 4 cm
b) Fußball: d = 22 cm
c) Tennisball: d = 6,35 cm
d) Handball: d = 19 cm
e) Volleyball: d = 20,4 cm
f) Gymnastikball d = 60 cm

d = 40 mm

**6.** Bestimme die Masse der Stoßkugel (Dichte $\varrho = 7{,}86\ \frac{g}{cm^3}$).

a) d = 10,7 cm (männliche Jugendliche)
b) d = 9,9 cm (weibliche Jugendliche)

**7.** Eine Kugelstoß-Wettkampfkugel für Männer ist 7,26 kg schwer. Berechne den Durchmesser. Die Dichte beträgt $7{,}86\ \frac{g}{cm^3}$.

**8.** Eine Kugel hat den Radius 3 cm. Welchen Radius hat eine Kugel mit doppeltem (achtfachem) Volumen?

## Oberfläche der Kugel

**1.** *Partnerarbeit:*

a) Erklärt euch gegenseitig die Überlegungen von Jörg und Sabine.

b) Arbeitet mit Sabines Schlussfolgerung weiter, setzt die Volumenformel ein und leitet die Oberflächenformel für die Kugel her.

> Für die Oberfläche der Kugel mit dem Radius r gilt:
>
> $$O = 4\pi r^2$$

**2.** Berechne die Oberfläche der Kugel.

a) r = 4 cm b) r = 27 mm c) r = 5,9 cm d) r = 2,48 m e) d = 6,4 dm f) d = 7 cm g) d = 8,3 m

**3.** Berechne die Oberfläche des Balles

d = 40 mm d = 65 mm d = 16 cm d = 19 cm d = 24 cm

**4.** Berechne den Radius der Kugel. Löse zuvor die Oberflächenformel nach r auf.

a) O = 38,2 $cm^2$ b) O = 6,94 $m^2$ c) O = 1357 $dm^2$ d) O = 18,5 $mm^2$ e) O = 261 $mm^2$

**5.** Der Kuppelbau eines Rundum-Kinos für 3D-Filme hat die Form einer Halbkugel. Die Innenwand des Kuppelbaus soll neu gestrichen werden. Wie groß ist die zu streichende Fläche, wenn der Innendurchmesser 15 m beträgt?

**6.** Der Mensch besitzt ungefähr 400 Millionen Lungenbläschen, in denen der Gasaustausch zwischen Sauerstoff und Kohlendioxid stattfindet. Die annähernd kugelförmigen Lungenbläschen haben eine mittleren Durchmesser von ca. 0,2 mm.

a) Berechne die Gesamtoberfläche aller Lungenbläschen eines Menschen.

b) Welchen Radius hätte eine einzige Kugel mit dem gleichen Oberflächeninhalt?

**7.** *Partnerarbeit:* Wie verändert sich die Oberfläche einer Kugel, wenn man den Radius

a) verdoppelt b) verdreifacht c) halbiert d) verneunfacht?

Überlegt euch das an eigenen Beispielen und präsentiert der Klasse euer Ergebnis.

**8.** Ein kugelförmiger Luftballon wird so aufgeblasen, dass sich die Oberfläche verdoppelt. Wie verändert sich dadurch das Volumen des Ballons?

## Vermischte Aufgaben

**1.** Berechne Volumen und Oberfläche der Kugel.

a) $r = 2{,}7$ cm  b) $r = 8$ dm  c) $r = 45$ mm  d) $r = 3{,}25$ m  e) $r = 0{,}7$ cm

f) $d = 12$ mm  g) $d = 3{,}7$ cm  h) $d = 0{,}8$ m  i) $d = 1{,}45$ m  j) $d = 3476$ km

**2.** Erde, Venus, Mars und Sonne haben annähernd Kugelform. Berechne die Oberfläche.

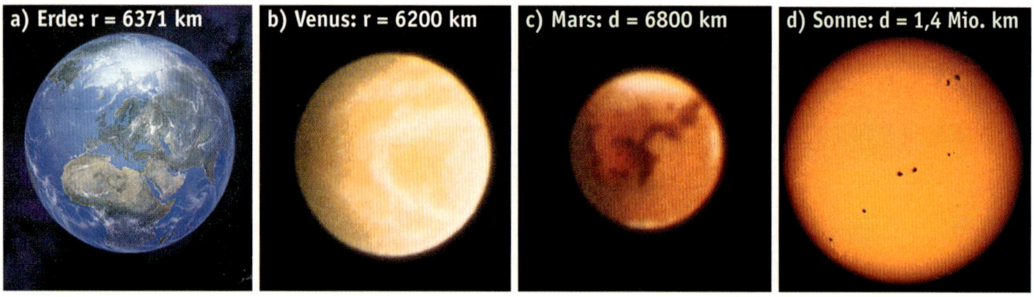


**3.** Über der Tanzfläche der Disco soll eine neue Spiegelkugel angebracht werden. Sie soll einen Durchmesser von 40 cm und auf der Oberfläche kleine quadratische Spiegel haben.

a) Wie viele kleine Spiegelstücke mit 1 cm² Flächeninhalt passen auf die Kugeloberfläche?

b) Welches Volumen hat die Kugel?

**4.** Bleikugeln mit dem Radius 1 cm sollen geschmolzen werden. Aus der geschmolzenen Bleimasse soll eine Einzelkugel mit dem Radius 10 cm hergestellt werden. Wie viele der kleinen Kugeln werden benötigt?

**5.** Aus einem quaderförmigen Stück Ton mit den Kantenlängen 10 cm, 12 cm und 15 cm sollen Tonkugeln mit $d = 3$ mm geformt werden. Wie viele Kugeln erhält man?

**6.** Die Größe von Handbällen gibt man mit dem Umfang u an.

a) Wie groß ist die Oberfläche bei einem Jugendhandball mit $u = 54$ cm?

b) Wie viel Leder wird für die Herstellung eines Jugendhandballs benötigt, wenn mit 20 % Verschnitt gerechnet wird?

c) Für einen Männerhandball wurde einschließlich 20 % Verschnitt 1330 cm² Leder verarbeitet. Welchen Umfang hat ein Männerhandball?

**7.** Besorgt euch verschiedene kugelförmige Gegenstände und bestimmt mit einem Maßband den Umfang. Berechnet nacheinander Radius, Oberfläche und Volumen und präsentiert euer Ergebnis der Klasse.

**8.** In einer Holzkiste mit 24 cm Länge und 16 cm Breite sollen 6 Metallkugeln und 2 kleinere Holzkugeln untergebracht werden.

a) Welchen Durchmesser dürfen die 6 Metallkugeln höchstens haben?

b) Welches ist der größtmögliche Durchmesser für die Holzkugeln?

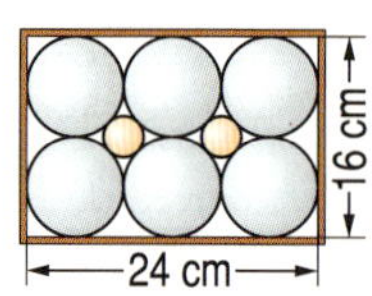

## Massenberechnungen

| Dichte einiger Stoffe in $\frac{g}{cm^3}$ | |
|---|---|
| Aluminum | 2,7 |
| Beton | 2,2 |
| Blei | 11,3 |
| Eisen | 7,9 |
| Glas | 2,5 |
| Gold | 19,3 |
| Holz | 0,7 |
| Kupfer | 8,9 |
| Marmor | 2,8 |
| Silber | 10,5 |
| Stahl | 7,9 |
| Styropor | 0,017 |

**1.** Berechne die Masse des Körpers.

a) Würfel aus Aluminium, Kantenlänge 5 cm

b) Quader aus Holz, Kantenlängen 4 cm, 6 cm und 10 cm

c) Prisma aus Glas, Grundfläche 32 $cm^2$ und Höhe 12 cm

d) Zylinder aus Eisen, Radius 2 cm und Höhe 15 cm

**2.** Ein quaderförmiger Marmorblock hat die Maße 3,2 m; 1,8 m und 1,3 m. Berechne die Masse des Marmorblocks in Kilogramm und in Tonnen.

**3.** Eine Röhre aus Beton ist 4,2 m lang und hat einen Innendurchmesser von 80 cm. Die Rohrwand ist 10 cm stark. Berechne die Masse der Röhre.

**4.** Wie viel wiegt ein Kupferrohr, das 2,20 m lang ist, einen Außendurchmesser von 26 mm und einen Innendurchmesser von 24 mm hat?

**5.** Bestimme die Masse des Körpers aus dem gegebenen Material.

a) aus Blei  b) aus Stahl  c) aus Holz  d) aus Aluminium

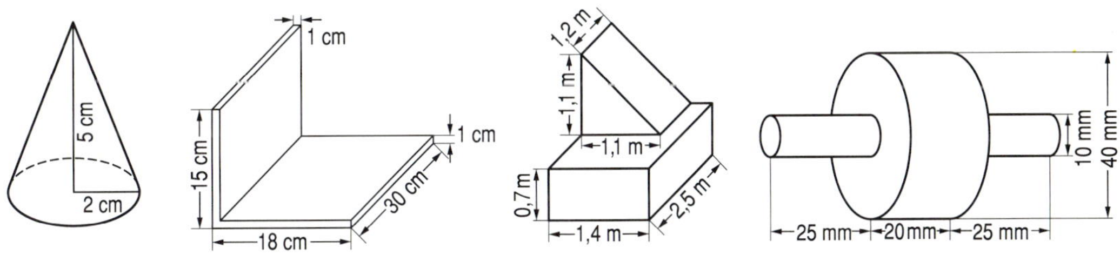


**6.** Eine Hohlkugel aus Glas hat einen äußeren Durchmesser von 7 cm und eine Wandstärke von 2 mm. Wie schwer ist die Hohlkugel?

**7.** Frau Berger war kurz davor, den Armreif zu kaufen. Das Schmuckstück ist 10 mm hoch, hat einen Innendurchmesser von 80 mm und ist 2 mm dick. Plötzlich betreten zwei Polizisten das Geschäft mit einer sehr genau messenden Waage. Warum verhaften sie den Geschäftsinhaber?

**8.** Welche Dichte hat ein 20 cm hoher Zylinder mit 12 cm Durchmesser, der eine 3 mm dicke Kupferwand hat und innen mit Holz gefüllt ist?

**9.** Berechne die Masse des kugelförmigen Körpers.

a) Erde: r = 6371 km, 1 $m^3$ der Erde wiegt durchschnittlich 5,5 t.

b) Schneekugel zum Bauen eines Schneemanns: d = 80 cm, Dichte des Schnees 0,2 $\frac{g}{cm^3}$

c) Boulekugel aus Metall: d = 7,34 cm, Dichte des Metalls 3,4 $\frac{g}{cm^3}$

d) Kunststoffkugel zum Kegeln: d = 16 cm, Dichte des Kunststoffs 1,3 $\frac{g}{cm^3}$

e) Murmel aus Glas: r = 12 mm, Dichte von Glas 2,5 $\frac{g}{cm^3}$

## Zusammengesetzte und ausgehöhlte Körper

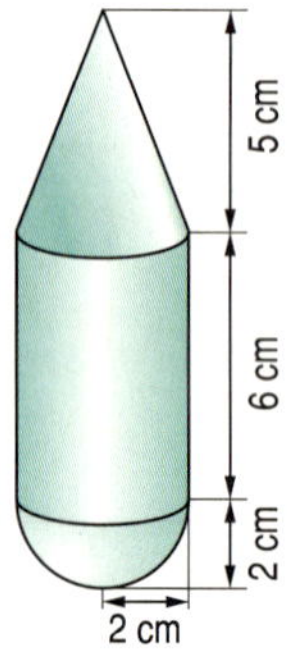


Berechne Volumen und Oberfläche des Körpers.

$V = V_{Ke} + V_{Zy} + V_{Hku}$

$O = M_{Ke} + M_{Zy} + M_{Hku}$

Eine ausgehöhlte Halbkugel hat den Außendurchmesser 1,80 m und die Wandstärke 5 cm.
Berechne Volumen und Oberfläche.

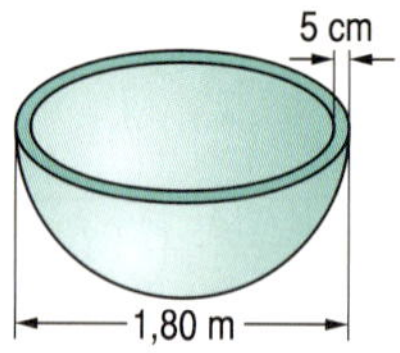


$V = V_{außen} - V_{innen}$

$O = M_{außen} + M_{innen} + A_{Ring}$

**1.** *Gruppenarbeit:* Berechnet Volumen und Oberfläche der beiden Körper im Einstiegskasten oben, erklärt die dort stehenden Formeln für V und O, und präsentiert eure Lösung der Klasse.

**2.** Berechne Volumen und Oberfläche des ausgehöhlten Körpers (alle Maße in cm).

a) 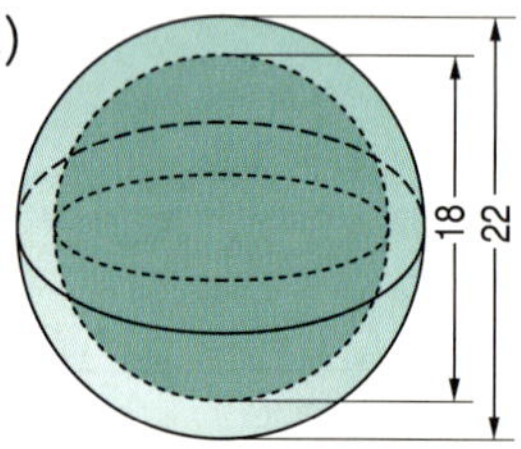


b) 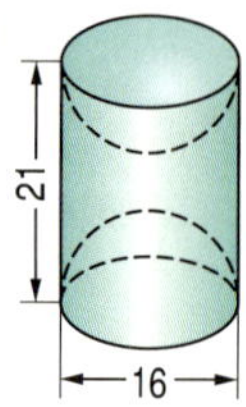


c) 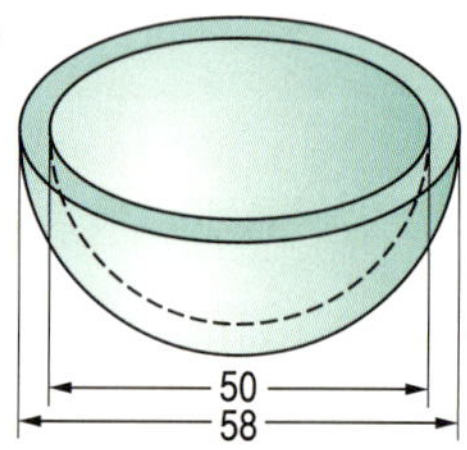


d) 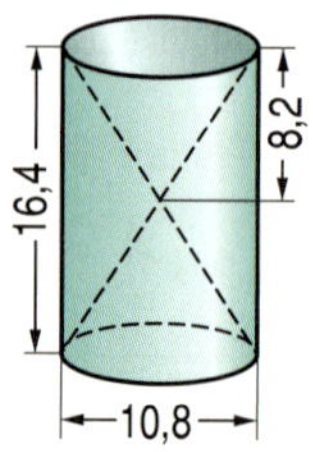


**3.** Wähle zwei der drei Körper und skizziere damit einen zusammengesetzten Körper. Berechne das Volumen und die Oberfläche des zusammengesetzten Körpers.

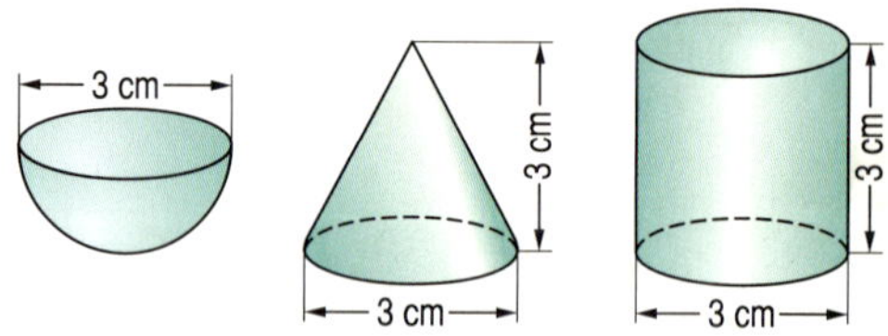


**4.** Aus einem Würfel mit der Kantenlänge 12 cm soll der größtmögliche Kegel herausgebohrt werden. Berechne Volumen und Oberfläche des verbliebenen Restkörpers.

**5.** Berechne das Volumen und die Oberfläche des zusammengesetzten Körpers (Längen in cm). Fehlende Stücke lassen sich mit dem Satz des Pythagoras berechnen.

a) 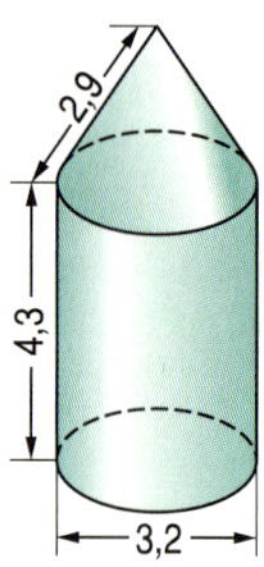


b) 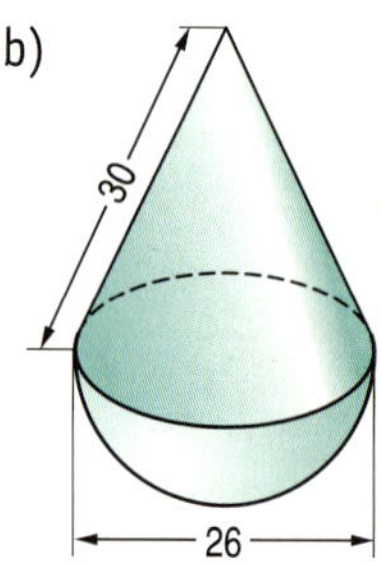


c) 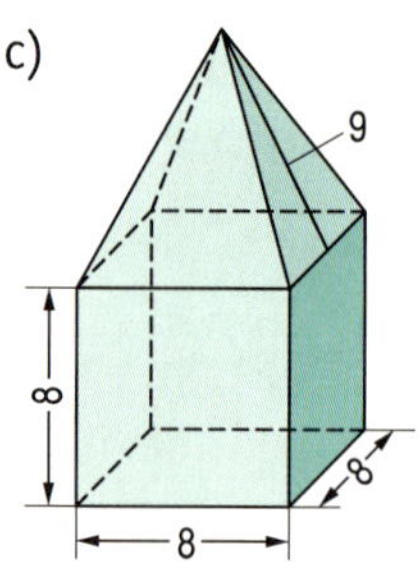


d) 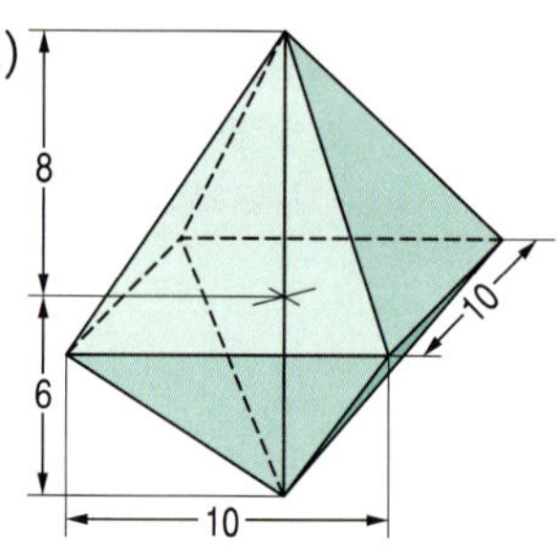


**6.** Ein Lehrling bekommt die Aufgabe, aus Aluminiumwürfeln mit der Kantenlänge 6 cm verschiedene andere geometrische Körper herzustellen, und zwar so groß wie möglich. Berechne jeweils den Abfall in $cm^3$ und in Prozent. ① Kugel ② Kegel ③ Zylinder ④ Pyramide

**7.** Was passt zu einem Luftballon: „Kugel", „Halbkugel mit Kegel", „Zylinder", oder ...?

**1.** Berechne Volumen und Oberfläche des Zylinders.

a) b) c)

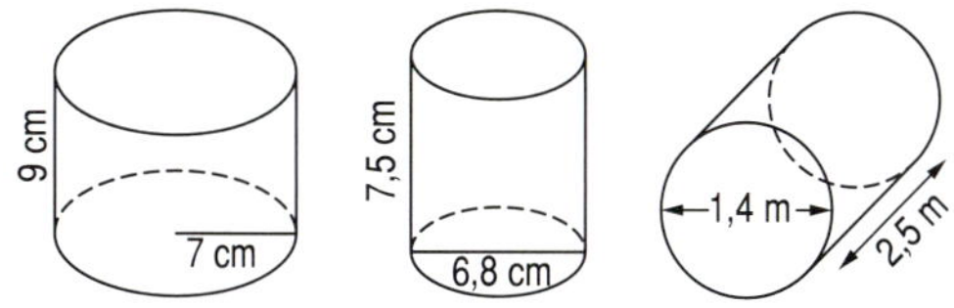


**2.** Berechne die gesuchte Größe des Zylinders

a) $O = 72\ cm^2$, $r = 2{,}5\ cm$ $h = ▒$

b) $V = 45{,}1\ m^3$, $h = 4{,}2\ m$ $r = ▒$

**Zylinder**

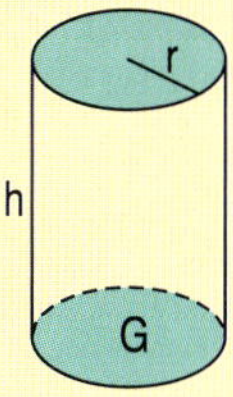


**Oberfläche**

$O = 2G + M$

$O = 2\pi r^2 + 2\pi rh$

$M = 2\pi rh$

**Volumen**

$V = G \cdot h$

$V = \pi r^2 h$

**3.** Berechne Volumen und Oberfläche des Kegels.

a) b) c)

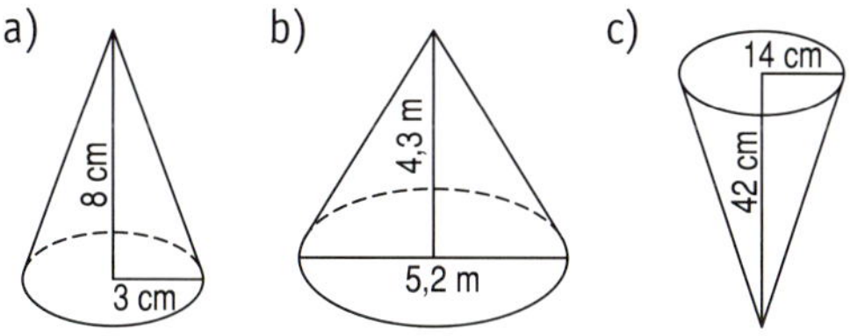


**4.** Berechne das Volumen der Pyramide.

a) b) c)

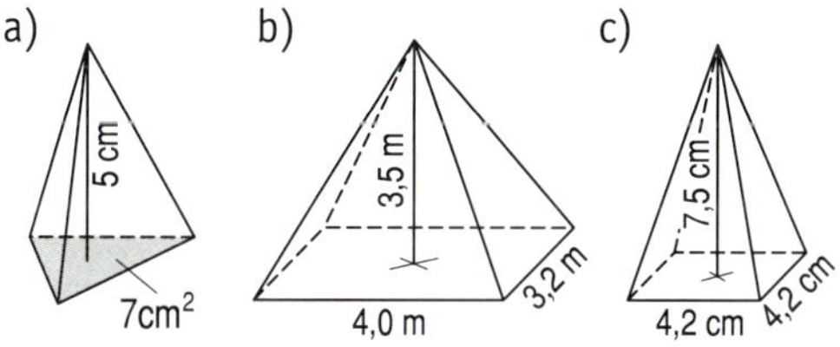


**Kegel** **Pyramide**

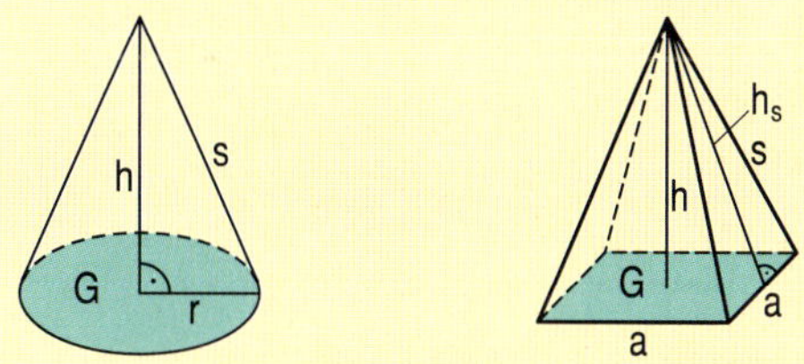


**Oberfläche**

$O = \pi r^2 + \pi rs$ $O = G + M$ $O = a^2 + 2ah_s$

$M = \pi rs$

**Volumen**

$V = \frac{1}{3}\pi r^2 h$ $V = \frac{1}{3}G \cdot h$ $V = \frac{1}{3}a^2 h$

**5.** Berechne Mantel und Oberfläche der Pyramide.

a) b) c)

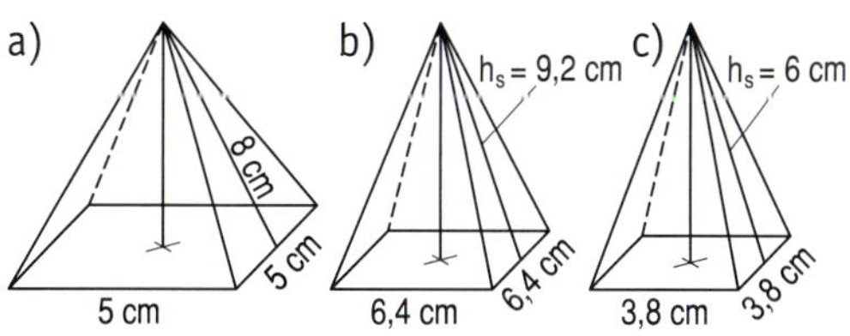


**Kugel**

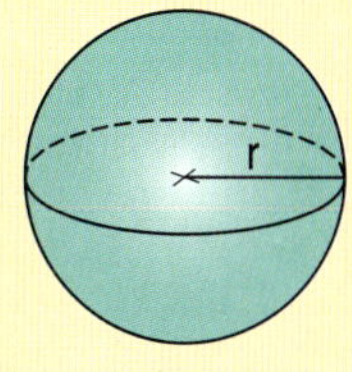


**Oberfläche**

$O = 4\pi r^2$

**Volumen**

$V = \frac{4}{3}\pi r^3$

**6.** Berechne Volumen und Oberfläche der Kugel.

a) $r = 3$ cm b) $r = 5{,}6$ m c) $r = 16{,}1$ m

d) $d = 3{,}6$ m e) $d = 28$ mm f) $d = 1{,}45$ m

**7.** Eine Billardkugel hat einen Durchmesser von 6,2 cm. Der Kunststoff hat die Dichte 1,7 $\frac{g}{cm^3}$. Berechne die Masse einer Billardkugel. Runde auf Gramm.

**8.** Eine Konservendose hat den Radius $r = 3{,}1$ cm und die Höhe $h = 13{,}3$ cm.

a) Wie viel cm² Blech benötigt man zur Herstellung der Dose?

b) Wie groß ist die Fläche des Etikettenbandes?

c) Welche Füllmenge fasst die Dose?

**9.** Aus einer Tonkugel mit Durchmesser 10 cm sollen 20 kleine Tonkugeln geformt werden. Welchen Radius haben die kleinen Tonkugeln?

DIAGNOSETEST

**1.** Berechne Volumen und Oberfläche des Zylinders (Abb. 1).

**2.** Berechne das Volumen und die Oberfläche des Kegels (Abb. 2).

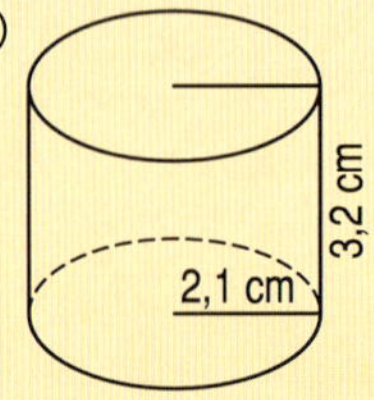


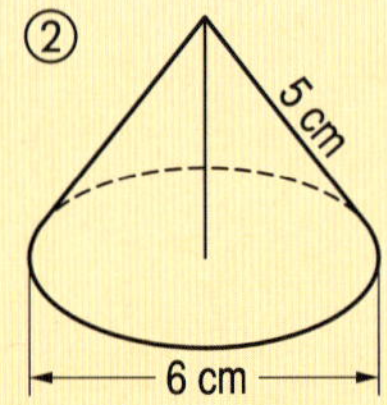


**3.** Berechne die Körperhöhe h und die Höhe der Seitenfläche $h_s$ der quadratischen Pyramide.

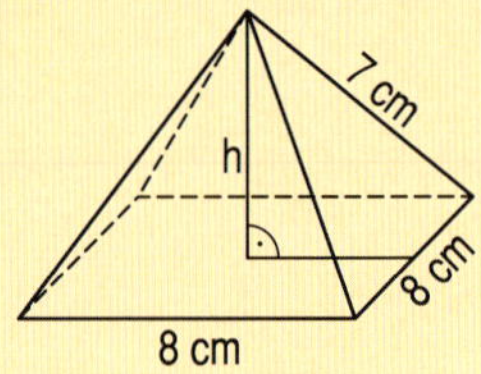


**4.** Berechne Volumen und Oberfläche der quadratischen Pyramide mit der Grundkante a = 8,0 cm, der Pyramidenhöhe h = 3,0 cm und der Höhe einer Seitenfläche $h_s$ = 5,0 cm.

**5.** Berechne Volumen und Oberfläche eines Balles mit einem Durchmesser von d = 8,4 cm.

## Wähle 5 Aufgaben aus

**1.** Eine zylinderförmige Konservendose hat den Radius r = 4,1 cm und die Höhe h = 8,3 cm.

a) Wie viel $cm^2$ Blech benötigt man zur Herstellung der Dose?

b) Wie groß ist die Fläche des Etikettenbandes?

**2.** Ein Zylinder hat das Volumen 64,2 $cm^2$ und die Höhe 2,4 cm. Berechne den Radius.

**3.** Aus einem Holzwürfel mit der Kantenlänge 4 cm soll ein größtmöglicher Zylinder hergestellt werden. Berechne das Volumen des Holzabfalls.

**4.** Berechne die Oberfläche der rechts abgebildeten Pyramide.

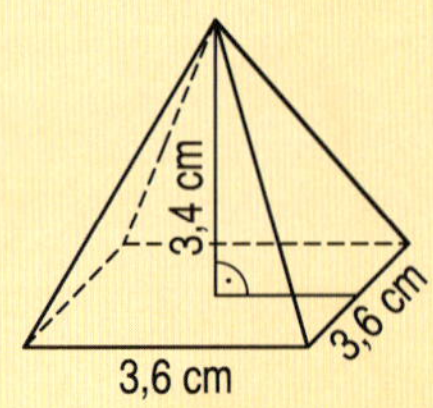


**5.** Eine quadratische Pyramide hat ein Volumen von 78,5 $cm^3$ und eine Höhe von 7,5 cm. Wie lang ist die Grundkante a?

**6.** Die Oberfläche einer Kugel ist 124,8 $cm^2$ groß. Berechne das Volumen der Kugel.

**7.** Eine Stahlkugel mit einem Durchmesser von 6 cm wird in zwei gleich große Halbkugeln geteilt. Berechne die Oberfläche einer Halbkugel.

**8.** Eine Metallkugel mit 60 mm Durchmesser soll geschmolzen werden. Aus der Schmelzmasse sollen kleine Metallkugeln mit 10 mm Durchmesser hergestellt werden. Wie viel kleine Kugeln erhält man?

**9.** Berechne die Oberfläche des zusammengesetzten Körpers.

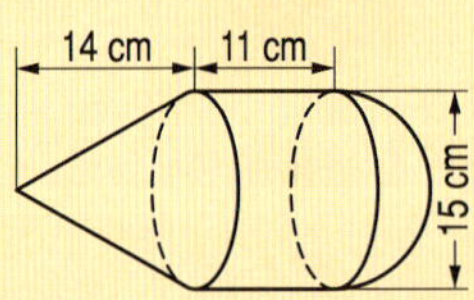


**10.** Berechne das Volumen des ausgehöhlten Körpers.

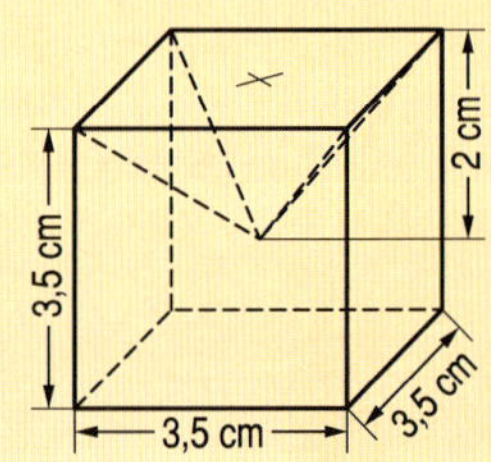

# Daten und Zufall

# 6

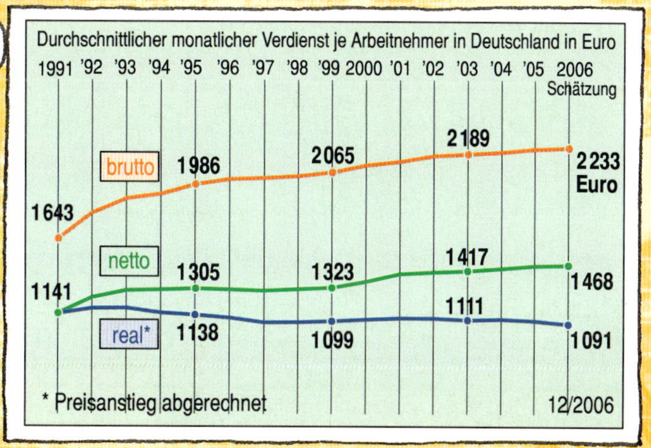


**Haßloch als Testmarkt**
Haßloch ist Testmarkt (Magic Town) für neue Markenartikel und Konsumprodukte: Im Haßlocher Einzelhandel sind vorab Produkte erhältlich, die erst in Zukunft in der Bundesrepublik Deutschland eingeführt werden sollen. In das örtliche Fernsehkabelnetz werden eigens gedrehte Werbefilme für diese Produkte eingeblendet, einzelne Zeitungen (wie z. B. die Hörzu, Bunte) werden speziell für Haßloch mit Anzeigen für die neuen Produkte herausgegeben. Die Bürger besitzen zudem Karten mit Strichcodes, die beim Einkauf gescannt werden, sodass eine Zuordnung der Einkäufe zu einzelnen Haushalten oder Personen möglich wird.
Die Gesellschaft für Konsumforschung (GfK) kann somit ermitteln, wie die getesteten Produkte von den Kunden angenommen werden – die Erfahrungen, die die GfK hier macht, stimmen zu 90 Prozent mit späteren Marktdaten überein.
Ausgewählt wurde Haßloch deshalb, weil dieser Ort eine Bevölkerungsstruktur aufweist, die nach verschiedenen Kriterien dem deutschen Durchschnitt sehr nahe kommt – etwa in der Altersstruktur und den sozialen Schichten. Auch nimmt Haßloch eine Mittelstellung zwischen städtischer und dörflicher Struktur ein.
http://de.wikipedia.org/wiki/Haßloch 23.03.2007

## !!!! Grafische Darstellungen — Partnerarbeit

**1.** Beurteilt die Aussagen über die Menschen der neuen Bundesländer mit ①, ② oder ③ und begründet.

① informativ und richtig ② richtig, aber zu einseitig ③ völlig falsch

Ⓐ Die Anzahl der Zufriedenen erhöhte sich bis 2006 um 6 % der Bevölkerung.

Ⓑ Der Anteil der Zufriedenen erhöhte sich bis 2006 um fast 20 %.

Ⓒ Die Zufriedenheit erhöhte sich bis 2006 um fast 6 %.

Ⓓ Die Zahl der Zufriedenen hat sich nach 1990 fast verdoppelt.

Ⓔ Die Zahl der Zufriedenen stieg zunächst, hielt sich mehrere Jahre auf über 50 % und sank dann wieder fast auf den Anfangswert.

Ⓕ In den letzten Jahren nahm die Unzufriedenheit stark zu.

Ⓖ Rund zwei Drittel sind unzufrieden.

Ⓗ Die Zahl der Zufriedenen schwankte ständig hin und her.

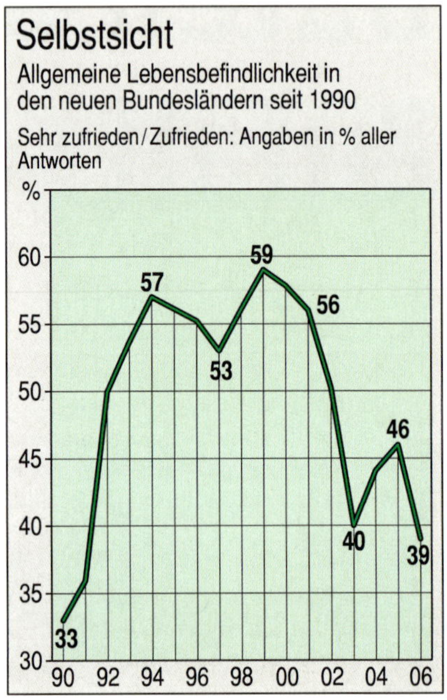


**2.** a) Beschreibt die dargestellte Entwicklung der Schülerzahlen mit Worten kurz und genau.

b) Beurteilt die Grafik, ob sie die Zahlen richtig *darstellt*, ob sie den Verlauf über- oder untertreibt.

c) Angenommen, ihr wollt anderen klar machen, die voraussichtliche Abnahme der Schülerzahlen sei so gering, dass sie bedeutungslos sei. Wie würdet ihr mit dieser Absicht die Zahlen darstellen, ohne zu lügen?

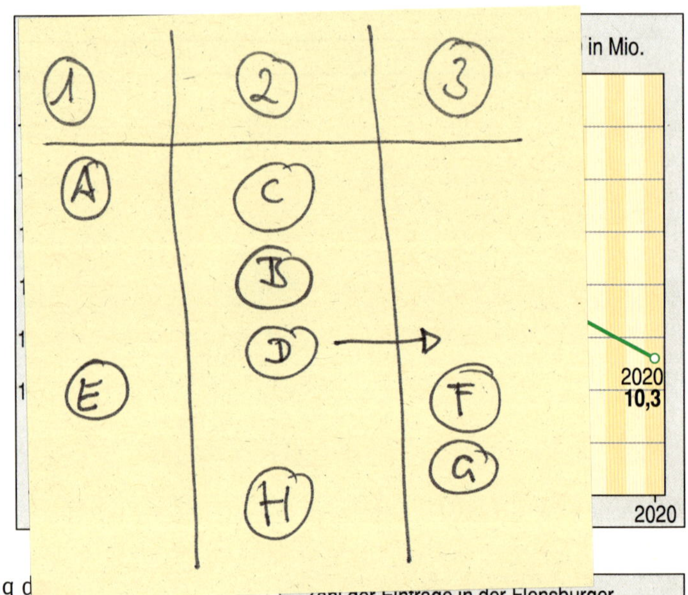


**3.** a) Die Grafik hatte in der Zeitung d … Raser". Passen Grafik und Überschrift gut zusammen, oder findet ihr eine bessere Überschrift?

b) Welche Aussagen sind richtig?
① In 5 Jahren 50 % mehr Einträge
② In 5 Jahren anderthalb mal so viele Einträge
③ Jährlich 170-tausend Einträge mehr
④ Jährlich 90-tausend Einträge mehr

c) Angenommen, ihr wollt die Zunahme der Einträge als dramatisch darstellen, wie würdet ihr das machen?

d) Angenommen, ihr wollt die Zunahme verharmlosen, wie würdet ihr dann die Zahlen darstellen?

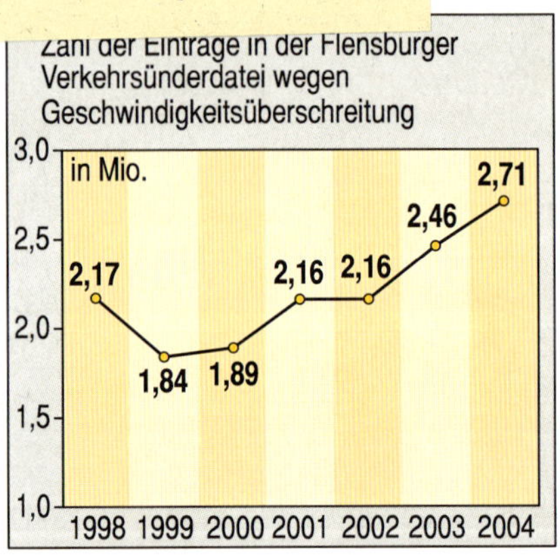

**4.** a) Erklärt die Bedeutung von „im 4. Quartal verkaufte Auflage".

b) Verteilt folgende beiden Rollen unter euch und erstellt dazu geeignete Grafiken.
*Rolle 1:* Du willst den Rückgang der Zahlen als geringfügig erscheinen lassen.
*Rolle 2:* Du willst den Eindruck erwecken, der Rückgang der Auflage sei dramatisch.

c) Die Tabelle enthält die entsprechenden Zahlen der Bildzeitung. Fertigt dazu drei Grafiken, eine „faire", eine verharmlosende und eine übertreibende.

d) Ist der Auflagenrückgang bei beiden Zeitungen etwa gleich?

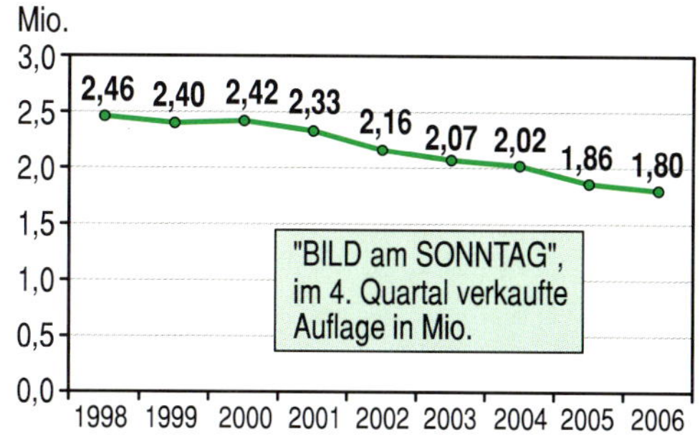


| „BILD": im 4. Quartal verkaufte Auflage in Mio. | | | | | | | | | |
|---|---|---|---|---|---|---|---|---|---|
| Jahr | 1998 | 1999 | 2000 | 2001 | 2002 | 2003 | 2004 | 2005 | 2006 |
| Mio. | 4,41 | 4,26 | 4,26 | 4,25 | 3,96 | 3,81 | 3,47 | 3,61 | 3,44 |

**5.** a) Beurteilt den linken Teil der Grafik: Sind die Zahlen angemessen oder übertrieben dargestellt? Würdet ihr die Zahlen anders darstellen, wenn ja, wie und warum?

b) Fertigt zu den Angaben der rechten Grafik eine Tabelle mit den prozentualen Anteilen der einzelnen Gewaltarten an der Gesamtzahl der Fälle im Schuljahr 2005/06.

c) Stellt die prozentualen Anteile grafisch dar und beurteilt, ob diese Darstellung aussagekräftiger ist als die Grafik in der Zeitung.

d) Sucht im Internet nach der Gewaltentwicklung an Schulen in NRW in den letzten Jahren.

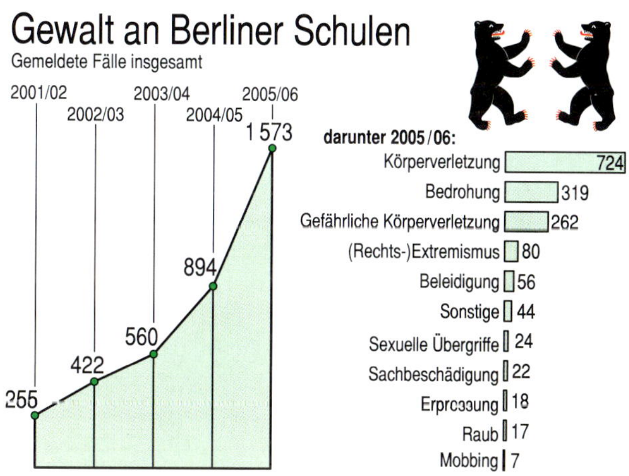


**6.** a) Die Abbildung des Robert-Koch-Instituts zeigt die Verbreitung von Aids (HIV). Was bedeuten vermutlich die klein gedruckten Zahlen in Klammern?

b) Überlegt euch eine andere, bessere Darstellung der Verbreitung von Aids in den Erdteilen.

**Schätzung über Erwachsene und Kinder, die 2006 mit HIV lebten**

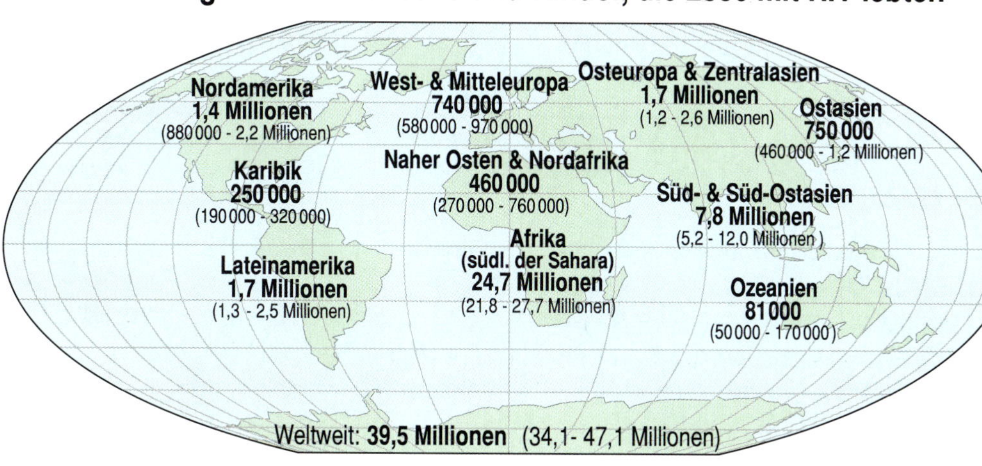

## Mittelwert und Median

**1.** Arbeite mit einer Tabellenkalkulation.

a) Berechne den Mittelwert. Kontrolliere das Ergebnis durch eine Berechnung ohne Tabellenkalkulation.

b) Bestimme den Median (Zentralwert), suche in der „Hilfe“ erst den notwendigen Befehl. Kontrolliere das Ergebnis durch eine Bestimmung ohne Tabellenkalkulation.

| | A | B | C | D | E | F |
|---|---|---|---|---|---|---|
| 1 | 10 | 3 | 8 | 13 | 6 | 2 |
| 2 | 20 | 8 | 4 | 10 | 5 | 6 |
| 3 | 4 | 20 | 16 | 2 | 18 | 9 |
| 4 | 6 | 16 | 3 | 14 | 9 | |
| 5 | | | | | | |
| 6 | Mittelwert: | | | | Median: | |
| 7 | = Mittelwert (A1:F4) | | | | = | |
| 8 | | | | | | |

**2.**

| S: unter 53 g | M: 53 g bis unter 63 g | L: 63 g bis unter 73 g | XL: 73 g und mehr |
|---|---|---|---|

In der Europäischen Union (EU) werden Hühnereier in vier Gewichtsklassen eingeteilt.

a) Sortiere die 60 Eier eines Legetages und stelle die prozentualen Anteile grafisch dar.

| | | | | | | | | | | | | | | | |
|---|---|---|---|---|---|---|---|---|---|---|---|---|---|---|---|
| 55 | 74 | 66 | 47 | 62 | 58 | 70 | 68 | 79 | 72 | 60 | 58 | 71 | 80 | 69 | G R |
| 48 | 53 | 59 | 68 | 68 | 75 | 64 | 61 | 57 | 56 | 65 | 71 | 60 | 56 | 48 | A |
| 59 | 56 | 52 | 45 | 59 | 55 | 65 | 69 | 78 | 67 | 61 | 58 | 62 | 69 | 51 | M |
| 68 | 57 | 70 | 50 | 76 | 54 | 66 | 61 | 49 | 81 | 58 | 67 | 46 | 62 | 70 | M |

| Preis in € pro Ei | | |
|---|---|---|
| | S | 0,15 |
| | M | 0,16 |
| | L | 0,17 |
| | XL | 0,18 |

b) Wie viel Prozent der Eier entfallen auf die beiden mittleren Gewichtsklassen?

c) Wie viel Gramm wiegen die 60 Eier des Legetages im Durchschnitt? Bestimme den Median.

d) Stelle mindestens zwei Fragen unter Verwendung der Preisangabe für die Eier der einzelnen Gewichtsklassen und beantworte sie.

**3.** Die Gartenbaufirma „Gaba“ besteht aus dem Firmenchef und vier Mitarbeitern. Angegeben sind die Jahresgehälter der vier Mitarbeiter; der Verdienst des Firmenchefs ist geheim. Der Mittelwert der Einkünfte aller 5 Personen beträgt 30 720 €.
Lüfte zusammen mit einem Mitschüler oder einer Mitschülerin das Geheimnis und stelle das Ergebnis und den Rechenweg in der Klasse vor.

| | |
|---|---|
| Firmenchef | |
| Meister | 31 200 € |
| Gärtner | 21 600 € |
| Gehilfe | 15 600 € |
| Angestellte | 14 400 € |

**4.** Ein Reiseveranstalter hat Hotels einer Urlaubsregion bewertet.

a) Berechne die relativen Häufigkeiten in Prozent: Stelle sie grafisch dar.

b) Wie viel Prozent der Hotels sind bestenfalls „mittel“?

c) Kannst du eine Durchschnittsbewertung berechnen? Erkläre deine Überlegung.

| | |
|---|---|
| sehr gut | ~~IIII~~ II |
| gut | ~~IIII~~ ~~IIII~~ I |
| mittel | ~~IIII~~ |
| schlecht | ~~IIII~~ I |

**5.** An der Rheinstrecke Köln – Freiburg wohnen 15 Verwandte, die ein Familientreffen planen. Die Gesamtzahl gefahrener Bahnkilometer soll minimal sein. In welcher Stadt treffen sie sich?

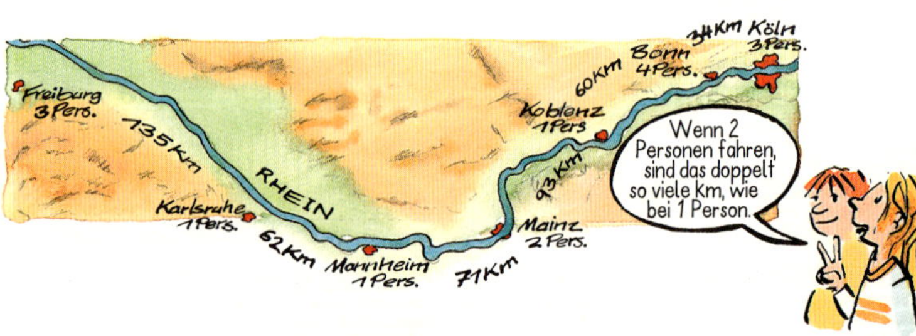

**6.** Ein Skisprungtrainer darf nur 4 Springer zu den Olympischen Spielen mitnehmen. Kurz vor der Entscheidung erzielten seine Athleten (bei weitgehend gleicher Haltungsnote) folgende Trainingsweiten (in m):

| | | | | | | |
|---|---|---|---|---|---|---|
| Springer 1 | 127 | 120 | 121,5 | 130,5 | 123 | 105,5 |
| Springer 2 | 120,5 | – | 121 | 120 | 121 | 122 |
| Springer 3 | 130,5 | 134,5 | 135 | 111 | 129,5 | 130 |
| Springer 4 | 110 | 137 | 132 | 109 | 107 | 138 |
| Springer 5 | 125 | 123 | – | 123 | 126 | 124,5 |
| Springer 6 | – | 113 | 112 | 110 | 114,5 | 112,5 |

Welche Springer würdet ihr mit zu den Olympischen Spielen nehmen? Begründet eure Wahl, indem ihr in Gruppenarbeit ein Lernplakat erstellt, das die Begriffe „Mittelwert" und „Zentralwert" (Median) erklärt und folgende Zusatzbedingungen erfüllt:
- Bezieht die Wahl eurer Springer auf den Mittelwert und Zentralwert aller sechs Springer.
- Erklärt die Bestimmung des Zentralwerts für eine ungerade und eine gerade Anzahl von Größen.

**7.**

| | Arbeit Nr. 1 | Arbeit Nr. 2 | Arbeit Nr. 3 | Arbeit Nr. 4 | Arbeit Nr. 5 | Arbeit Nr. 6 | **Unterricht** |
|---|---|---|---|---|---|---|---|
| Maria | 3,2 | 2,7 | 4,6 | 2,6 | 3,0 | 2,9 | **2,0** |
| Paul | 4,3 | 4,2 | 4,5 | 3,6 | 4,4 | 4,0 | **4,0** |
| Johannes | 2,3 | 2,3 | 1,5 | 1,9 | 1,8 | 4,7 | **1,75** |
| David | 2,0 | 2,5 | 2,4 | 2,6 | 2,1 | 2,3 | **2,25** |
| Elisabeth | 4,5 | 3,9 | 4,0 | 2,1 | 4,4 | 4,3 | **4,25** |

Herr Mendez ist Mathematiklehrer. Heute berechnet er die Zeugnisnoten für seine Klasse.

a) Die „Unterrichtsnote" zählt 25 %. Wie viele „Arbeitsnoten" haben dasselbe Gewicht?

b) Berechne die Zeugnisnoten für die 5 Schülerinnen und Schüler als Mittelwert.

c) Welche Zeugnisnoten wären es mit dem Zentralwert statt des Mittelwerts?

d) Überlegt in Gruppen, ob euch der Mittelwert oder der Zentralwert gerechter erscheint.

**8.** Opa Bröge spielt jedem Samstag Lotto. Seit 5 Jahren hat er nichts gewonnen, nicht einmal mit 3 Richtigen. Genau nach 5 Jahren hat er plötzlich 5 Richtige mit Zusatzzahl und gewinnt 81 465 €. Bestimme den Mittelwert und den Zentralwert seiner wöchentlichen Lottogewinne.

**9.** In einem Freizeitpark darf man mit den schnellen Bahnen nur ab einer Körpergröße von 1,50 m fahren. Eine 7. Klasse hat extra für den Ausflug zum Freizeitpark ihre Durchschnittsgröße ermittelt. Sie beträgt 1,52 m. Diese Durchschnittsgröße lassen sie sich vom Rektor der Schule beglaubigen, um diese Beglaubigung am Eingang des Parks zeigen zu können. Was wird geschehen?

**10.** Eine Kriminalschriftstellerin hat sich für zwei Wochen auf eine eine einsame Insel zurückgezogen, um an ihrem neuen Roman zu schreiben. So viele Seiten hat sie in diesen Tagen geschafft:

| Tag | 1 | 2 | 3 | 4 | 5 | 6 | 7 | 8 | 9 | 10 | 11 | 12 | 13 | 14 |
|---|---|---|---|---|---|---|---|---|---|---|---|---|---|---|
| Seiten | 8 | 12 | 3 | 23 | 7 | 0 | 9 | 14 | 19 | 1 | 18 | 16 | 13 | 6 |

a) Berechne Mittelwert und Median der täglichen Seitenzahl.

b) Der Roman soll 350 Seiten lang werden. Wie lange müsste die Schriftstellerin noch auf der Insel bleiben, um ihn dort fertigzustellen, vorausgesetzt, sie schafft im Durchschnitt dieselbe Seitenzahl pro Tag wie in den ersten 14 Tagen?

c) Teile die täglichen Seitenzahlen der ersten 14 Tagen in Klassen ein: „schwach" (bis 10 Seiten), „mäßig" (11 bis 20 Seiten) und „gut" (mehr als 20 Seiten) und zeichne dazu ein Diagramm.

## Klasseneinteilung und relative Häufigkeit

| Stabhochsprungergebnisse (alle Angaben in m): | | | | |
|---|---|---|---|---|
| 4,79 | 4,12 | 4,23 | 4,56 | 4,50 |
| 5,00 | 5,01 | 5,00 | 4,87 | 5,00 |
| 4,15 | 4,67 | 4,79 | 4,90 | 4,32 |
| 4,78 | 4,78 | 4,69 | 4,88 | 5,01 |
| 4,63 | 4,51 | 4,44 | 4,77 | 4,49 |
| 4,19 | 4,99 | 5,00 | 4,98 | 4,34 |

**1.** a) Fertige eine Rangliste für die 30 Höhen der Stabhochspringerin an, aufsteigend vom niedrigsten zum höchsten Wert.

b) Teile die Höhen in Klassen ein und notiere die relativen Häufigkeiten.

| Klasse | 4,00 – 4,19 | 4,20 – 4,39 | 4,40 – … |
|---|---|---|---|
| Anzahl | 3 | | |
| Rel. H. (%) | 10 % | … % | |

**TIPP**
Immer kontrollieren, ob die Rangliste gleich viele Werte enthält wie die ursprüngliche Liste!

c) Diskutiert in der Gruppe, ob die Klasseneinteilung die Überlegung der beiden Trainerinnen erleichtert. Wie beurteilt ihr die Chancen der Stabhochspringerin bei der Weltmeisterschaft?

d) *Gruppenarbeit:* Bestimmt Mittelwert und Zentralwert der Sprunghöhen mit den ursprünglichen Werten und mit der Klasseneinteilung (man rechnet dann mit den Klassenmitten). Vergleicht die Werte und überlegt euch, wie man die Daten graphisch darstellen kann.

**2.** Punkte in einem Test:

| | | | | | | | | | | | | | | | | | | | |
|---|---|---|---|---|---|---|---|---|---|---|---|---|---|---|---|---|---|---|---|
| 12 | 3 | 5 | 17 | 19 | 29 | 26 | 22 | 12 | 13 | 9 | 7 | 27 | 22 | 15 | 14 | 25 | 21 | 4 | 29 |

a) Erstelle eine Rangliste (aufsteigend) und bestimme Mittelwert und Zentralwert der Punkte.

b) Teile die Punktwerte in Klassen ein und stelle die relativen Häufigkeiten mit einem Säulendiagramm dar.

c) Warum wäre eine solche Darstellung ohne vorherige Klassenbildung wenig hilfreich?

| Klasse (Punkte) | 0 – 4 | 5 – 9 | 10 – … |
|---|---|---|---|
| Anzahl | 2 | | |
| Rel. H. | 10 % | | |

**3.** Zuschauerzahlen eines Fußballvereins in einer Saison:

| | | | | | | | | | | | | | | | | | | |
|---|---|---|---|---|---|---|---|---|---|---|---|---|---|---|---|---|---|---|
| 312 | 400 | 201 | 234 | 534 | 510 | 333 | 250 | 248 | 406 | 499 | 507 | 538 | 275 | 344 | 433 | 377 | 278 | 367 |

a) Erstelle eine Rangliste (absteigend). Berechne den Mittelwert und den Zentralwert der Zahlen.

b) Teile die Zuschauerzahlen in Klassen ein: 200 – 249, 250 – 299, … . Bestimme die relativen Häufigkeiten und stelle sie graphisch dar. Trage Mittelwert und Zentralwert in die Grafik ein.

c) Eine Eintrittskarte kostet 6 €. Wie kannst du relativ schnell die ungefähren Einnahmen aus dem Kartenverkauf in der ganzen Saison berechnen?

**4.** *Gruppenarbeit:* In Aufgabe 3b wurden insgesamt 7 Klassen erzeugt. Bestimmt die sieben Klassenmitten und berechnet ihren Mittelwert und Zentralwert. Vergleicht mit dem Ergebnis von 3 a) und überprüft eure Betrachtung mit den Daten von Aufgabe 1.

## Datenerhebung

Gruppenarbeit

!!!!

**1.** Eine Klasse 10 der Leibniz-Schule in Astadt hat untersucht, wie viele Telefonnummern Jugendliche in ihrem Mobiltelefon gespeichert haben. Dazu haben sie 80 Jugendliche befragt und die Ergebnisse notiert.

a) Bestimmt Spannweite, Mittelwert und Median (Zentralwert) der Daten. Überlegt, welche dieser Werte euch besonders aussagekräftig erscheinen.

b) Teilt die Daten zweckmäßig in Klassen ein und stellt sie grafisch dar. Berechnet auch Spannweite, Mittelwert und Zentralwert (Median) mit den Klassenmitten und vergleicht mit den in a) berechneten Werten.

c) Überlegt, wofür die 80 Befragten repräsentativ sein können, für alle Jugendlichen in Astadt, für die in der Leibniz-Schule oder ..., und wie ihre Auswahl erfolgt. Plant selbst eine Untersuchung.

| Anzahl gespeicherter Telefonnummern | | | | | | | |
|---|---|---|---|---|---|---|---|
| 75 | 96 | 52 | 36 | 148 | 79 | 46 | 69 |
| 278 | 90 | 150 | 61 | 145 | 82 | 59 | 145 |
| 63 | 27 | 73 | 297 | 43 | 137 | 80 | 67 |
| 95 | 155 | 32 | 51 | 134 | 90 | 61 | 92 |
| 28 | 81 | 236 | 76 | 432 | 34 | 136 | 53 |
| 198 | 77 | 83 | 54 | 79 | 139 | 41 | 91 |
| 85 | 142 | 70 | 48 | 97 | 149 | 44 | 224 |
| 37 | 84 | 34 | 258 | 88 | 153 | 53 | 56 |
| 137 | 74 | 149 | 63 | 87 | 357 | 37 | 54 |
| 62 | 46 | 68 | 146 | 61 | 49 | 141 | 73 |

**2.** Eine Klasse 10 der Hansa-Schule in Bestadt hat untersucht, wie viel in ihrer Stadt eine Pizza im Restaurant kostet. Von den 48 Pizzerien und italienischen Restaurants in Bestadt wurde die Hälfte untersucht.

a) Welche anderen Möglichkeiten, Pizza zu kaufen, blieben bei der Untersuchung unberücksichtigt? Ist diese Einschränkung vernünftig?

| Pizzapreis (Euro) in Bestadt | | | | | |
|---|---|---|---|---|---|
| 7,90 | 9,90 | 11,90 | 6,90 | 9,90 | 8,90 |
| 12,00 | 5,90 | 8,90 | 7,90 | 14,00 | 7,90 |
| 9,90 | 6,90 | 17,00 | 8,90 | 7,90 | 9,90 |
| 8,90 | 11,00 | 7,90 | 8,90 | 7,90 | 8,90 |

b) Was ist bei der Auswahl der befragten Pizzerien und Restaurants zu beachten, damit die ausgewählte Stichprobe repräsentativ für Bestadt sein kann?

c) Überlegt, ob man zur Darstellung des Ergebnisses die Daten runden oder in Klassen einteilen soll, oder nicht. Präsentiert dann eure Darstellung des Untersuchungsergebnisses.

d) Die Klasse 10 in Bestadt hat leider nicht angegeben, was sie unter dem „Preis einer Pizza" versteht. Ist es der für eine „normale" oder für eine „große" Pizza, für eine „Margarita" oder für eine „Quattre Stagioni", oder ...? Wenn ihr eine eigene Untersuchung durchführt, müsst ihr euch überlegen, was ihr dabei unter „dem Preis einer Pizza" verstehen wollt, und dies dann auch angeben.

**3.** Eine Klasse 10 der Schiller-Schule in Cestadt hat untersucht, was Jugendlichen für ihr weiteres Leben wichtig ist. Die Befragungsergebnisse wurden in einer Strichliste festgehalten.

| | völlig unwichtig | unwichtig | wichtig | sehr wichtig |
|---|---|---|---|---|
| stabile Partnerschaft | 卌 | 卌 卌 III | 卌 卌 卌 卌 卌 卌 IIII | 卌 III |
| sicherer Arbeitsplatz | III | 卌 III | 卌 卌 卌 III | 卌 卌 卌 卌 卌 卌 I |
| hoher Lebensstandard | II | 卌 卌 | 卌 卌 卌 卌 卌 卌 卌 I | 卌 卌 II |
| eigene Kinder | 卌 IIII | 卌 卌 卌 卌 卌 III | 卌 卌 卌 II | 卌 I |
| Unabhängigkeit | 卌 II | 卌 卌 II | 卌 卌 卌 卌 卌 III | 卌 卌 III |

a) Man kann die ermittelten Zahlen darstellen oder aber die daraus berechneten prozentualen Anteile. Welche Alternative ist sinnvoller und warum?

b) Stellt das Befragungsergebnis möglichst übersichtlich grafisch dar.

c) Plant eine eigene Untersuchung mit diesen oder anderen Fragen. Entwerft einen geeigneten Fragebogen und überlegt, wie ihr eine Stichprobe auswählt.

## Zeitreihen: Indexzahlen

**1.** Berechne für verschiedene Waren jeweils die fehlende Größe.

| Preis 2000 | Preis 2005 | Indexzahl |
|---|---|---|
| 80 € | 85 € | |
| 70 € | 63 € | |
| 48 € | | 106 |
| 247 € | | 95 |
| | 142 € | 92 |
| | 286 € | 110 |

*Information*
Zur Beschreibung der Kosten für die Lebenshaltung ermittelt das Statistische Bundesamt in Wiesbaden regelmäßig **Preisindizes** mit 2000 als Basisjahr (= 100).
*Beispiel:*

| Jahr | 2000 | 2001 | 2002 |
|---|---|---|---|
| Preis | 25 € | 24 € | 26 € |
| Index | 100 | 96 | 104 |

$\frac{\text{aktueller Preis}}{\text{Preis im Bezugsjahr}} \cdot 100 = \text{Preisindex}$

**2.** a) Bei welchen Warengruppen war der Preisanstieg von 2004 bis 2005 am größten? Welche Preise sind am stärksten gesunken?

b) Berechne für jede Warengruppe, um wie viel % sich der Preis innerhalb des letzten Jahres geändert hat.

| **Verbraucherpreisindizes für Deutschland (Jahr 2000 = 100)** | **Feb. 2004** | **Feb. 2005** | **Gewicht** |
|---|---|---|---|
| gesamt | 105,4 | 107,3 | 1 000,00 |
| Nahrungsmittel und alkoholfreie Getränke | 105,5 | 105,5 | 103,35 |
| Alkoholische Getränke, Tabakwaren | 111,7 | 127,5 | 36,73 |
| Bekleidung und Schuhe | 99,5 | 97,7 | 55,09 |
| Wohnung, Wasser, Strom, Gas u. a. Brennstoffe | 105,7 | 108,1 | 302,66 |
| Einrichtungsgegenstände für den Haushalt sowie deren Instandhaltung | 101,8 | 101,9 | 68,54 |
| Gesundheitspflege | 119,4 | 124,1 | 35,46 |
| Verkehr | 107,3 | 110,7 | 138,65 |
| Nachrichtenübermittlung | 96,2 | 95,2 | 25,21 |
| Freizeit, Unterhaltung und Kultur | 100,1 | 99,8 | 110,85 |
| Bildungswesen | 108,9 | 111,6 | 6,66 |
| Beherbergungs- und Gaststättendienstleist. | 106,4 | 107,6 | 46,57 |
| Andere Waren und Dienstleistungen | 108,2 | 109,1 | 70,23 |

Der Gesamtindex „alle privaten Haushalte" errechnet sich als Mittelwert aus den anderen Indizes, wobei diese unterschiedlich gewichtet werden mit den angegebenen Faktoren geteilt durch 1 000.

**3.** Herr Erl hat im Jahr 2000 ein Grundstück verpachtet. Im Vertrag steht, dass sich der Pachtpreis in derselben Weise erhöht wie der Preisindex für die Lebenshaltung. Im Feb. 2000 bekam Herr Erl 3 000 €, wie viel € waren es im Feb. 2005?

**DAX** Der Deutsche **Aktienindex** beschreibt die Kursentwicklung der Aktien von 30 deutschen Aktiengesellschaften, die mit unterschiedlichem Gewicht berücksichtigt werden. Basis sind die Aktienkurse Ende 1987, sie wurden nicht = 100, sondern = 1 000 gesetzt.

$\frac{\text{aktueller Wert}}{\text{Grundwert 1988}} = q$

**$q \cdot 1000$ = Indexzahl**

| *historische DAX-Werte* | | |
|---|---|---|
| Startwert | 01.01.1988 | 1 000 |
| Höchstwert | 07.03.2000 | 8 065 |
| Tiefstwert | 28.01.1988 | 931 |

**4.** Frau Köppert hatte am 1. Januar 1988 Aktien der im DAX erfassten Firmen im Gesamtwert von 50 000 €. Wie viel € war dieses Aktienpaket wert am

a) 28. 1. 1988, b) 7. 3. 2000,

c) 4. 4. 2005 (DAX bei 4 341)?

**5.** Beim Höchststand des DAX hatte Herr Schell für 20 000 € Aktien gekauft. Wie viel € waren diese Aktien Anfang 2005 beim Stand von 4 000 noch wert? Wie viel % war der Wertverlust?

**6.** Frau Watermeyer besitzt seit Anfang 1988 ein Aktienpaket entsprechend der DAX-Zusammensetzung. Anfang 2005 stand der DAX bei 4 000.

a) Auf das Wievielfache des Anfangswertes ist der Aktienwert gestiegen?

b) Bei welchem Jahreszinssatz wäre ihr Kapital mit Zinseszins ebenso gewachsen, wenn sie es auf ein Konto eingezahlt hätte, statt Aktien zu kaufen?

# Bleib FIT!

**Die Ergebnisse der Aufgaben 1 bis 8 ergeben drei Namen bekannter Raumfahrzeuge**

**1.** Bestimme den gesuchten Wert der proportionalen Zuordnung x → y.

a)

| x | y |
|---|---|
| 2,5 | 0,75 |
| 6 | ■ |

b)

| x | y |
|---|---|
| 0,8 | ■ |
| 1,4 | 25,2 |

c)

| x | y |
|---|---|
| ■ | 3,2 |
| 4,7 | 0,4 |

**2.** a) 3500 cm = ■ m b) 400 g = ■ kg
c) 4,5 $m^2$ = ■ $dm^2$ d) 1,4 h = ■ min
e) 3 500 $cm^3$ = ■ *l* f) 3,5 ha = ■ $m^2$

**3.** Ein Rechteck hat einen Umfang von 18 cm. Die eine Seite ist 3 cm länger als die andere. Wie groß ist die Fläche? A = ■ $cm^2$ = ■ $mm^2$

**4.** Es wird mit einem Spielwürfel gewürfelt. Gib die Wahrscheinlichkeit in vollen Prozenten an.
a) Die Augenzahl ist größer als 2. p = ■ %
b) Die Augenzahl ist teilbar durch 3. p = ■ %

**5.** Berechne die gesuchte Größe beim Kreis. Runde auf eine Stelle nach dem Komma.
a) r = 2,4 m A = ■ $m^2$, u = ■ m
b) u = 22 cm d = ■ cm, A = ■ $cm^2$

**6.** Ein Darlehen von 3 000 € wird mit 11 % verzinst. Nach 10 Monaten wird es zurückgezahlt. Wie viel Euro müssen zurückgezahlt werden?

**7.** Eine Taxifahrt kostet je km 1,20 €. Der Grundpreis beträgt 2,40 €. Welcher Graph stellt diese Zuordnung am besten dar?

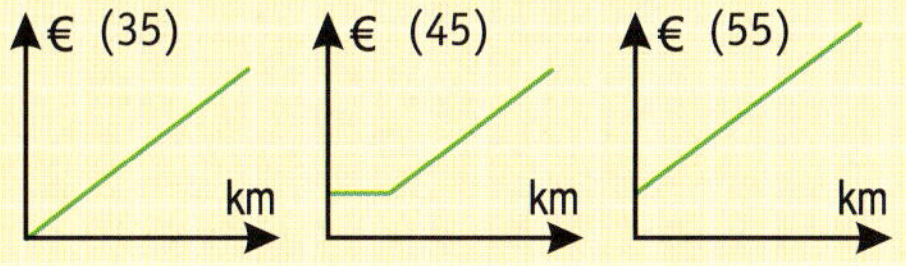


**8.** Eine zylindrische Stahlachse ist 1,18 m lang und hat einen Durchmesser von 3,6 cm (Dichte von Stahl 7,9 $\frac{g}{cm^3}$). Wie schwer ist die Achse? Runde auf 100 g. m = ■ kg

| | |
|---|---|
| –54 | U |
| –45 | O |
| 1,8 | C |
| 0,4 | M |
| 3,5 | A |
| 6 | O |
| 7 | A |
| 9,5 | S |
| 14,4 | O |
| 15,1 | L |
| 18 | U |
| 18,1 | T |
| 26 | L |
| 33 | A |
| 35 | U |
| 37,6 | L |
| 38,5 | N |
| 45 | K |
| 55 | I |
| 65 | W |
| 67 | A |
| 84 | I |
| 450 | B |
| 1800 | N |
| 3275 | T |
| 35 000 | L |

## Präsentationen

Vier Arbeitsgruppen haben sich mit derselben Aufgabe beschäftigt und präsentieren auf dieser Doppelseite ihre Ergebnisse. Diskutiert darüber, welche Vorteile oder Nachteile die einzelnen Präsentationen haben. Prüft sie auf Richtigkeit und wählt die beste von ihnen aus. Versucht dann in Gruppen, noch bessere Lösungen für die Aufgaben zu finden.

### Aufgabe

Der Waldpfad in der Gemeinde Lautenstein wird asphaltiert und mit einem Gehweg versehen.

Die Kosten für die Baumaßnahmen betragen 84 500 €.

Die Gemeinde Lautenstein trägt 40% dieser Kosten, den Rest müssen die Anlieger bezahlen, und zwar anteilig nach der Größe ihres Grundstücks.

Anlieger, die nach Fertigstellung der Straße ihren Kostenbeitrag sofort bezahlen, erhalten einen Nachlass von 5%.

Die Gemeinde Lautenstein bietet den Anliegern aber auch die Möglichkeit, ihren Kostenbeitrag in 5 Jahresraten (Nachlass 2%) oder in 60 Monatsraten zu bezahlen.

Stellt die finanzielle Belastung, die auf die Anlieger zukommt, so übersichtlich dar, dass die Betroffenen die Kosten – auch im Vergleich zu ihren Nachbarn – gut abschätzen können.

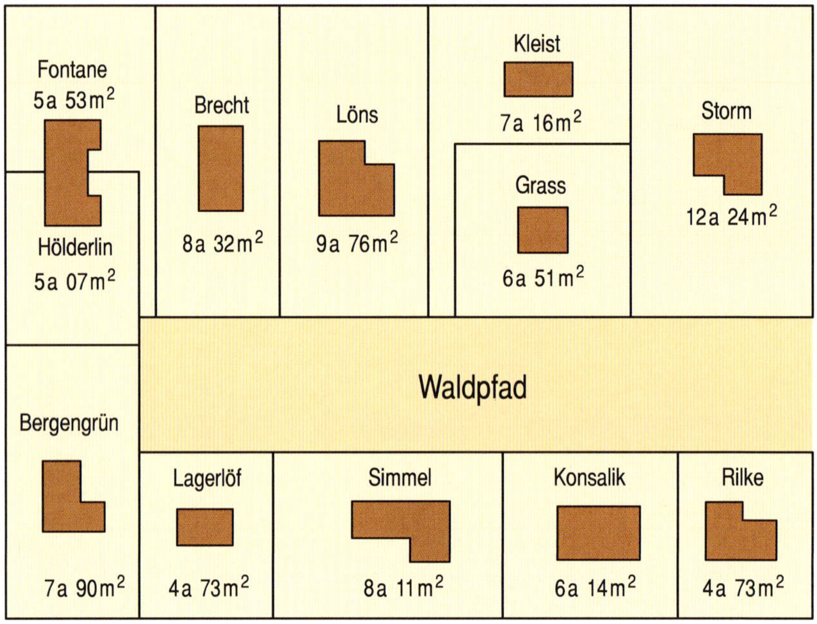


**Gruppe 1**

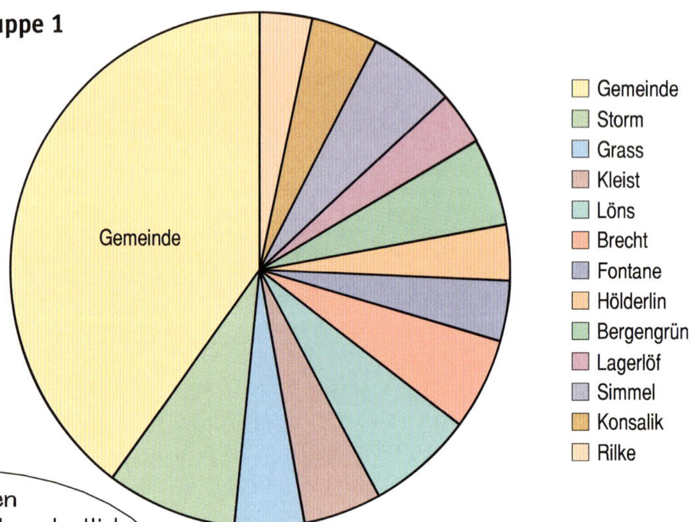


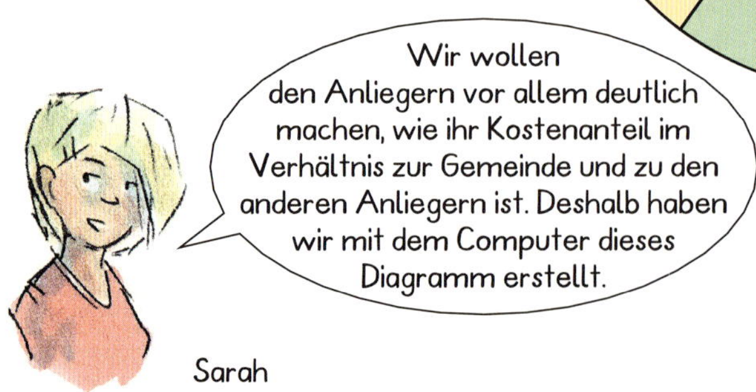

**Gruppe 2**

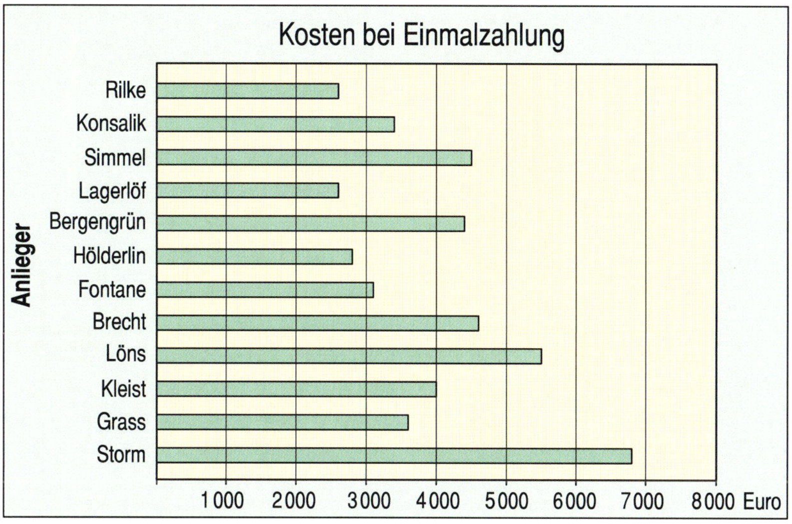

**Gruppe 3**

| Anlieger | Grundstücksgröße | Proz. Anteil | Kosten ges. | Kosten p.a. | Kosten p.m. |
|---|---|---|---|---|---|
| Storm | 1224 | 14,199536 | 7199,16473 | 1439,83295 | 119,986079 |
| Grass | 651 | 7,55220418 | 3828,96752 | 765,793503 | 63,8161253 |
| Kleist | 716 | 8,3062645 | 4211,2761 | 842,25522 | 70,187935 |
| Löns | 976 | 11,3225058 | 5740,51044 | 1148,10209 | 95,675174 |
| Brecht | 832 | 9,65197216 | 4893,54988 | 978,709977 | 81,5591647 |
| Fontane | 553 | 6,41531323 | 3252,56381 | 650,512761 | 54,2093968 |
| Hölderlin | 507 | 5,88167053 | 2982,00696 | 596,401392 | 49,700116 |
| Bergengrün | 790 | 9,16473318 | 4646,51972 | 929,303944 | 77,4419954 |
| Lagerlöf | 473 | 5,48723898 | 2782,03016 | 556,406032 | 46,3671694 |
| Simmel | 811 | 9,40835267 | 4770,0348 | 954,006961 | 79,50058 |
| Konsalik | 614 | 7,12296984 | 3611,34571 | 722,269142 | 60,1890951 |
| Rilke | 473 | 5,48723898 | 2782,03016 | 556,406032 | 46,3671694 |
| zusammen | 8620 | 100 | 50700 | 10140 | 845 |

**Gruppe 4**

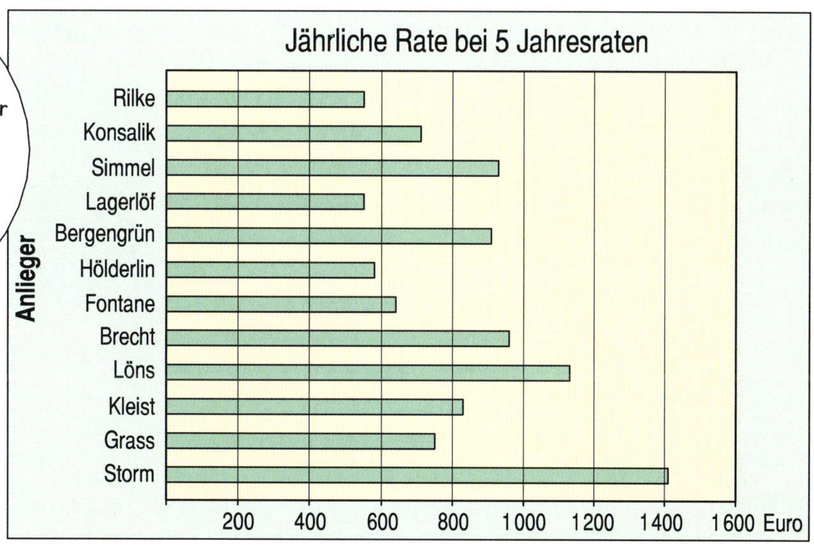

!!!!

## Lotto „6 aus 49"

Für ein **Spiel** werden in einem Feld 6 aus 49 Zahlen angekreuzt. Auf einem Schein sind maximal 12 Spiele möglich.

Jedes Spiel kostet 0,75 € **Einsatz.**

Außerdem zahlt man 0,25 € pro Schein an **Bearbeitungsgebühr.**
(unabhängig von der Anzahl der Spiele)

**1.** Wie viel muss man an Einsatz und Gebühr zahlen?
a) für 12 Lottospiele auf 1 Schein, mit Super 6 und Spiel 77
b) nur für 12 Lottospiele auf 1 Schein

Hier geht es nur um Lotto „6 aus 49". Die Teilnahme an „Super 6" oder „Spiel 77" kostet zusätzlichen Einsatz:
1,50 € für Spiel 77 und 1,25 € für Super 6.

Bei der Ziehung werden aus den Zahlen 1 bis 49 gezogen:
- die 6 **Gewinnzahlen**
- eine 7. Zahl als **Zusatzzahl**

und aus den Ziffern 0 bis 9:
- die **Superzahl**

**2.** Überlegt, wie ihr eine Lottoziehung in der Klasse nachspielen könnt.

Die Tabelle enthält die verschiedenen Gewinnklassen, ihre prozentualen Anteile am insgesamt ausgezahlten Gewinn und die durchschnittlichen Gewinne pro Spiel.

| Klasse | Anzahl richtiger Vorhersagen | Anteil an der Gewinnsumme | Durchschnittliche Gewinnquote |
|---|---|---|---|
| Gewinnklasse I | 6 Richtige + Superzahl | 10 % | 5 243 931,00 Euro |
| Gewinnklasse II | 6 Richtige | 8 % | 466 127,20 Euro |
| Gewinnklasse III | 5 Richtige + Zusatzzahl | 5 % | 43 699,40 Euro |
| Gewinnklasse IV | 5 Richtige | 13 % | 2 705,20 Euro |
| Gewinnklasse V | 4 Richtige + Zusatzzahl | 2 % | 166,40 Euro |
| Gewinnklasse VI | 4 Richtige | 10 % | 40,60 Euro |
| Gewinnklasse VII | 3 Richtige + Zusatzzahl | 8 % | 24,30 Euro |
| Gewinnklasse VIII | 3 Richtige | 44 % | 10,00 Euro |

**3.** Wer hätte am 03.03.2007 gewonnen, und wenn, in welcher Gewinnklasse?

**Ziehung Samstag 03.03.07** (ohne Gewähr)

4 7 16 23 26 29 ZZ: 28 SZ: 9

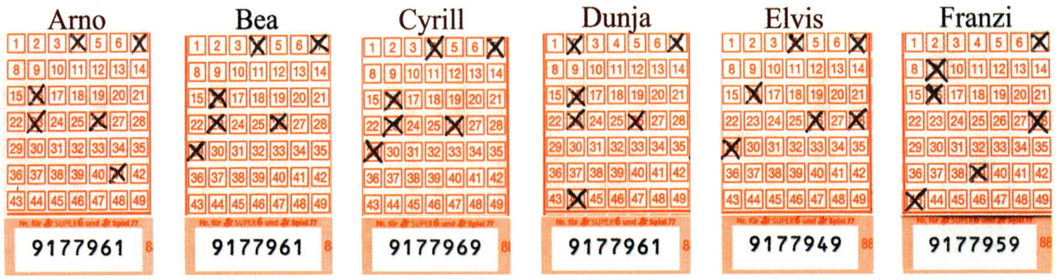

**4.** Vergleicht die einzelnen Gewinne vom 03.03.2007 mit den durchschnittlichen aus der vorigen Tabelle.

**Gewinnquoten** für die Ziehung am 03.03.2007

| | | | |
|---|---|---|---|
| Gewinnklasse I | 6 Richtige + Superzahl | 1 x | 13670729,50 Euro |
| Gewinnklasse II | 6 Richtige | 6 x | 474622,90 Euro |
| Gewinnklasse III | 5 Richtige + Zusatzzahl | 41 x | 43410,60 Euro |
| Gewinnklasse IV | 5 Richtige | 1996 x | 2318,40 Euro |
| Gewinnklasse V | 4 Richtige + Zusatzzahl | 4449 x | 160,00 Euro |
| Gewinnklasse VI | 4 Richtige | 94734 x | 37,50 Euro |
| Gewinnklasse VII | 3 Richtige + Zusatzzahl | 119590 x | 23,80 Euro |
| Gewinnklasse VIII | 3 Richtige | 1648591 x | 9,50 Euro |

**5.** Überlegt oder erkundigt euch, warum der Gewinn am 03.03.2007 in der Gewinnklasse 1 größer als 10 % der gesamten Gewinnzahlung ist. Kontrolliert anschließend die Aufteilung der Gewinne auf die einzelnen Gewinnklassen.

**6.** a) Die Lottozahlen wurden im Laufe der Zeit nicht alle gleich oft gezogen. Wie lässt sich das erklären?
b) Überlegt, ob einer der beiden seine Gewinnchancen verbessert.

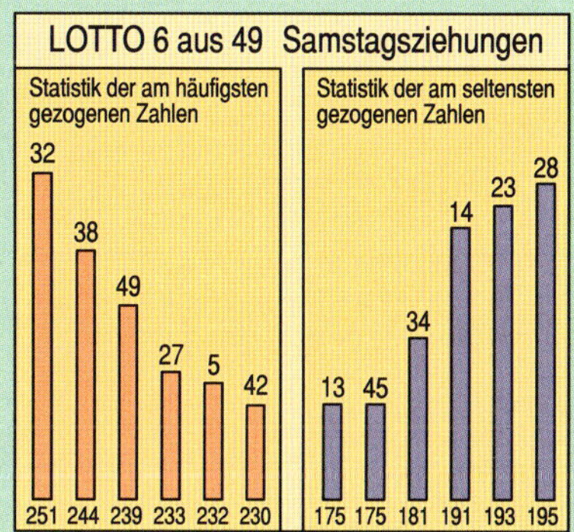

**50 % der Einsätze** werden beim Lotto als Gewinne ausgezahlt.

**7.** Wenn 50 % der Einsätze als Gewinne ausgezahlt werden, was bedeutet das im Normalfall für einen Lottospieler, der jahrelang Woche für Woche einen Lottoschein mit 12 Spielen bezahlt?

**8.** Es gibt genau 13 983 816 verschiedene Lottotipps „6 aus 49“, nur einer davon ist richtig.
a) Angenommen, du wolltest alle möglichen Lottotipps schreiben und brauchtest 15 Sekunden pro Tipp. Wie lange etwa wärest du beschäftigt? Schätze erst, bevor du rechnest.
b) In Dortmund steht Deutschlands größtes reines Fußballstadion mit 80 708 Zuschauerplätzen. Angenommen, jeder Zuschauer brächte einen anderen Lottotipp mit. Wie oft müsste das Stadion voll besetzt sein, bis alle möglichen Lottotipps beisammen wären?

**9.** a) Die Wahrscheinlichkeit, mit einem Tipp „6 aus 49“ die 6 Richtigen der Ziehung zu treffen, beträgt 1 : 13 983 816. Wie hoch ist die Wahrscheinlichkeit, außerdem auch noch die richtige Superzahl zu haben? Schreibe beide Wahrscheinlichkeiten als Dezimalbrüche.
b) Beide Wahrscheinlichkeiten sind „sehr klein“. Wie erklärt sich dann, dass fast jede Woche ein oder sogar mehrere Spieler mit einem solchen Tipp gewinnen?

## Basiswissen

**1.** Rechne aus, vergleiche und ordne die Ergebnisse. Beginne mit der kleinsten Zahl.

a) $4 + 2 \cdot 3$ $\quad (4 + 2) \cdot 3$ $\quad 4 - 2 \cdot 3$

b) $2^3 + 3^2$ $\quad 0{,}5 \cdot 2$ $\quad \frac{3}{4} : \frac{1}{2}$

c) $10^3$ $\quad \sqrt{4}$ $\quad \sqrt{9 + 16}$

d) 1 Mio. + 2000 $\quad$ 2 Mio. · 500 $\quad$ 2,5 Mrd : 5

e) $(2{,}5 - 3{,}5) : 0{,}5$ $\quad 2{,}5 : \frac{1}{2} - 3\frac{1}{2} : \frac{1}{2}$

**2.** Schätze, ob die Größenangabe stimmen kann. Gib, wenn nötig, einen besseren Wert an.

a) Ein erwachsener Mann wiegt 0,8 t.

b) Ein Bleistift kostet 0,03 Cent.

c) Eine Zimmertür ist 2000 mm hoch.

d) Eine Badewanne ist mit 90 *l* Wasser randvoll.

**3.** Anke fuhr mit dem Zug um 13.20 Uhr ab. Die Bahnhofsuhr zeigt an, wann Anke nach 80 km Bahnfahrt ihr Ziel erreicht.

a) Wie lange dauerte Ankes Bahnfahrt?

b) Insgesamt hatte der Zug 30 Minuten Aufenthalt auf 12 Haltebahnhöfen. Wie lange stand der Zug durchschnittlich auf jedem Bahnhof?

**4.** Ein Hundertmeterlauf dauerte genau 10 Sekunden. War die Durchschnittsgeschwindigkeit dabei größer als 40 $\frac{\text{km}}{\text{h}}$? Schreibe auf, wie du das entscheidest.

**5.** Auf einer CD steht die Angabe „700 MB". Auf der Rückseite der Verpackung liest man: *Die Datenkapazität ist 700 MB (genau 736.970.752 Bytes im Format ISO 9660 Mode-1).*

a) Wie wurde die Datenkapazität von 736 970 752 Byte gerundet?

b) Der Text einer vollen Buchseite belegt auf einer CD etwa 5 000 Byte. Wie viele solcher Buchseiten können auf einer CD mit 700 MB gespeichert werden?

**6.** Die Figur ist eine nicht maßstabsgetreue Skizze eines Grundstücks.

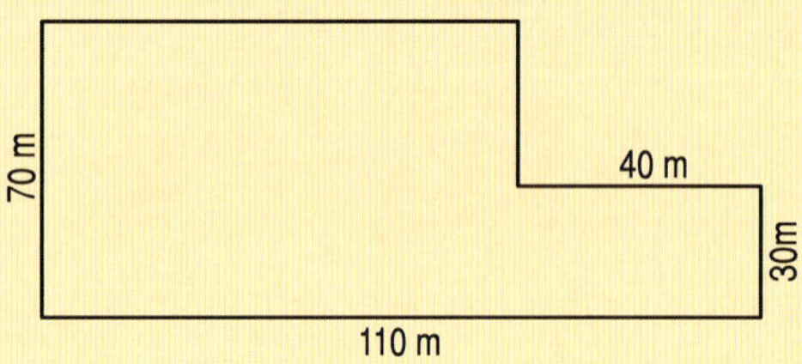


a) Skizziere die Figur. Trage alle bekannten und auch die von dir berechneten Maße ein.

b) Wie lang ist ein Zaun rings um das Grundstück?

c) Berechne den Flächeninhalt des Grundstücks.

**7.** Der Umfang u einer rechteckigen Waldfläche lässt sich berechnen mit der Formel u = 2 · Breite + 2 · 3 km. Wie groß ist die „Breite", wenn der Umfang 14 km ist?

**8.** Ein dreieckiger symmetrischer Hausgiebel ist 4 m hoch und hat 7 m lange Dachsparren.

a) Zeichne mit Zirkel und Geodreieck eine maßstäbliche Darstellung des Giebels.

b) Gib den Maßstab deiner Zeichnung an.

**9.** Im abgebildeten Rechteck ist wie bei manchen TV-Bildschirmen das Seitenverhältnis 16 : 9.

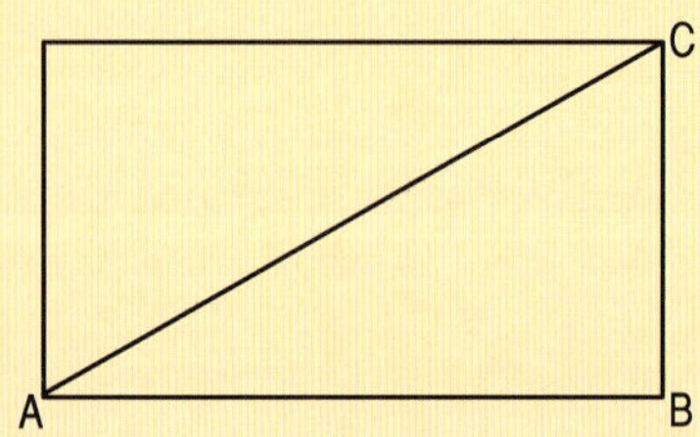


a) Miss die Seiten und prüfe das Seitenverhältnis.

b) Wie groß sind die Winkel im Dreieck ABC?

c) Miss die Diagonalenlänge. Prüfe mit dem Satz des Pythagoras die gemessene Länge.

**10.** Aus einem Würfel wurde ein Loch mit quadratischem Querschnitt gefräst.

a) Welches Volumen hat dieser Körper?

b) Der Körper wird außen farbig angestrichen. Das „Loch" wird nicht gefärbt. Berechne den Flächeninhalt der farbigen Oberfläche. Runde auf zehn $cm^2$.

c) In das Loch wird eine Silberpapierfolie geklebt. Welche Maße muss diese Folie haben?

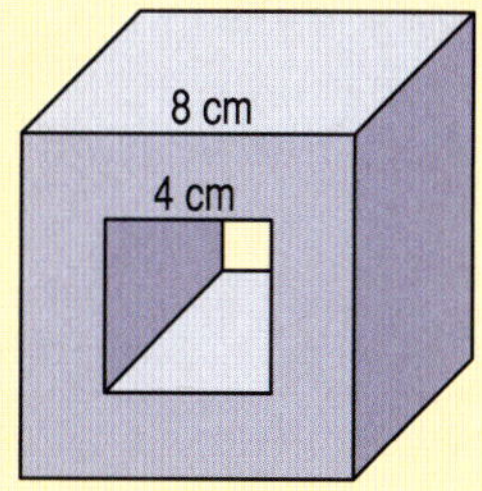


**11.** An der Anlegestelle einer Fähre steht diese Preistafel.

a) Wie teuer ist für 34 Personen eine Überfahrt mit der Fähre?

b) Wie viele Personen können für 52,50 € die Fähre benutzen?

| | | |
|---|---|---|
| **Einzelkarte** | 1 Person | **5,00 €** |
| **Sammelkarte** | 10 Personen | **47,50 €** |
| **Sammelkarte** | 20 Personen | **90,00 €** |

**12.** Eine Werbung verspricht: *„Alles mindestens 25 % billiger!"*

a) Sind die Fußbälle wirklich 25 % billiger geworden?

b) Die Inline-Skater kosten nun genau 25 % weniger. Wie teuer sind sie nun?

c) Eine Sportjacke wurde um 25,3 % billiger. Jetzt soll sie 59,– € kosten. Wie teuer war sie vorher?

**13.** Herr Adrian, Herr Kemaly und Frau Meis haben denselben Stundenlohn. Für eine Person wurde hier aber falsch gerechnet.

a) Welchen Stundenlohn hat Herr Adrian (links)?

b) Bei wem wurde ein falscher Lohn berechnet? Begründe mit einer Rechnung.

c) Wie viel Lohn erhalten alle drei Personen zusammen, wenn jede 40 Stunden arbeitet?

**14.** Die Tabelle zeigt das Ergebnis einer Befragung unter Jugendlichen.

a) Welches Kreisdiagramm stellt die Umfrageergebnisse richtig dar? Begründe deine Antwort.

b) Stelle das Ergebnis der Umfrage in einem Streifendiagramm mit 10 cm Streifenlänge dar.

*Meine liebste Freizeitbeschäftigung*

| Musik | Sport | Computer | Kino | Theater |
|---|---|---|---|---|
| 100 | 130 | 104 | 48 | 18 |

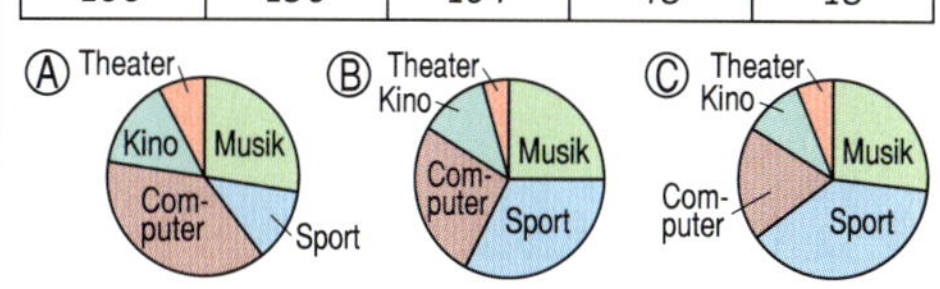


**15.** Der Körper wurde aus gleichen Würfeln ohne Lücken gebaut.

a) Wie viel kleine Würfel wurden beim Bauen verwendet?

b) Wie viel kleine Würfel werden noch gebraucht, um den angedeuteten Quader zu bauen?

c) Aus den eingezeichneten Würfeln soll ein größtmöglicher Würfel gebaut werden. Wie viele kleine Würfel bleiben dabei übrig?

d) Kann man aus 60 kleinen Würfeln einen größeren Würfel bauen? Begründe deine Antwort mit einer Rechnung.

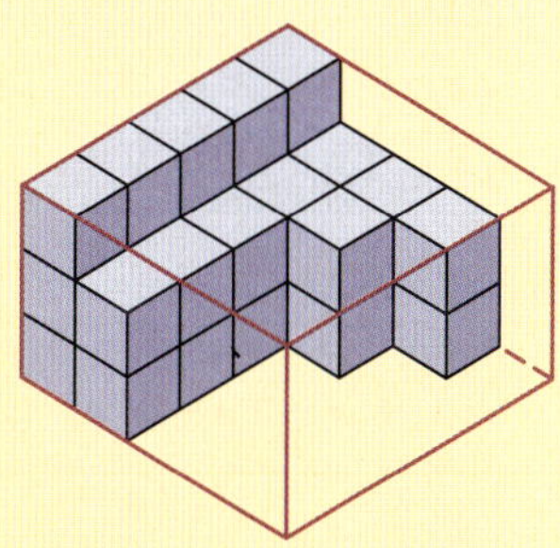

DIAGNOSE

## Komplexe Aufgaben

**1. Wohnung**

Die Zeichnung zeigt den Grundriss einer Wohnung. Du sollst mit einem Meister einige Arbeiten darin erledigen. Ihr beginnt mit der Planung der Arbeit und der Berechnung der Materialien.

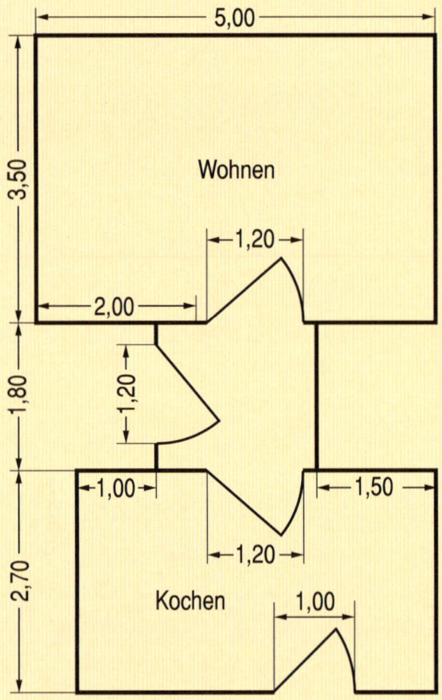


a) In welchem Maßstab ist die Zeichnung angefertigt? Notiere die richtige Antwort. Maßstab:
1 : 10   10 : 1   1 : 100   100 : 1   1 : 1000   1000 : 1

b) Der 1,80 m lange Flur trennt die Wohnung in zwei Teile. Wie breit ist der Flur?

c) Wohnraum und Flur sollen einen Holzfußboden erhalten, die Wände am Fußboden entlang eine Holzleiste. Wie viel $m^2$ erhalten einen Holzboden? Wie viel Meter Holzleiste werden gebraucht?

d) Der Holzboden muss verklebt werden. In der letzten Woche brauchte der Meister in einem 12 $m^2$ großen Zimmer 3,6 Liter Klebstoff. Wie viel $m^2$ kann man mit 10 Liter kleben?

**2. Holzlager**

Im Holzlager der Firma Grün sind Leisten von 2 m und 3 m Länge. Insgesamt sind es 23 m Leisten.

a) Wie viele Leisten von 2 m Länge könnten es sein? Gib zwei Möglichkeiten an.

b) Es werden 36 Leisten von 2 m Länge geliefert. Wie viel Meter Leisten sind nun auf dem Lager?

c) In einer anderen Lieferung ist ein Drittel der Leisten beschädigt und bei 10 % der unbeschädigten Leisten stimmt die Farbe nicht. Welcher Anteil ist zu beanstanden? Gib in % an.

d) Die Firma Grün kauft eine Schleifmaschine, die 420,– € kostet. Bei Barzahlung gibt es 3 % Rabatt. Die Firma zahlt den Kaufpreis sofort und bar. Wie viel Euro muss die Firma bezahlen?

**3. Kugel-Muster**

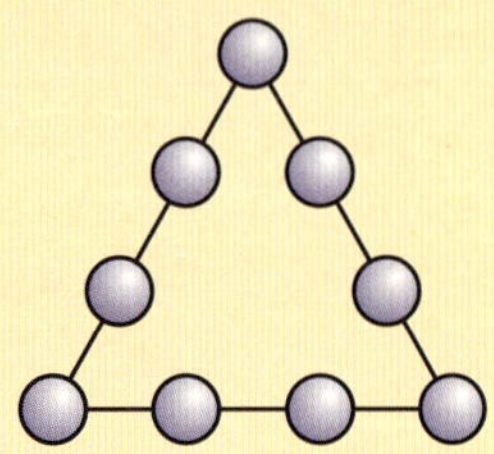

Auf jeder Dreieckseite sind immer gleich viele Kugeln. Davon ist in jeder Ecke eine Kugel.

a) Wie viele Kugeln sind insgesamt auf den Dreieckseiten?

b) Wie viele Kugeln sind es bei 6 Kugeln je Seite?

c) Wie viele Kugeln sind es, wenn auf jeder Seite 100 Kugeln sind?

**4. Lottogewinn**

Frau Maus hat 1 Million Euro im Lotto gewonnen. Eine Bank zahlt ihr 4 % Jahreszinsen.

a) Wie viel Euro Zinsen erhält Frau Maus nach einem Jahr?

b) Frau Maus braucht monatlich 2500,– €. Kann sie von den Zinsen leben? Rechne und begründe.

c) Wie viel Euro hat Frau Maus nach 3 Jahren, wenn sie so lange ihr Geld bei der Bank lässt?

**5. Autokennzeichen**

Vom Kennzeichen eines Fluchtautos konnte ein Unfallzeuge nur die Buchstaben BN und einen von zwei weiteren Buchstaben notieren. Außerdem weiß er, dass genau zwei unterschiedliche Ziffern folgten. Wie viele solche Kennzeichen kann es geben?

**6. Rauchen in Deutschland**

a) Jährlich sterben in Deutschland ca. 120 000 Personen durch Rauchen. Wie viele sind das etwa durchschnittlich jede Stunde? Schreibe auf, wie du rechnest.

b) Das Diagramm zeigt den Anteil der Jugendlichen in Deutschland, die fast jeden Tag rauchen. Kemal meint: „Bei den Jungen hat sich der Anteil der Raucher von 1974 bis 1994 mehr als halbiert." Was meinst du dazu?

c) Anna sagt: „Mädchen haben nie so viel geraucht wie Jungen". Wie groß war der Unterschied der Prozentpunkte 1994, wie groß im Jahr 1986?

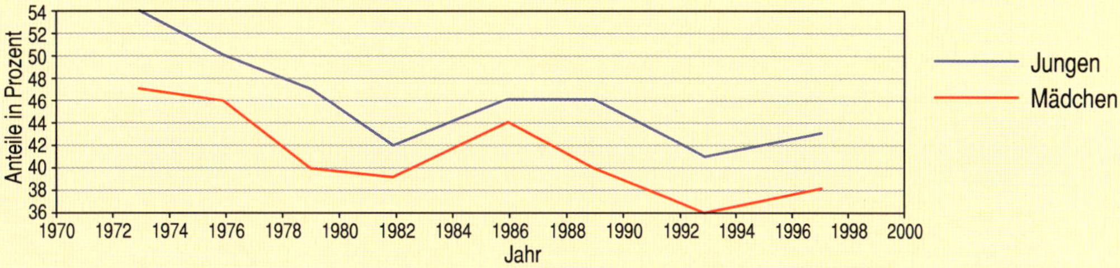


**7. Erfrischungsgetränke**

Auf einem Schulfest wurden Getränke verkauft: 75 0,33-Liter-Dosen, 34 0,5-Liter-, 25 1-Liter- und 14 1,5-Liter-Flaschen.

a) Wie viel Liter Getränke wurden verkauft?

b) Wie hoch waren die Einnahmen?

c) In welcher Flasche ist der Preis pro Liter (Literpreis) für das Getränk am kleinsten? Begründe durch Rechnen.

**8. Richtig oder falsch?**

Entscheide, ob richtig oder falsch und begründe deine Entscheidung.

a) Von den Längen $\frac{1}{2}$ m; 2 m; 2,5 m und 3,5 m ist der Mittelwert genau 2 m.

b) Der Mittelwert (das arithmetische Mittel) von 2 kg, 4 kg, 6 kg, 8 kg, 10 kg und 12 kg liegt zwischen der drittgrößten und der viertgrößten Masse.

c) Wenn ich mit einem fairen Würfel 10-mal keine „6" gewürfelt habe, dann ist beim nächsten Mal die Chance (Wahrscheinlichkeit) für eine „6" mindestens 50 %.

d) Bei 1000 Würfen mit einem Spielwürfel fällt immer 500-mal eine gerade Zahl.

**9. Spielfeld**

a) Prüfe: Die Anzahl aller Felder auf dem Spielfeld von Mensch-ärgere-dich-nicht ist $4 \cdot 4 + 4 \cdot 4 + 40$.

b) Es sind jeweils 9 schwarze, rote, gelbe und grüne Punkte. Zusätzlich gibt es 4 mal 9 weiße Punkte. Schreibe einen Term hierzu auf, vereinfache ihn und rechne aus.

**10. Spielen, nicht ärgern**

Beim Mensch-ärgere-dich-nicht geht eine Runde vom Start A bis zum Zielpunkt rechts neben A.

a) Wie oft muss man für eine solche Runde mit 40 Feldern durchschnittlich würfeln, wenn man außer Acht lässt, dass man auch „geschlagen" werden kann?

b) Wie oft muss man durchschnittlich würfeln, um vom Startpunkt A ins „leere Haus" (auf a, b, c, oder d) zu kommen? Auch hier wird außer Acht gelassen, dass man „geschlagen" werden kann.

**11. See mit Rundweg**

An dem See führen drei Wege entlang.

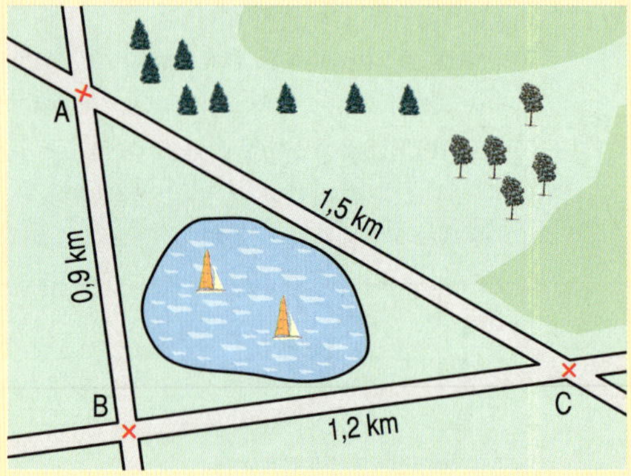


a) In welchem Maßstab wurde gezeichnet?

b) Schafft ein Wanderer den Rundweg A-B-C-A in 10 min, 20 min, 30 min oder in 40 min? Begründe deine Antwort.

c) Welcher Wert gibt die Fläche des Sees am besten wieder? Wähle aus und begründe.
1,5 $km^2$  1 $km^2$  0,7 $km^2$  $\frac{1}{2}$ $km^2$  $\frac{1}{4}$ $km^2$

d) Der See ist durchschnittlich 2 m tief. Wie viel Kubikmeter Wasser sind etwa darin?

**12. Metallkörper**

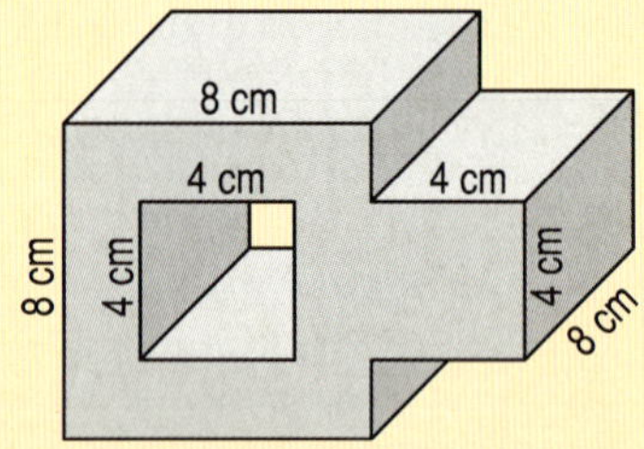


a) Der Körper ist aus Edelstahl (1 $cm^3$ wiegt 7,8 g). Wie viel kg wiegt der Körper? Runde auf zehntel Kilogramm.

b) Ein Metallkörper wiegt ca. 20 kg. Welches Volumen hat er, wenn er aus Kupfer (1 $cm^3$ wiegt 8,9 g) ist?

**13. Prisma**

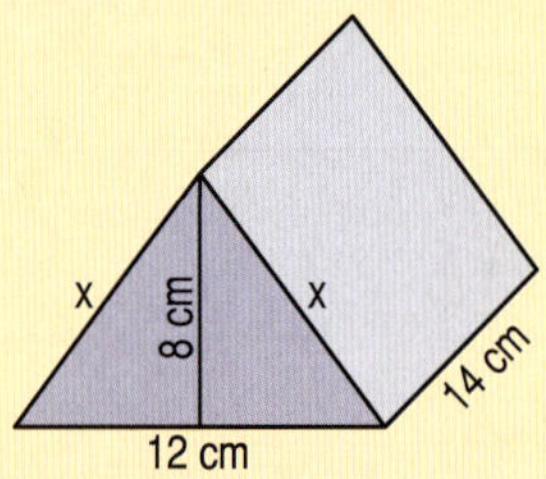


a) Bestimme das Volumen des Prismas.

b) Skizziere das Netz des Prismas. Schreibe die bekannten Maße an deine Skizze.

c) Berechne mit dem Satz des Pythagoras die unbekannte Länge der Dreieckseiten x, dann die Oberfläche des Prismas.

**14. Winkel und Flächen**

In der Zeichnung erkennst du ein Rechteck und ein gefärbtes Dreieck.

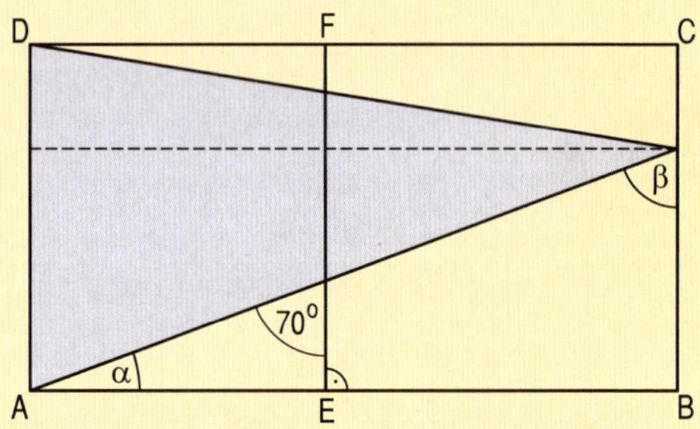


a) Bestimme $\alpha$ und $\beta$ ohne zu messen.

b) Wie viel Prozent des Rechtecks sind gefärbt? Begründe.

c) Zeichne ein neues Rechteck ABCD. Wähle einen Punkt P so, dass die Fläche des Dreiecks ABP 25 % der Rechteckfläche beträgt.

**15. Schulen**

In der Tabelle steht, wie viel Schüler der Schulen A, B und C jeweils in den Jahrgangsstufen 9 und 10 sind.

| Schule | A | B | C |
|---|---|---|---|
| Schülerzahl | 620 | 485 | 390 |
| davon im 9. Jg. | 119 | 95 | 70 |
| im 10. Jg. | 48 | 46 | 24 |

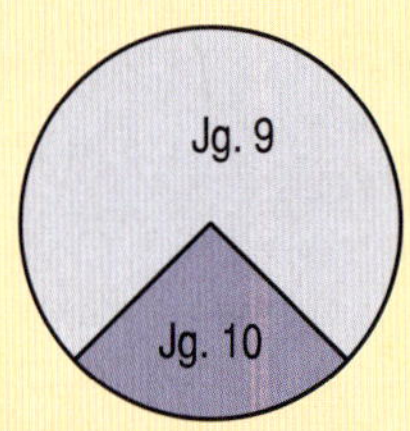


a) In welcher Schule ist der Anteil der Schüler, die die 10. Jahrgangsstufe besuchen, am größten?

b) Die Daten für die Schule A sollen in einem Diagramm dargestellt werden. Wähle eine geeignete Diagrammart, zeichne und beschrifte das Diagramm.

c) Das Kreisdiagramm zeigt für eine der drei Schulen, wie sich die Schüler der beiden oberen Jahrgangsstufe auf die 9. und 10. Stufe verteilen. Um welche Schule handelt es sich? Begründe.

**16. Aussagen prüfen**

Prüfe bei jeder Aussage: Lässt sie sich mit der Grafik überprüfen, und wenn ja, ist sie wahr oder falsch? Korrigiere die falschen Aussagen wenn möglich.

① An der 19. Etappe nahmen 150 Fahrer teil.

② Der Höhenunterschied ist größer als 600 m.

③ Auf den ersten 10,5 km stieg die Strecke 305 m an.

④ Die Steigung zwischen Kilometer 4 und 10 ist ca. 45°.

⑤ Ab Fleurie ging es nur noch bergab.

⑥ In Chânes waren etwa 2 Drittel der Etappe geschafft.

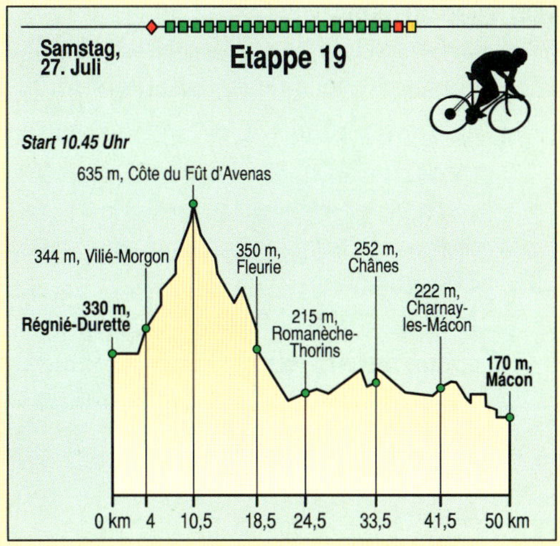


**17. Zulässige Geschwindigkeit**

Frau Winter aus Olsen will um 14.30 Uhr in Bude sein. Mit den Höchstgeschwindigkeiten – 120 $\frac{km}{h}$ auf Autobahn, 50 $\frac{km}{h}$ in Ortschaften, 30 $\frac{km}{h}$ in verkehrsberuhigten Zonen – wurde von einem Routenplaner der Weg-Zeit-Verlauf berechnet.

a) Wie lange dauert die geplante Fahrt?

b) Frau Winter plant die Abfahrt um 13.15 Uhr. Kann Frau Winter dann rechtzeitig in Bude sein?

c) Wie viel km führen durch verkehrsberuhigte Zonen?

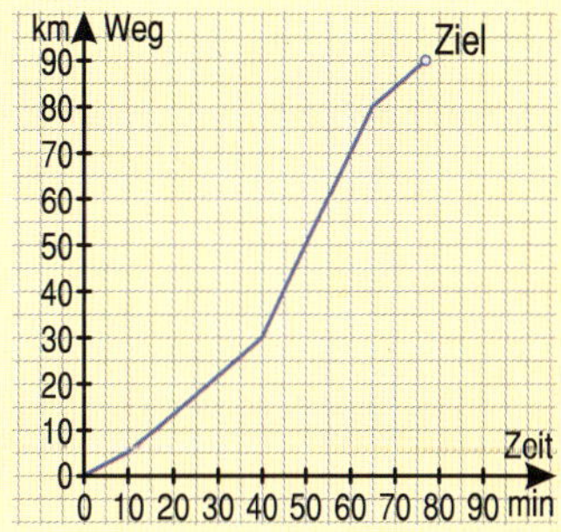


**18. Gleichung**

Alexa und Galip sprechen über die Gleichung $y = 2x + 5$.

a) Alexa meint: „Zu jeder beliebigen Zahl x gibt es eine passende Zahl y. Zu $x = 3$ gehört z. B. $y = 11$". Wie groß ist y für $x = 0$, wie groß für $x = 1{,}5$?

b) Galip meint: „Zu jedem y gehört auch ein passendes x." Welche Lösung hat die Gleichung $29 = 2x + 5$?

c) Zeichne den Graphen zur Gleichung $y = 2x + 5$ in einem Koordinatensystem.

**19. Umfangsgleich**

Es gibt viele Rechtecke mit 60 cm Umfang, aber nur ein Quadrat mit u = 60 cm.

a) Berechne den Flächeninhalt des Quadrats mit u = 60 cm.

b) Gib Länge und Breite von 2 Rechtecken an, die beide einen Umfang von 60 cm haben.

**20. Schiffstau**

Ein 4 cm dickes Schiffstau liegt auf einem Bootssteg.

a) Anna meint: „Das Tau bedeckt etwa 1,5 mal 1,5 Quadratmeter des Stegs." Wie kommt Anna darauf?

b) Wie groß schätzt du die Fläche? Begründe.

c) Schätze, wie schwer das Tau etwa ist (1 $cm^3$ wiegt ca. 2g)

d) Wie lang ist etwa das Tau? Schreibe auf, wie du schätzt und rechnest.

**21. Taschengeld**

Von drei Freunden erhält A mehr Taschengeld als C und B weniger als C. Das Taschengeld von C entspricht genau dem Mittelwert 15,00 €.

a) Wie viel könnte A, wie viel B erhalten? Gib zwei Möglichkeiten an.

b) Wenn man das Taschengeld eines Vierten D hinzunimmt, ergibt sich ein Mittelwert von 18,00 €. Wie viel Taschengeld erhält D?

**22. PIN eingeben**

Beim Einschalten des Handys muss eine PIN-Zahl mit 4 Ziffern eingegeben werden.

a) Wie viele mögliche 4-ziffrige PIN-Zahlen gibt es?

b) Wie groß ist die Wahrscheinlichkeit, beim ersten Versuch eine einprogrammierte PIN-Zahl zufällig richtig einzugeben?

**23. Atomuhr**

Mit einer Atomuhr kann man die Zeit sehr genau messen. Solche Uhren, die in 2 Millionen Jahren nur um 1 Sekunde falsch gehen, braucht man z. B. bei der Navigation mit GPS (Global Positioning System), um Entfernungen sehr genau zu bestimmen und um Uhren zu eichen.

a) In wie viel Jahren geht die Atomuhr um 1 h vor oder nach?

b) Wie viel Sekunden Ungenauigkeit hat die Atomuhr in 1 Jahr?

**24. Lohnzahlung**

Der Gesamtlohn, den eine Firma an Frau Künder zahlt, setzt sich aus dem Grundlohn und der Zusatzprämie zusammen. Bisher betrug die Zusatzprämie 20 % vom Grundlohn, jetzt sind es 25 % vom Grundlohn. Frau Künder hatte bisher einen Grundlohn von 1200,– € pro Monat. Dieser bleibt unverändert.

a) Wie hoch war der Gesamtlohn von Frau Künder bisher?

b) Wie viel Euro zahlt die Firma an Frau Künder nach der Erhöhung der Zusatzprämie?

c) Um wie viel Prozent des bisherigen Gesamtlohns stiegen die Zahlungen der Firma?

**25. Wachstum**

In tropischen Gebieten findet man eine Pflanze (die Wasserhyazinthe), die unter günstigen Bedingungen sehr rasch wächst. Rechne unter folgenden Modellannahmen:

① In der 10. Kalenderwoche des Jahres 2007 bedecken die Pflanzen auf einem See (Gesamtoberfläche 6 800 $km^2$) eine Fläche von 4 $km^2$.

② Jede Woche nimmt die von Pflanzen bedeckte Oberfläche des Sees um 20 % zu.

a) Wie viel $km^2$ bedeckten die Pflanzen 2 Wochen später in der 12. Woche? Runde auf $km^2$.

b) Wie viel $km^2$ des Sees waren in der 9. Kalenderwoche von den Pflanzen bedeckt?

c) Nach wie viel Wochen hat sich die mit Pflanzen bedeckte Fläche verdoppelt?

**26. Flagge**

Die Zeichnung zeigt eine quadratische Flagge mit rotem Kreis.

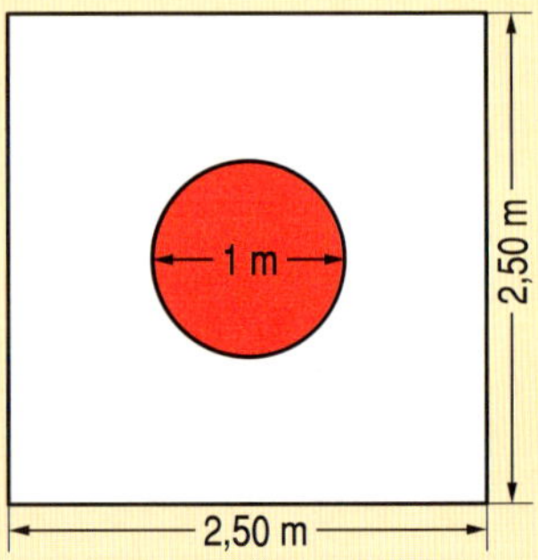


a) Welchen Abstand hat der Kreis von den Rändern?

b) Welcher Anteil der Flagge ist rot? Runde auf ganze Prozent.

c) Der rote Kreis soll genau so groß sein wie die weiße Fläche. Karin und Mehmet überlegen, wie groß der Radius sein muss.
Karin: $3{,}14 \cdot r^2 = 1{,}25^2$ Mehmet: $3{,}14 \cdot r^2 = 2{,}5^2 : 2$
Wähle die passende Gleichung und berechne den Radius. Runde auf cm.

## Lösungen zum Kapitel 1

### Seite 6

a) $x = 5$ b) b1) $A_{\square} = 100\ cm^2$ b2) $A \approx 21{,}46\ cm^2$ c) Der Dampfer braucht 3,5 h. d) Endpreis: 503,85 €
e) Median: 53 €; Mittelwert: 58 € f) $Z = 760$ €
g) $A = 0{,}63\ m^2$ (Tischbreite ca. $2 \cdot 30\ cm = 60\ cm$; Tischlänge ca. $5 \cdot 21\ cm = 1{,}05\ m$)
h) p(Augenzahl > 2) = $\frac{1}{3}$ i) i1) 90 000 Reitunfälle i2) 870 000 Unfälle

### Seite 7

a) passende Aussagen: ein Fünftel und 20%
b) 2,55 €
c) $V = 400\ cm^3$
d) 24%
e) Median: 4,90 m
Mittelwert: 5,58 m
f) p (Bube oder König) = $\frac{2}{3} \approx 0{,}67 = 67\,\%$
g) $y = 13$
h) h1) Nils wohnt 16 km vom Jugendheim entfernt.
h2) Nils trifft 5 Minuten vor Partybeginn ein.
h3) Nils machte eine Pause. Die Pause dauerte 5 Minuten.
i) Das Guthaben beträgt 1086,81 €.

### Seite 8

**1.** a) $\frac{5}{12}$ b) $\frac{2}{5}$ c) $\frac{1}{2}$

**2.** a) 40 g b) 36 km c) 100 € d) 27 kg

**3.** 20 Autos hatten leichte Mängel und 24 Autos hatten erhebliche Mängel.

**4.** a) $\frac{7}{9}$ b) $1\frac{2}{7}$ c) $\frac{2}{5}$ d) $1\frac{1}{7}$ e) $\frac{1}{5}$ f) $\frac{1}{2}$

**5.** a) $8\frac{1}{3}$ b) $10\frac{2}{9}$ c) 14 d) $9\frac{3}{4}$ e) $7\frac{2}{5}$ f) $9\frac{6}{7}$

**6.** a) $4\frac{5}{9}$ b) $\frac{2}{5}$ c) $2\frac{1}{2}$ d) $1\frac{3}{10}$ e) $1\frac{1}{3}$ f) $5\frac{1}{7}$ g) $4\frac{3}{4}$ h) $4\frac{4}{7}$ i) $2\frac{1}{3}$

**7.** a) $\frac{13}{20}$ b) $\frac{1}{6}$ c) $\frac{19}{30}$

**8.** a) $2\frac{31}{35}$ b) $3\frac{17}{20}$ c) $6\frac{11}{18}$ d) $2\frac{11}{35}$ e) $5\frac{7}{20}$ f) $1\frac{1}{18}$

**9.** a) $\frac{3}{5} > \frac{4}{7}$ b) $\frac{1}{4} = \frac{3}{12}$ c) $\frac{2}{3} > \frac{1}{2}$ d) $\frac{4}{5} < \frac{5}{6}$

**10.** a) $1\frac{1}{7}$ b) $1\frac{4}{5}$ c) $\frac{5}{8}$ d) $\frac{1}{3}$ e) $\frac{4}{7}$ f) $\frac{1}{2}$

**11.** a) $\frac{1}{8}$ b) $\frac{1}{6}$

**12.** a) $\frac{3}{8}$ b) $\frac{5}{24}$ c) $\frac{2}{9}$

### Seite 9

**13.** a) 0,9 b) 0,04 c) 0,0008 d) 0,003

**14.** a) $\frac{6}{100}$ b) $\frac{2}{10}$ c) $\frac{7}{1000}$ d) $\frac{9}{10\,000}$

**15.** a) $\frac{2}{10} + \frac{6}{100}$ b) $\frac{3}{10} + \frac{4}{100}$ c) $\frac{1}{10} + \frac{3}{100} + \frac{5}{1000}$ d) $\frac{3}{10} + \frac{2}{100} + \frac{4}{1000}$

**16.** a) 441; 441,27 b) 11; 11,58 c) 182; 181,904

**17.** a) 17,96 b) 318,84

**18.** a) 41; 40,54 b) 24; 24,52 c) 39; 38,395

**19.** a) 105,77 b) 0,678 c) 4,09

**20.** a) 500; 498,64 b) 10; 12,30 c) 6; 4,99224 d) 0,12; 0,1330

**21.** a) 1497,6 b) 0,1344 c) 3233,4 d) 0,07 e) 9,36 f) 8460,09 g) 0,588 h) 0,028 i) 32,13

**22.** a) 2,5 b) 2,35 c) 808 d) 93,2 e) 5000 f) 3,64

**23.** a) 28,21 b) 0,37 c) 4,88

**24.** a) 0,5 b) 0,33 c) 0,25 d) 0,4

**25.** a) 8,46 b) 6,48 c) 587,58 d) 0,25 e) 0,24 f) 75

**Seite 10**

**1.** a) < b) > c) <

**2.** a) 24,5 b) 24,6 c) 18 d) 800

**3.** a) 0,5 km²; 270 a; 4 ha; 50 dm²; 2500 cm² b) 0,5 km²; 4 ha; 270 a; 50 dm²; 2500 cm²

**4.** Fußballfeld: 1 ha
Tennisplatz: 2,6 a
Schulheft: 6 dm²
Fläche USA: 9 Mio. km²
Klassenraum: 65 m²
CD: 113 cm²

**5.** 650 *l*; $\frac{1}{2}$ m³; 87 000 cm³; 8,5 dm³; 0,5 ml

**6.** a) 300 b) 7 c) 0,05 d) 0,2 e) 800 f) 4,3

**7.** 140 000 h

**8.** a) $2\frac{3}{4}$ h b) 18.30 Uhr c) 16.45 Uhr

**9.** Tafel Schokolade: 100 g Elefant: 4 t Mensch: 70 kg Tüte Zucker: 1 kg

**10.** 6 Stücke

**Seite 11**

**1.** a) T b) Mio. c) H d) HT

**2.** a) 895 000 000 b) 674 300 000 c) 1 000 000 000 d) 1 900 000

**3.** a) 3,38 € b) 1,40 € c) 1,65 € d) 12,08 €

**4.** a) 7,9 cm; 8 cm b) 35,1 cm; 35 cm c) 9,9 cm; 10 cm d) 0,1 cm; 0 cm

**5.** a) ② b) ③

**6.** Ⓑ und Ⓓ

**7.** Nein, es müssen 15 t transportiert werden.

**8.** Ⓒ

**9.** –

**10.** a) Es ist eine Handbreite lang und 2 Daumenbreiten breit.
b) Es ist ungefähr jeweils 10 Schrittlängen breit und lang.
c) Es ist ungefähr eine Daumenbreite dick.
d) Sie ist ungefähr 2 Handbreiten hoch.
e) Ungefähr ein Ellenbogen mal eine Schrittlänge.

**11.** a) < b) > c) < d) >

**Seite 12**

**1.** a) ① gleichschenklig ② gleichseitig ③ rechtwinklig
b) hier ohne Zeichnung, zur Kontrolle siehe c)
c) ①: $\alpha = \beta = 37{,}5°$; c = 7,9 cm ②: $\alpha = \beta = \gamma = 60°$ ③: $\beta = 37{,}5°$; c = 7,9 cm

**2.** a) h = 6,7 m b) h = 5,5 m

**3.** (ohne Zeichnung) Der Ballon ist von Adenbüttel 44 km und von Lüder 25 km entfernt.

**4.** kurze Diagonale: ca. 70,8 cm

**5.** hier ohne Zeichnung, zur Kontrolle
a) d = 7,5 cm b) a = 3,5 cm c) e = 4,8 cm, f = 6,0 cm d) a = 4,0 cm

**6.** a) hier ohne Zeichnung, zur Kontrolle siehe b) b) c = 9 cm

**7.** a) b = 22,9 cm b) a = 9,6 cm c) c = 18 cm

**8.** (ohne Skizze) Die Leiter ist 5,7 m lang.

**Seite 13**

**1.** Rechteck, Parallelogramm, Dreieck, Kreis, Quadrat

**2.** hier ohne Zeichnung
a) Kreis mit Umfang u und Radius r
b) Rechteck oder Parallelogramm mit Umfang u und den gegenüberliegend gleichen Seiten a und b.
c) Quadrate oder Raute mit Umfang u und der Seite a.
d) beliebiges Dreieck mit Umfang u und den Seiten a, b und c.
e) beliebiges Viereck mit Umfang u und den Seiten a, b, c und d.

**3.** hier ohne Zeichnung
a) $A = 35\ cm^2$; $u = 24\ cm$ b) $A = 36\ cm^2$; $u = 27{,}5\ cm$ c) $A = 45\ cm^2$; $u = 30{,}8\ cm$ d) $A = 33\ cm^2$; $u = 24{,}3\ cm$

**4.** Der Durchmesser beträgt ca. 0,6 m, also $A \approx 0{,}28\ m^2$.

**5.** a) $A = 50{,}27\ cm^2$, $u = 25{,}1\ cm$ b) $A = 38{,}48\ cm^2$, $u = 22{,}0\ cm$

**6.** 20 m

**7.** $A \approx 1000\ m^2$ (Hälfte eines Rechtecks mit a = 50 m und b = 40 m)

**8.** a) Der Flächeninhalt verdoppelt sich. b) Der Flächeninhalt vervierfacht sich.

**9.** a) Länge: 50 m; u = 136 m b) 300 m Länge; $A = 24\,000\ m^2$

**10.** a) $A \approx 3{,}43\ cm^2$; $u \approx 28{,}57\ cm$ b) $A \approx 9{,}72\ cm^2$; $u \approx 18{,}28\ cm$ c) $A \approx 30{,}28\ cm^2$; $u \approx 22{,}28\ cm$

**Seite 14**

**1.** a) hier ohne Zeichnung
b) $O = 6a^2$ : Würfel
$V = \pi r^2 \cdot h$ : Zylinder
$V = a \cdot b \cdot c$ : Quader
$O = 2\pi r^2 + 2\pi rh$ : Zylinder
$V = \frac{g \cdot h_\Delta}{2} \cdot h$ : Dreiecksprisma
$O = 2ab + 2ac + 2bc$ : Quader
$V = a^3$ : Würfel

**2.** ① nein
② ja, ein Zylinder
③ nein
④ ja, ein Dreiecksprisma

**3.** $V = 9000\ cm^3 = 9\ l$
$O = 2700\ cm^2$

**4.** $V = 36\,000\ l$

**5.** a) $V = 64\ cm^3$; $O = 96\ cm^2$
b) das Volumen verachtfacht sich ($2^3$), die Oberfläche vervierfacht sich ($2^2$).
c) das Volumen wird 27-mal so groß ($3^3$), die Oberfläche wird 9-mal so groß ($3^2$).

**6.** $V \approx 3141{,}59\ cm^3$; $O \approx 1256{,}64\ cm^2$

**7.** a) $0{,}12272\ m^3$ b) 122,72 Liter

**8.** a = b = 3 cm; $V = 72\ cm^3$; $O = 114\ cm^2$

**9.** 339 *l* ($V \approx 0{,}339\ m^3$)

**10.** a) $V = 96\ cm^3$ b) $V = 250\,000\ cm^3$ c) $V \approx 35\,725{,}67\ cm^3$

**Seite 15**

**1.** 170,50 €

**2.** a) Hier ohne Zeichnung

| Anzahl der Brötchen | 1 | 2 | 3 | 4 | 5 | 6 | 7 | 8 |
|---|---|---|---|---|---|---|---|---|
| Preis in € | 0,40 | 0,80 | 1,20 | 1,60 | 2,00 | 2,40 | 2,80 | 3,20 |

b) $5 \cdot 0{,}40$ € = 2,00 €

**3.** 54 €

**4.** a) ja, der Quotient zugeordneter Größen ist immer gleich: $\frac{6}{1{,}5} = \frac{18}{4{,}5} = \frac{8}{2}$

b) nein, der Quotient zugeordneter Größen ist teilweise unterschiedlich: $\frac{80}{16} = \frac{50}{10} \neq \frac{210}{35}$

c) ja, der Quotient zugeordneter Größen ist immer gleich: $\frac{800}{40} = \frac{620}{31} = \frac{380}{19}$

**5.** –

**6.** 4,55 €

**7.** 6 Nächte

**8.** 24 cm und 1 cm; 12 cm und 2 cm; 10 cm und 2,4 cm; 8 cm und 3 cm; 6 cm und 4 cm; 5 cm und 4,8 cm.

**9.** 15 Tage

**10.** –

**11.** a) proportional
b) antiproportional
c) keins von beiden
d) antiproportional

**Seite 16**

**1.** Marienkäfer in Wirklichkeit: 0,7 cm
Elefant in Wirklichkeit: 350 cm

**2.** a) 0,4 km b) 2,5 km c) 15 km d) 750 km

**3.** a) b) hier ohne Zeichnung.
Zur Kontrolle:
a) Alle Strecken sind 2,5-mal so lang.
b) Alle Strecken sind halb so lang.

**4.** hier ohne Zeichnung, zur Kontrolle: Diagonalenlänge 5 cm.

**5.** Es muss 1,9 m hoch sein.

**6.** a) a : b = 1 : 2 b) a : b = 1 : 4,5

**7.** a) b = 10 cm b) b = 75 cm

**8.** a) a = 6 cm; b = 15 cm; c = 9 cm; d = 18 cm
b) a : b = 2 : 5; c : d = 1 : 2
c) z. B. e = 4 Kästchen; f = 2 Kästchen

**9.** a) x = 9 cm
b) x = 11,25 cm
c) x = 3,2 cm

**Seite 17**

**1.**

| | eingefärbt | nicht eingefärbt |
|---|---|---|
| a) | 49% | 51% |
| b) | 26% | 74% |
| c) | 52% | 48% |

**2.** a) 8,6 kg b) 23,40 € c) 3,50 €

**3.** Man zählt von hinten 2 Stellen ab und setzt dort ein Komma, bzw. verschiebt ein Komma um 2 Stellen nach links.
a) 0,325 kg b) 0,72 € c) 0,008

**4.** a) 20 € b) 72 € c) 90 € d) 170 kg e) 11,48 m f) 79,5 g

**5.** a) $\frac{2}{5} = 40\%$ b) $\frac{5}{6} \approx 83{,}33\%$ c) $\frac{3}{8} = 37{,}5\%$ d) $\frac{8}{20} = 40\%$ e) $\frac{15}{24} = 62{,}5\%$

**6.** a) $\frac{1}{2} = 50\%$; $\frac{2}{3} \approx 67\%$; $\frac{1}{5} = 20\%$; $\frac{3}{4} = 75\%$; $\frac{1}{10} = 10\%$; $\frac{1}{4} = 25\%$; $\frac{1}{3} \approx 33\%$

**7.** a) $\frac{1}{10} \cdot 70\ € = 7\ €$ b) $\frac{1}{5} \cdot 25\ € = 5\ €$
c) $\frac{1}{4} \cdot 40\ € = 10\ €$ d) $\frac{1}{2} \cdot 60\ € = 30\ €$
e) $\frac{3}{4} \cdot 40\ € = 30\ €$ f) $\frac{1}{2} \cdot 44\ € = 22\ €$
g) $\frac{3}{4} \cdot 120\ € = 90\ €$ h) $\frac{3}{4} \cdot 80\ € = 60\ €$

**8.** a) 360 kg b) 220 € c) 22 g d) 210 m

**9.** a) $\frac{1}{4} = 25\%$. 13 Lkws wiesen Mängel auf. b) $\frac{1}{20} = 5\%$. 8 Lose gewinnen. c) $\frac{1}{10} = 10\%$. 210 Befragte kaufen im Internet ein.

**Seite 18**

**10.**

| | G | W | p% |
|---|---|---|---|
| a) | 750 € | 375 € | 50% |
| b) | 3 kg | 0,3 kg | 10% |
| c) | 200 km | 2 km | 1% |

**11.** a) W = 60,91 € b) W = 5539 kg c) W = 0,21 €

**12.** 160 g

**13.** a) 7088 Delikte
b) 29 756 Delikte

**14.** a) Es sind 17,7 % fertig.
b) Es waren 6,8 % verfault.
c) Sie hat 36,1 % bezahlt.
d) Er hat 90 % der Punkte.

**15.** 500 g

**16.** 84 €

**17.** 15 164,71 €

**18.** a) Es gibt noch 468 Karten.
b) 270 Männer

**19.** 512,20 €

**20.** 20 % Arbeitslose
(2000 : 10 000 = 0,2 = 20 %)

**Seite 19**

**1.** a) Z = 30 € b) Z = 460 € c) Z = 13,12 € d) Z = 980 €

**2.** 1230 € Zinsen

**3.** p % = 2,2 %

**4.** 8,88 %

**5.** a) ① = 6 %; ② = 4 %; ③ = 2,5 %

b)
c)

| | p% = 2,5% | p% = 4% | p% = 6% |
|---|---|---|---|
| K = 2000 € | Z = 50 € | Z = 80 € | Z = 120 € |
| K = 500 € | Z = 12,50 € | Z = 20 € | Z = 30 € |
| K = 1600 € | Z = 40 € | Z = 64 € | Z = 96 € |
| K = 2200 € | Z = 55 € | Z = 88 € | Z = 132 € |

**6.** a) 544 € Zinsen b) 8544 €

**7.** 10 840 €

**8.** a) Z = 22,50 € b) Z = 2,19 €

**9.** a) Z = 0,05 € b) Z = 1,50 € c) Z = 18 €

**10.** 37,33 €

**11.** a) 4200 € b) 4410 €

**Seite 20**

**1.** Mittelwert: 60 kg

**2.** Median: 66 kg

**3.** Spannweite: 81 kg

**4.** Mittelwert: 59 Seiten

**5.** a) durchschnittlich ca. 2,18 Tore pro Spiel b) 11 Tore

**6.** Ronald: Mittelwert: 10,01 m
Median: 9,90 m
Cem: Mittelwert: 9,71 m
Median: 10,25 m
Beurteilung: Ronald hat den niedrigeren Mittelwert, aber einen höheren Median als Cem. Ronalds Leistungen sind jedoch konstanter als Cems: sein kürzester Wurf ist 9,60 m, Cems kürzester Wurf ist 7,90 m lang.

**7.** Klasse A (0 bis 14,0 s): 13,4 s; 12,9 s; 13,3 s; 13,2 s; 13 s; 13,7 s
Klasse B (14,1 s bis 16,0 s): 14,6 s; 15,8 s; 14,2 s; 15,8 s; 15,2 s; 14,1 s; 14,9 s; 14,7 s
Klasse C (ab 16,1 s): 17,2 s; 16,8 s; 19,5 s; 16,2 s; 17,7 s; 18,6 s; 19,5 s; 20,1 s; 17,6 s; 18,2 s

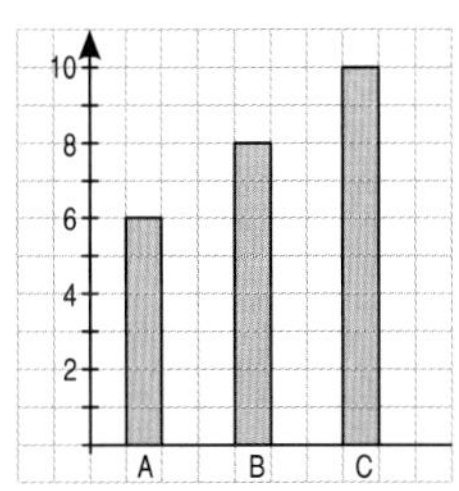


**8.** 1. Möglichkeit: 10 *l*, 20 *l*, 23 *l*, 26 *l*, 31 *l*
2. Möglichkeit: 9 *l*, 20 *l*, 23 *l*, 28 *l*, 30 *l*

**Seite 21**

**1.** a) ② Es sind 30 Lehrkräfte älter als 45 J., 15 Lehrkräfte bis 45 Jahre alt.
Aussage ③ ist falsch, es sind 45 Lehrkräfte.
Aussage ④ ist falsch, der Median ist 51 Jahre.

b) Ronja beachtet nicht, dass in einer Klasse mehrere Lehrer berücksichtigt werden. Durchschnittsalter 49,16 Jahre:
$(31 \cdot 1 + 36 \cdot 2 + 39 \cdot 3 + 42 \cdot 4 + 43 + 45 \cdot 4 + 46 \cdot 7 + 51 \cdot 5 + 53 \cdot 6 + 54 \cdot 5 + 59 \cdot 4 + 62 \cdot 3) : 45 = 2212 : 45 \approx 49{,}16$

**2.** a) Angebot A: gelbe Linie
Angebot B: grüne Linie
Angebot C: rote Linie

b) blaue Linie: Grundgebühr 2 €, dann 0,40 € je 10 Min.

c) Angebot B (grün)

d) bei dem „blauen" Angebot.

**3.** a)

| | Region A | Region B | Region C |
|---|---|---|---|
| Median | 2 | 3 | 2 |
| Mittelwert | 2 | 3 | 2,1 |
| Spannweite | 2 | 3 | 4 |

b) Bei den Regionen A und C sieht man dies sofort, da die Verteilungen symmetrisch sind. Bei Region B kann man es nicht sofort sehen.

c) in Region B

d) hier ohne Zeichnung; Mittelwert = $\frac{700}{300} \approx 2{,}33$

**Seite 22**

**4.** a) ① richtig; ② falsch; ③ richtig; ④ falsch
Anstelle von Aussage ② wäre zum Beispiel richtig: Die sportliche Aktivität von Mädchen und Jungen im Alter von 7–10 Jahren ist im Durchschnitt höher als bei Mädchen und Jungen im Alter von 3–6 Jahren.
Anstelle von Aussage ④ wäre z. B. richtig: Ungefähr 40 % der 7- bis 10-jährigen Jungen treiben mindestens dreimal in der Woche Sport.

b) Beispielsweise: – Im Alter von 7–10 Jahren treiben mehr Jungen als Mädchen regelmäßig Sport.
– Fast 70 % der 7–10-jährigen Jungen treibt regelmäßig Sport.
– 20 % aller Mädchen und Jungen im Alter von 3 bis 6 Jahren treibt mindestens 3-mal in der Woche Sport.

**5.** a) das Sparschwein

b) 40 Jugendliche

c) Es nutzen viele Jugendliche gleichzeitig mehrere Sparformen. Das erkennt man daran, dass die Summe der Prozentsätze mit 166 % deutlich höher ist als 100 %.

d) Hier ohne Zeichnung; Man könnte die Sparformen (1); (3); (5); (6); (8) und (9) zusammenfassen.

**6.** a) Ⓐ und Ⓒ, da das Boot nicht zum selben Zeitpunkt an verschiedenen Liegeplätzen sein kann.

b) Ⓑ Beispiel: Die Familie entfernt sich bei günstigem Wind recht schnell vom Ufer, nach der Hälfte der Zeit treibt das Boot gemütlich mit geringer Fahrt parallel zum Ufer weiter, danach geht es wieder mit voller Fahrt zum Liegeplatz zurück.
Ⓓ Beispiel: Die Familie segelt mit günstigem Wind schnell vom Ufer weg, anschließend kreuzt das Segelboot wieder in Richtung Liegeplatz zurück, dreht jedoch vorher wieder ab und steuert mit voller Kraft zum nächsten Hafen.

**7.** a) ca. 1546 Befragte

b) Mehr als ein Drittel (43 %) hatten schon einmal geraucht.

c) 18 % der Jugendlichen  d) –

**Seite 23**

**1.** rH (Würfeln, Ereignis „6") = $\frac{4}{35} \approx 11{,}4\,\%$  **2.** p (Würfeln, Ereignis „6") = $\frac{1}{6} \approx 16{,}67\,\%$

**3.** a) rH (Zählen von Autos, Marke „VW") = $\frac{107}{650} \approx 16{,}46\,\%$  b) 15 %

c) Er hat 1000 Autos gezählt, da die relative Häufigkeit ungefähr gleich sein muss $\left(\frac{107}{650} \approx \frac{150}{1000}\right)$.

**4.** p (Person) = $\frac{12}{32} = \frac{3}{8} = 0{,}375 = 37{,}5\,\%$  **5.** p (rote Karte oder Person) = $\frac{22}{32} \approx 0{,}6875 \approx 69{,}8\,\%$

**6.** Sebastian wollte ein As ziehen. (p (As) = $\frac{4}{32} = \frac{1}{8} = \frac{6}{48}$)

**Seite 24**

**1.** a) $3x + 7$ b) $2x + 5x$ c) $24 - 7x$ d) $(x - 5) \cdot 4$ e) $(31 - 3x) \cdot 2$

**2.** Raffael: x; Svenja: 2x; Marco: 2x + 3

**3.** a) 26 b) 26

**4.** a) $5x - 7$ für $x = 20 \rightarrow 93$ b) $3a - 21$ für $a = 13 \rightarrow 18$

**5.** a) ja b) nein c) ja

**6.** a) $x = 11$; Probe: $3 = 3$ b) $y = 3$; Probe: $15 = 15$

**7.** $2x - 16 = 14$; die Zahl heißt 15.

**8.** a) $2x + 7\text{ cm} + 4\text{ cm} + 3x$ b) 51 cm c) $x = 3$ cm

**Seite 25**

**1.** a) $125 = 5^3$ b) $16 = (-2)^4$ c) $\frac{1}{32} = (\frac{1}{2})^5$

**2.** a) $4 \cdot 4 \cdot 4 = 64$ b) $3 \cdot 3 \cdot 3 \cdot 3 = 81$ c) $2 \cdot 2 \cdot 2 \cdot 2 \cdot 2 = 32$ d) $0{,}5 \cdot 0{,}5 \cdot 0{,}5 \cdot 0{,}5 = \frac{1}{16} = 0{,}0625$

e) $(-2) \cdot (-2) \cdot (-2) = -8$ f) $\frac{1}{4} \cdot \frac{1}{4} = \frac{1}{16}$ g) $(-0{,}2) \cdot (-0{,}2) \cdot (-0{,}2) \cdot (-0{,}2) = \frac{16}{10\,000} = 0{,}0016$

h) $\frac{1}{3} \cdot \frac{1}{3} \cdot \frac{1}{3} = \frac{1}{27}$ i) $(-5) \cdot (-5) \cdot (-5) \cdot (-5) = 625$ j) $(-4) \cdot (-4) \cdot (-4) = -64$

**3.**

| | | | | | | |
|---|---|---|---|---|---|---|
| a) 81 | b) 25 | c) 147 | d) 8000 | e) 34 | f) 254 | g) 27 |
| 64 | 32 | 441 | 500 | 1024 | 16 | 81 |

**4.** $128 = 2^7$ Urururururgroßeltern

**5.** a) $1\,000\,000 = 10^6$ b) $100\,000 = 10^5$ c) $1\,000\,000\,000\,000 = 10^{12}$
b) $10 = 10^1$ e) $1000 = 10^3$ f) $1\,000\,000\,000 = 10^9$ g) $10\,000 = 10^4$

**6.** a) $\frac{1}{100} = 10^{-2}$ b) $\frac{1}{10\,000} = 10^{-4}$ c) $\frac{1}{1\,000\,000} = 10^{-6}$ d) $\frac{1}{10\,000\,000\,000} = 10^{-10}$

**7.** a) $10^2$ b) $10^4$ c) $10^{-4}$ d) $10^8$ e) $10^{-9}$ f) $10^{-3}$ g) $10^{-1}$

**8.** a) $5{,}7 \cdot 10^6$ b) $2{,}4 \cdot 10^4$ c) $2{,}7 \cdot 10^8$ d) $5{,}6 \cdot 10^{-4}$ e) $7{,}8 \cdot 10^{-6}$ f) $2{,}6 \cdot 10^{-8}$

**9.** a) 750 000 b) 12 000 000 c) 0,0087 d) 0,0000049

**10.** $1 \cdot 10^{-3}$ mm

**11.** a) 5 b) 12 c) 3 d) 0,1

**12.** a) $a = 20$ cm b) $a = 25$ cm c) $a \approx 8{,}54$ cm d) $a \approx 14{,}14$ mm e) $a \approx 31{,}62$ m

**13.** a) 1,442 b) 2,154 c) 3,255 d) 2,836 e) 7,368 f) 9,237

**14.** a) $a = 2$ cm b) $a = 6$ mm c) $a = 0{,}3$ dm d) $a = 1$ m e) $a = 40$ cm

**Seite 26**

**1.** a) 2800 km
b) 15.01 Uhr (Mönchengladbach an: 14.40 Uhr; ab 14.49 Uhr)
c) Ein Daumen ist ca. 2 cm breit. Im Bild sind das 0,5 cm. 5 Kugeln sind im Bild ca. 1,8 cm, also in Wirklichkeit ca. 7,2 cm.
Die Kette hat 32 Kugeln, ist als ca. 46 cm lang (7,2 cm · 32 : 5)
d1) 25 Konservendeckel
d2) 536,5 $\text{cm}^2$ Verschnitt
e) $r \approx 3{,}50$ cm; $V \approx 500{,}30\text{ cm}^3$
f) $x = 5{,}5$
g)

| | Kapital bei KKF Bank | Kapital bei Sparbank |
|---|---|---|
| nach dem 1. Jahr | 10 500 € | 10 400 € |
| nach dem 2. Jahr | 11 025 € | 11 024 € |

Das Angebot der KKF-Bank ist günstiger.
h) h1) ca. 3209 Unfälle (2025 + 1184) h2) 405 000 Unfälle
i) Die Hertz-Schule war mit einer Erfolgsquote von 25 % erfolgreicher als die Lessing-Schule (ca. 22 %).

# Lösungen zu den TÜV-Seiten

## Seite 39

**1.** 1672 €

**2.** 222 €

**3.** Das 3. Wertepaar ist falsch (Stundenlohn ca. 43,54 €, sonst stets 42 €).

**4.** a) 420 € b) täglich 42 €

**5.** 24 Tage

**6.** a) 3 Stunden (Streckenlänge 300 km) b) 150 $\frac{km}{h}$

**7.** Das vierte Paar ist falsch: 1. Größe 20 → 2. Größe 17,5

**8.**

| Gleichung | ① | ② | ③ | ④ |
|---|---|---|---|---|
| Graph | Ⓒ | Ⓓ | Ⓑ | Ⓐ |

## Seite 55

**1.** a) 30 m b) 7,5 cm c) 1:25 000

**2.** a) – b) k = 1,2

**3.** –

**4.** a) x = 3,6 cm b) x = 5,68 m

**5.** a) 104 $m^2$ b) 272 $cm^2$

**6.** a) A ≈ 122,52 $cm^2$ b) A ≈ 46,24 $cm^2$

**7.** Ring 1: A = 14,9 $cm^2$; Ring 7: A ≈ 5,5 $cm^2$

**8.** a) A ≈ 489,63 $cm^2$; u ≈ 37,66 cm b) A ≈ 1,08 $m^2$; u ≈ 0,51 m
c) A ≈ 11,02 $cm^2$; u ≈ 3,34 cm d) A ≈ 0,12 $km^2$; u ≈ 0,21 km

## Seite 75

**1.** a) W = 21,76 € b) G = 38 m c) p% = 115%

**2.** ca. 71,0%

**3.** a) p% = 5,5% b) K = 7400 € c) Z = 45 €

**4.** a) Z = 62,18 € b) K = 1025 € c) p% = 2,5%

**5.** Z = 21,27 €

**6.** $K_5$ = 296,92 €

**7.** K = 2000 €

**8.** nach 21 Jahren: $1{,}035^{21}$ ≈ 2,06 (nach der Faustformel nach 20 Jahren)

**9.** a) 269 000 Einwohner b) nach 10 Jahren

## Seite 97

**1.** a) V = 1 385,44 $cm^3$; O = 703,72 $cm^2$ b) V = 272,38 $cm^3$; O = 232,85 $cm^2$ c) V = 3,85 $m^3$; O = 14,07 $m^2$

**2.** a) h = 2,1 cm b) r = 1,85 m

**3.** a) V = 75,4 $cm^3$; O = 108,8 $cm^2$ b) V = 30,44 $m^3$; O = 62,28 $m^2$ c) V = 8 620,53 $cm^3$; O = 2 562,93 $cm^2$

**4.** a) V = 11,67 $cm^3$ b) V = 14,93 $m^3$ c) V = 44,1 $cm^3$

**5.** a) M = 80 $cm^2$; O = 105 $cm^2$ b) M = 117,76 $cm^2$; O = 158,72 $cm^2$ c) M = 45,6 $cm^2$; O = 60,04 $cm^2$

**6.** a) V = 113,1 $cm^3$; O = 113,1 $cm^2$ b) V = 735,62 $m^3$; O = 394,08 $m^2$ c) V = 17 481 $m^3$; O = 3257,33 $m^2$
d) V = 24,43 $m^3$; O = 40,72 $m^2$ e) V = 11 494 $mm^3$; O = 2463,01 $mm^2$ f) V = 1,60 $m^3$; O = 6,61 $m^2$

**7.** m ≈ 212 g

**8.** a) O = 319,44 $cm^2$ (G = 30,19 $cm^2$) b) M = 259,06 $cm^2$ c) ca. 400 ml (401,54 $cm^3$)

**9.** r ≈ 1,84 cm ($V_{\text{große Kugel}}$ ≈ 523,6 $cm^3$; $V_{\text{kleine Kugel}}$ ≈ 26,18 $cm^3$)

# Lösungen zu den Diagnosetests

## Seite 40

### Grundaufgaben

**1.** 432 € **2.** 24 €

**3.** a) 1. Größe 7 → 2. Größe 25,9 oder 1. Größe 8 → 2. Größe 29,6
b) 1. Größe 37,5 → 2. Größe 7,2 oder 1. Größe 36,5 → 2. Größe 7,397 ...

**4.** 60 Tüten **5.** 210 Liter

### Wahlaufgaben

**1.**

| | Flug | Hotel | Essen | Mietwagen |
|---|---|---|---|---|
| € | 440 | 510 | **210** | **280** |
| US $ | 572 | **663** | 273 | 364 |

**2.** a) $3\frac{1}{4}$ h (Gesamtstrecke 65 km) b) 15 $\frac{km}{h}$

**3.** a) 51,2 kg b) 84,5 $dm^3$ **4.** 12 Tage

**5.** a) Gesamtkosten (€) = 40 + Fahrstrecke (km) · 0,30 b) 125,50 €

**6.**

| Gleichung | ① | ② | ③ | ④ |
|---|---|---|---|---|
| Gerade | $g_2$ | $g_1$ | $g_4$ | $g_3$ |

## Seite 56

### Grundaufgaben

**1.** A = 22,14 $m^2$ (Länge 5,4 m; Breite 4,1 m) **2.** a) b) hier keine Zeichnung. Zur Kontrolle: Entsprechende Winkel müssen gleich sein.

**3.** a) x = 2,1 cm b) x = 16,32 cm **4.** a) A = 91,25 $cm^2$ b) A = 81,9 $cm^2$

**5.** A = 75,96 $cm^2$

### Wahlaufgaben

**1.** Hier ohne Zeichnung; der Flächeninhalt ist 2,25-mal so groß.
(kleines Rechteck: A = 21,7 $cm^2$; großes Rechteck: A = 48,825 $cm^2$; a = 5,25 cm; b = 9,3 cm)

**2.** a) u = 42,4 m; A = 143,1 $m^2$ b) d = 6,75 m; A = 35,8 $m^2$

**3.** a) $A_{Wand}$ = 38,425 $m^2$ (ohne Fenster) b) A = 2208,5 $m^2$

**4.** A ≈ 0,88 $cm^2$ **5.** A ≈ 1,09 $km^2$ **6.** b = 13,61 m

## Seite 76

### Grundaufgaben

**1.** 32 000 € **2.** 383,50 € **3.** Z = 106,40 €

**4.** Z = 13,03 € **5.** $K_2$ = 3244,80 €

### Wahlaufgaben

**1.** a) 4650 wahlberechtigte Bürger (3255 abgegebene Stimmen)
b) Frau Sanddorn 41,5%; Herr Mehlmann 23,0%; Frau Fischbauch 33,8%; (ungültige 1,7%)

**2.** Angebot A: Endkapital 1662,73 €
Angebot B: Endkapital 1663,08 €

**3.** 1693,20 € **4.** 10 412,20 € **5.** 37,12 €

**6.** 6400 Bakterien **7.** Ende des Jahres: 875,36 € (= 850 € + 7,08 € + 18,28 €)

**8.** Nach 50 Tagen zahlt sie das Geld zurück. **9.** K = 7000 € (auf € gerundet)

**Seite 98**

**Grundaufgaben**

**1.** $V \approx 44{,}33\ cm^3$; $O \approx 69{,}93\ cm^2$ **2.** $h = 4\ cm$; $V \approx 37{,}70\ cm^3$; $O \approx 75{,}40\ cm^2$

**3.** $d \approx 11{,}3\ cm$; $h \approx 4{,}1\ cm$; $h_s \approx 5{,}7\ cm$ **4.** $V = 64\ cm^3$; $O = 144\ cm^2$ **5.** $V \approx 310{,}34\ cm^3$; $O \approx 221{,}67\ cm^2$

**Wahlaufgaben**

**1.** a) $O \approx 319{,}44\ cm^2$ b) $M \approx 213{,}82\ cm^2$ **2.** $r \approx 2{,}92\ cm$

**3.** Zylinder: $r = 2\ cm$; $h = 4\ cm$; $V \approx 50{,}27\ cm^3$; $V_{Abfall} \approx 13{,}73\ cm^3$

**4.** $O \approx 40{,}659\ cm^2$ **5.** $a \approx 5{,}60\ cm$ **6.** $r \approx 3{,}15\ cm$; $V \approx 131{,}1\ cm^3$

**7.** $O = 84{,}82\ cm^2$ **8.** $V_{groß} \approx 113{,}1\ cm^3$; $V_{klein} \approx 0{,}524\ cm^3$; $\frac{V_{groß}}{V_{klein}} \approx 216$ Man erhält 216 kleine Kugeln.

**9.** $O \approx 1246{,}01\ cm^2$ **10.** $V \approx 34{,}71\ cm^3$

## Diagnose: Fit für die Abschlussprüfung?

**Basiswissen**

**Seite 112**

**1.** a) $-2 < 10 < 18$ b) $1 < \frac{3}{2} < 17$ c) $2 < 5 < 1000$
d) $1\,002\,000 < 500\,000\,000 < 1\,000\,000\,000$ e) $-2 = -2$

**2.** a) Nein, ein erwachsener Mann wiegt 0,08 t. b) Nein, ein Bleistift kostet 30 Cent oder 0,30 €.
c) ja d) Nein, eine Badewanne ist mit 900 *l* Wasser randvoll.

**3.** a) 1,5 h b) 2,5 min pro Halt

**4.** Es ist langsamer: $36\ \frac{km}{h}$ (Begründung z. B. über den Dreisatz: 100 m in 10 s; 10 m in 1 s; 36 000 m in 3600 s; also 36 km in 1 h)

**5.** a) auf 100 Mio. Byte b) 147 394 Buchseiten

**6.** a) hier ohne Zeichnung; die fehlenden Längen sind 70 m bzw. 40 m. **7.** 4 km
b) u = 360 m
c) $A = 6100\ m^2$

**8.** a) hier ohne Zeichnung; zur Kontrolle: Der Giebel ist unten ca. 11,50 m breit, er hat die Winkel 35°; 110°; 35°
b) –

**9.** a) $\frac{\overline{AB}}{\overline{BC}} = \frac{4{,}25\ cm}{2{,}4\ cm} = 1{,}7708\ ...$; $\frac{16}{9} = 1{,}777\ ...$ Das Seitenverhältnis ist im Rahmen der Messgenauigkeit 16:9.
b) gemessen: $\alpha \approx 29°$; $\beta = 90°$; $\gamma = 61°$
c) gemessen: $\overline{AC} = 4{,}9\ cm$; berechnet: $\overline{AC} = 4{,}88\ m$ (mit $\overline{AB} = 4{,}25\ cm$; $\overline{BC} = 2{,}4\ cm$)

**Seite 113**

**10.** a) $V = 384\ cm^3$ b) $O = 350\ cm^2$ c) Maße: rechteckig mit a = 16 cm; b = 8 cm

**11.** a) 157,50 € b) 11 Personen

**12.** a) Die Fußbälle sind sogar um 26,4 % billiger geworden. b) 36,75 € c) 78,98 €

**13.** a) 15,50 $\frac{€}{h}$ b) Bei Frau Meis; ihr Stundenlohn beträgt 16,15 $\frac{€}{h}$. c) 1860 €

**14.** a) Diagramm Ⓑ. Es wurden 400 Jugendliche befragt, d. h. das Kreissegment für Musik muss genau $\frac{1}{4}$ betragen. Die Anteile für Computer und Musik sind ungefähr gleich groß, der Anteil für Sport ist deutlich größer. Dies ist nur bei Diagramm Ⓑ gegeben.

b) hier ohne Zeichnung; zur Kontrolle: Streifenlängen Musik 2,5 cm; Sport 3,25 cm; Computer 2,6 cm; Kino 1,2 cm; Theater 0,45 cm

**15.** a) 31 Würfel b) 44 Würfel c) 4 Würfel bleiben übrig (27 werden verbaut).

d) Dies ist nicht möglich, ohne Würfel zu zerschneiden, denn $3^3 = 27$, $4^3 = 64$.

## Komplexe Aufgaben

### Seite 114

**1.** a) Maßstab 1:100 b) 2 m breit

c) 21,1 m² erhalten einen Holzfußboden. Es werden 19,8 m Leisten gebraucht.

d) 10 Liter Kleber reichen für ca. 33,3 m².

**2.** a)

| | | | | |
|---|---|---|---|---|
| 2 m lang | 1 | 4 | 7 | 10 |
| 3 m lang | 7 | 5 | 3 | 1 |

b) 95 m

c) 40 % der Lieferung ist zu beanstanden (33,3 % + 66,7 % : 10).

d) 407,40 €

**3.** a) 9 Kugeln b) 15 Kugeln c) 297 Kugeln

**4.** a) 40 000 € b) Sie kann von den Zinsen leben, sie braucht nur 30 000 € im Jahr.

c) 1 124 864 €

**5.** Es kann 2106 solche Kennzahlen geben (26 · 9 · 9)
[Für den Buchstaben gibt es 26 Möglichkeiten (ohne Ä, Ö, Ü). Die erste Ziffer kann 1 bis 9 sein, die zweite Ziffer 0 bis 9, aber ungleich der ersten Ziffer. Lässt man Ä, Ö, Ü zu, sind es 2349 Möglichkeiten.]

### Seite 115

**6.** a) 13,7 pro Stunde (120 000 : 365 : 24)

b) Kemals Aussage ist falsch; der Anteil ist von ca. 52 % auf ca. 42 % zurückgegangen, halbiert wäre 26 %.

c) 1994 war der Anteil bei den Mädchen um ca. 5 % kleiner als bei den Jungen, 1986 war er 2 % kleiner.

**7.** a) 87,75 Liter

b) 81,60 €

c) Der Literpreis der 1-Liter-Flasche ist mit 90 ct am geringsten.
(Dose: 91 ct pro Liter; 0,5-Liter-Flasche: 1 € pro Liter; Cola: 93,3 ct pro Liter)

**8.** a) falsch (Mittelwert: 2,125 m)

b) richtig (Mittelwert: 7 kg; 6 kg < 7 kg < 8 kg)

c) falsch (Die Wahrscheinlichkeit ist stets $\frac{1}{6} \approx 17\,\%$, unabhängig von den vorausgehenden Würfen)

d) falsch (Dies ist nur der Erwartungswert. Die wirkliche Anzahl der geraden Augenzahlen wird ungefähr 500 sein.)

**9.** a) Der Term stimmt, es sind 72 Felder.

b) $9 + 9 + 9 + 9 + 4 \cdot 9 = 9 \cdot (1 + 1 + 1 + 1 + 4) = 9 \cdot 8 = 72$

**10.** a) 11- bis 12-mal (pro Wurf durchschnittlich 3,5) b)12- bis 13-mal, je nachdem ob man auf a, b, c oder d kommen will.

### Seite 116

**11.** a) 1 : 25 000 b) In 40 min; dies entspricht einer durchschnittlichen Geschwindigkeit von 5,4 $\frac{km}{h}$.

c) Der See kann näherungsweise als rund angesehen werden mit Radius r = 1 cm im Bild, ca. 0,25 km in der Realität.
Also A ≈ 0,2 km². Der Wert 0,25 km² passt am besten.
Alternative Begründung: Die durch die Wege begrenzte Dreiecksfläche ist ca. $\frac{1}{2}$ km²; der See ist etwa halb so groß.

d) V ≈ 500 000 m³

**12.** a) $m \approx 4{,}0$ kg b) $V \approx 2247{,}2\ cm^3$

**13.** a) $V = 672\ cm^3$

c) $x = 10$ cm
$O = 544\ cm^2$

b)

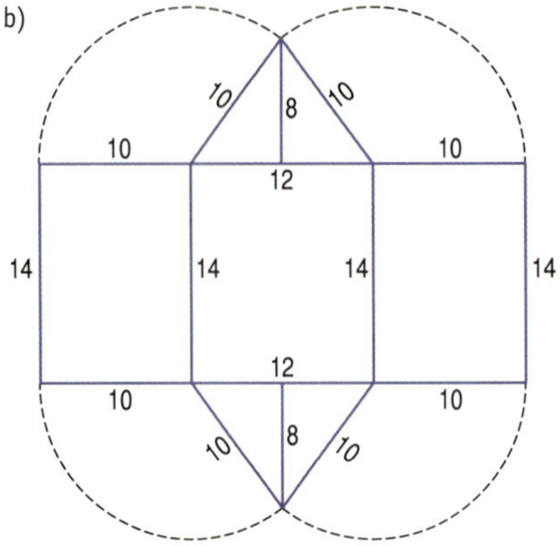


**14.** a) $\alpha = 20°$; $\beta = 70°$
b) 50 % der Rechteckfläche
(Die gestrichelte Linie teilt das Rechteck in 2 Rechtecke, bei denen jeweils die Hälfte gefärbt ist.)
c) Der Punkt P kann irgendwo auf der Strecke liegen, die von den Seitenmitten von $\overline{AB}$ und $\overline{DC}$ gebildet wird.

**15.** a) Schule B: ca. 9,5 % (Schule A ca. 7,7 %; Schule C ca. 6,2 %)
b) Kreisdiagramm oder Streifendiagramm sind gut geeignet.
Streifendiagramm: 7,7 mm für Klasse 10; 1,9 cm für Klasse 9; 7,33 mm für Klassen 5–8.
c) Schule C (Die Schülerzahl im Jahrgang 9 ist 3-mal so groß wie die Schülerzahl im Jahrgang 10)

**Seite 117**

**16.** ① Über die Teilnehmerzahl kann der Grafik nichts entnommen werden.
② falsch. Der Höhenunterschied beträgt 465 m.
③ richtig
④ falsch. Die Steigung ist etwa 2,6°.
⑤ falsch. Zwischen Romanèche-Thorins und Chânes geht es bergauf.
⑥ richtig

**17.** a) 77 min b) Nein, denn sie hat nur 75 min Zeit. c) 5 km (ganz am Anfang der Fahrt)

**18.** a) $x = 0 \rightarrow y = 5$; $x = 1{,}5 \rightarrow y = 8$ b) $x = 12$
c) hier ohne Zeichnung; zur Kontrolle: Der Graph schneidet die x-Achse bei $x = -2{,}5$ und die y-Achse bei $y = 5$.

**19.** a) $A = 225\ cm^2$ ($a = 15$ cm)
b) Beispiele: Rechteck 1 mit $a = 10$ cm, $b = 20$ cm; Rechteck 2 mit $a = 12$ cm, $b = 18$ cm

**20.** a) Anna schätzt den Durchmesser auf 1,70 m.
b) Die Schnur ist ca. 30-mal im Kreis gewickelt. Daraus ergibt sich ein Durchmesser von 2,40 m und somit eine Fläche von $A = 4{,}52\ m^2$.
c) $V \approx 141\,300\ cm^3$; $m \approx 286$ kg (Hätte das Seil einen quadratischen Querschnitt, würde es einen Zylinder mit $r = 120$ cm, $h = 4$ cm voll ausfüllen. Es ist aber kreisförmig, daher nimmt es nur 78 % des Volumens ein.)
d) Querschnitt des Seils: $12{,}6\ cm^2$; $\frac{141\,300\ cm^3}{12{,}6\ cm^2} = 11\,214$ cm Somit ist das Seil etwa 112 m lang.

**Seite 118**

**21.** a) Beispiele: A 20 €; B 10 € oder A 16 €; B 14 €. Zusammen erhalten A, B und C 45 €.
b) D erhält 27 €.

**22.** a) 10 000 (= $10^4$) b) $p = \frac{1}{10\,000}$

**23.** a) in 7,2 Mrd. Jahren b) $\frac{5}{10\,000\,000}$ s, also die Hälfte einer Millionstel Sekunde.

**24.** a) 1440 € b) 1500 € c) um ca. 4,2 %

**25.** a) $5{,}76\ km^2$ b) $3{,}33\ km^2$ c) nach 4 Wochen, dann sind es $8{,}29\ km^2$

**26.** a) 0,75 m b) 13% c) Mehmets Gleichung ist richtig: $r \approx 1{,}00$ m

# Formeln

## Algebra

Klammern auflösen:
$a + (b - c) = a + b - c$
$a - (b - c) = a - b + c$

Prozentrechnung: $W = G \cdot \frac{p}{100}$

$G = W : \frac{p}{100}$

$\frac{p}{100} = W : G$

Tageszinsen: $Z = K \cdot \frac{p}{100} \cdot \frac{t}{360}$

## Geometrie

<table>
<tr><td>Rechteck</td><td>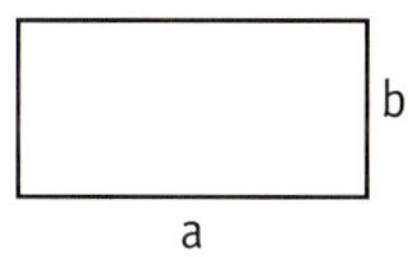
</td><td>Flächeninhalt:<br>$A = a \cdot b$<br>Umfang: $u = 2a + 2b$</td></tr>
<tr><td>Dreieck</td><td>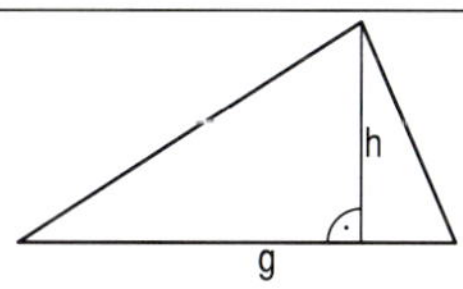
</td><td>Flächeninhalt:<br>$A = \frac{g \cdot h}{2}$</td></tr>
<tr><td>Parallelogramm</td><td>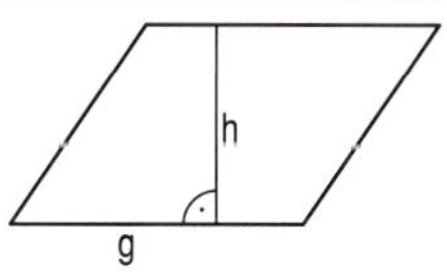
</td><td>Flächeninhalt:<br>$A = g \cdot h$</td></tr>
<tr><td>Trapez</td><td>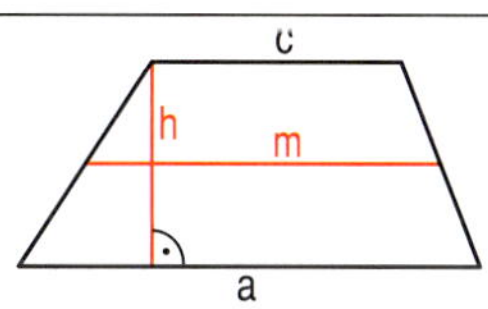
</td><td>Flächeninhalt:<br>$A = \frac{a + c}{2} \cdot h = m \cdot h$</td></tr>
<tr><td>Kreis</td><td>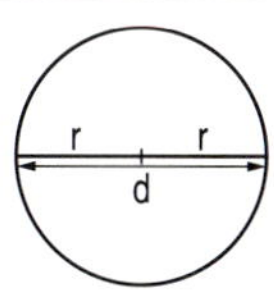
</td><td>Flächeninhalt:<br>$A = \pi \cdot r^2 = \pi \cdot \frac{d^2}{4}$<br>Umfang:<br>$u = \pi \cdot d = 2\pi \cdot r$</td></tr>
<tr><td>Kreisausschnitt<br>(Sektor)</td><td>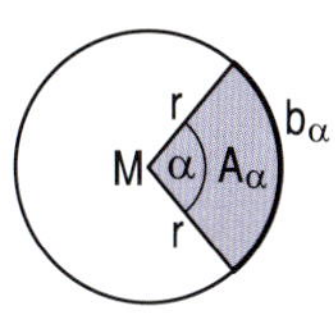
</td><td>Flächeninhalt:<br>$A_\alpha = \pi r^2 \cdot \frac{\alpha}{360°}$<br>Bogenlänge:<br>$b_\alpha = \pi r \cdot \frac{\alpha}{180°}$</td></tr>
<tr><td>Kreisring</td><td>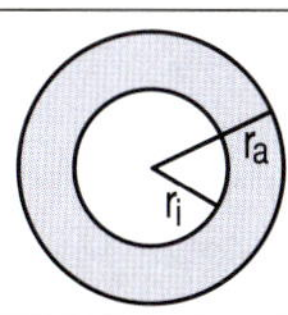
</td><td>Flächeninhalt:<br>$A = \pi \cdot (r_a^2 - r_i^2)$</td></tr>
</table>

| | | |
|---|---|---|
| Würfel | 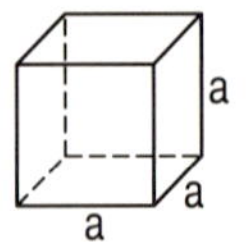 | Volumen:<br>$V = a \cdot a \cdot a = a^3$<br>Oberfläche:<br>$O = 6 \cdot a \cdot a = 6 \cdot a^2$ |
| Quader | 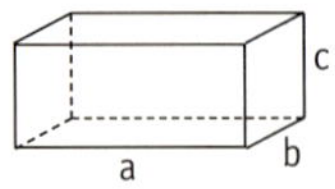 | Volumen: $V = a \cdot b \cdot c$<br>Oberfläche:<br>$O = 2\,ab + 2\,ac + 2\,bc$ |
| Prisma | 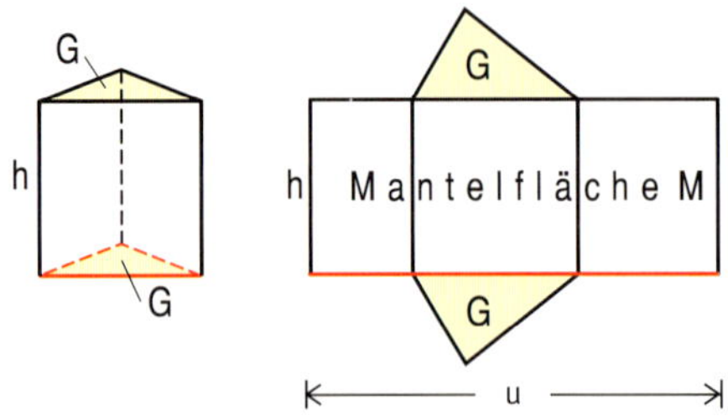 | Oberfläche:<br>$O = 2\,G + M$<br>Mantelfläche:<br>$M = u \cdot h$<br>Volumen:<br>$V = G \cdot h$ |
| Zylinder | 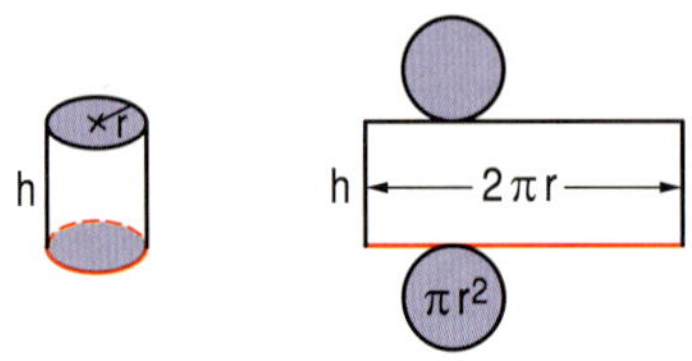 | Mantel:<br>$M = u \cdot h = 2\pi r \cdot h$<br>Oberfläche:<br>$O = M + 2\,G = 2\pi r \cdot h + 2\pi r^2$<br>Volumen: $V = \pi r^2 \cdot h$ |
| Kegel | 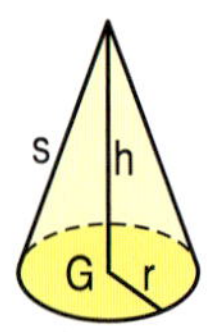 | $V = \frac{1}{3}\,G \cdot h = \frac{1}{3}\,\pi \cdot r^2 \cdot h$<br>Mantel:<br>$M = \pi \cdot r \cdot s;$<br>Oberfläche:<br>$O = \pi \cdot r^2 + \pi \cdot r \cdot s$ |
| Pyramide | 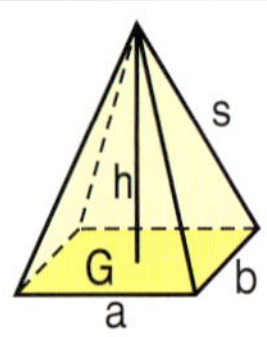 | Volumen:<br>$V = \frac{1}{3}\,G \cdot h = \frac{1}{3} \cdot a \cdot b \cdot h$ |
| Kugel | 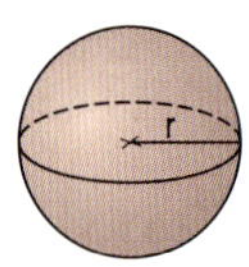 | Volumen:<br>$V = \frac{4}{3}\,\pi\,r^3$<br>Oberfläche:<br>$O = 4\,\pi\,r^2$ |

| | |
|---|---|
| 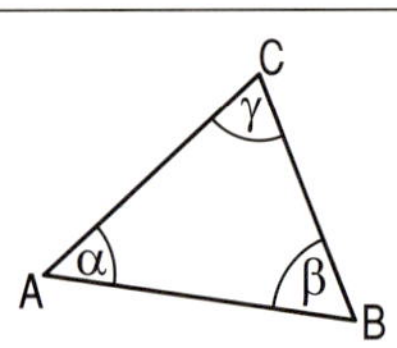 | In jedem Dreieck ist die Winkelsumme 180°. |
| In jedem Viereck ist die Winkelsumme 360°. | |

<table>
<tr>
<td>Satz des Pythagoras</td>
<td>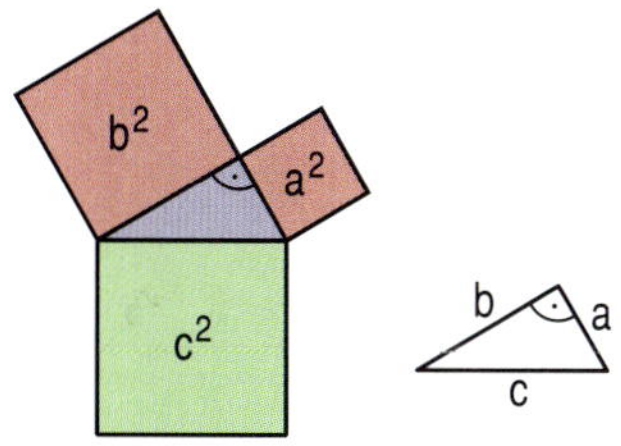
</td>
<td>Im rechtwinkligen Dreieck mit der Hypotenuse c gilt:<br><br>$a^2 + b^2 = c^2$</td>
</tr>
<tr>
<td>Satz des Thales</td>
<td>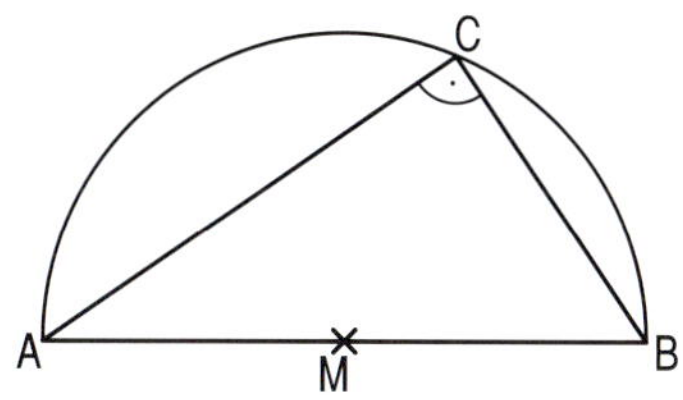
</td>
<td>Liegt C auf einem Kreis mit dem Durchmesser $\overline{AB}$, dann ist das Dreieck ABC bei C rechtwinklig, sonst nicht.</td>
</tr>
<tr>
<td>Zentrische Streckung und Ähnlichkeits-beziehungen</td>
<td>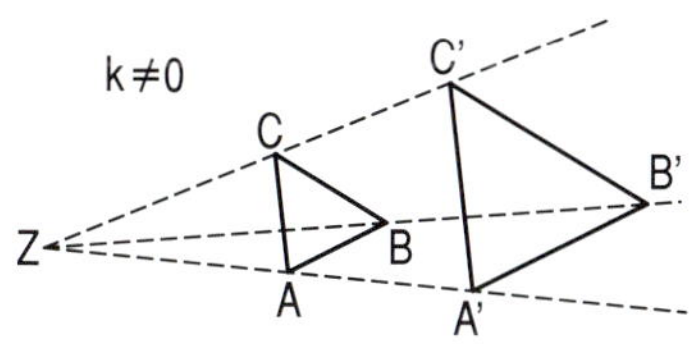
</td>
<td>$\frac{\overline{ZA'}}{\overline{ZA}} = \frac{\overline{ZB'}}{\overline{ZB}} = \frac{\overline{ZC'}}{\overline{ZC}} = k$<br><br>$\frac{\overline{AB}}{\overline{AC}} = \frac{\overline{A'B'}}{\overline{A'C'}}$ usw.</td>
</tr>
</table>

## Dichte

So viel Gramm wiegt 1 $cm^3$ von diesem Material:

| | | | | | |
|---|---|---|---|---|---|
| Aluminium | 2,7 | Granit | 2,6 | Silber | 10,5 |
| Beton | 2,4 | Holz (Buche) | 0,7 | Spiritus | 0,83 |
| Blei | 11,3 | Kork | 0,5 | Stahl | 7,9 |
| Eis (bei 0 °C) | 0,92 | Kupfer | 8,9 | Styropor | 0,02 |
| Eisen | 7,9 | Marmor | 2,6 | Titan | 4,5 |
| Glas | 2,5 | Platin | 21,4 | Wasser | 1 |
| Gold | 19,3 | Sand | 1,7 | Zink | 7,1 |

**Stochastik**

| | | |
|---|---|---|
| Urliste | Die ungeordnete Darstellung der Daten bezeichnet man als Urliste. | Daten:<br>14 € 17 € 19 € 17 € 16 € |
| Mittelwert (arithmetisches Mittel) | Man addiert alle Werte und dividiert anschließend durch die Anzahl der Werte. | 14 € + 17 € + 19 € + 17 € + 16 € = 83 €<br>Mittelwert: 83 € : 5 = 16,6 € |
| Median (Zentralwert) | Die Daten werden nach aufsteigender Größe geordnet. Der Median (Zentralwert) ist der Wert in der Mitte der Reihe.<br>Bei einer geraden Anzahl von Werten ist der Median der Mittelwert der beiden Werte in der Mitte der Reihe. In der Rangliste stehen rechts und links vom Median gleich viele Daten. | Rangliste:<br>14 € 16 € 17 € 17 € 19 €<br>Median: 17 €<br><br>19 g 19 g 21 g 22 g 24 g 26 g<br>Median: $\frac{21\,g + 22\,g}{2} = 21{,}5\,g$ |
| Spannweite | Die Differenz zwischen dem größten Wert und dem kleinsten Wert ist die Spannweite. | 2,1 m 2,4 m 2,4 m 2,6 m 2,7 m<br>2,7 m – 2,1 m = 0,6 m<br>Spannweite: 0,6 m |

Bei einem Zufallsversuch mit gleichwahrscheinlichen Ergebnissen gilt für die Wahrscheinlichkeit p eines Ereignisses

$$p\,(\text{Ereignis}) = \frac{\text{Anzahl der günstigen Ergebnisse}}{\text{Anzahl aller möglichen Ergebnisse}}$$

Beispiel:
Mögliche Ergebnisse beim fairen 6er-Würfel: Augenzahlen 1; 2; 3; 4; 5; 6

Die Wahrscheinlichkeit, für das Ereignis „1 oder 6“: $p\,(1 \text{ oder } 6) = \frac{2}{6} = \frac{1}{3} \approx 33\%$

## Maßeinheiten

| Kilometer | Meter | Dezimeter | Zentimeter | Millimeter |
|---|---|---|---|---|
| 1 km = | 1000 m | | | |
| | 1 m = | 10 dm = | 100 cm = | 1000 mm |
| | | 1 dm = | 10 cm = | 100 mm |
| | | | 1 cm = | 10 mm |

| Quadratkilometer | Hektar | Ar | Quadratmeter |
|---|---|---|---|
| 1 km² = | 100 ha = | 10 000 a | |
| | 1 ha = | 100 a = | 10 000 m² |
| | | 1 a = | 100 m² |

| Quadratmeter | Quadratdezimeter | Quadratzentimeter | Quadratmillimeter |
|---|---|---|---|
| 1 m² = | 100 dm² = | 10 000 cm² | |
| | 1 dm² = | 100 cm² = | 10 000 mm² |
| | | 1 cm² = | 100 mm² |

| Kubikmeter | Kubikdezimeter | Kubikzentimeter | Kubikmillimeter |
|---|---|---|---|
| 1 m³ = | 1000 dm³ | | |
| | 1 dm³ = | 1000 cm³ | |
| | | 1 cm³ = | 1000 mm³ |

1 dm³ = 1 *l*

| Hektoliter | Liter | Zentiliter | Milliliter |
|---|---|---|---|
| 1 hl = | 100 *l* | | |
| | 1 *l* = | 100 cl = | 1000 ml |
| | | 1 cl = | 10 ml |

| Tonne | Kilogramm | Gramm | Milligramm |
|---|---|---|---|
| 1 t = | 1000 kg | | |
| | 1 kg = | 1000 g | |
| | | 1 g = | 1000 mg |

| Tag | Stunde | Minute | Sekunde |
|---|---|---|---|
| 1 d = | 24 h | | |
| | 1 h = | 60 min | |
| | | 1 min = | 60 s |

## Vorsilben für Maßeinheiten

| Vorsilbe | Zeichen | Vielfaches der Maßeinheit | Vorsilbe | Zeichen | Vielfaches der Maßeinheit |
|---|---|---|---|---|---|
| Deka | da | 10 | Dezi | d | 0,1 |
| Hekto | h | 100 | Zenti | c | 0,01 |
| Kilo | k | 1 000 | Milli | m | 0,001 |
| Mega | M | 1 000 000 | Mikro | μ | 0,000 001 |
| Giga | G | 1 000 000 000 | Nano | n | 0,000 000 001 |
| Tera | T | 1 000 000 000 000 | Pico | p | 0,000 000 000 001 |

## Stichwortverzeichnis